电路原理实验

主　编　胡　钋

副主编　孔　峰　李红玲　李　玲　司马莉萍

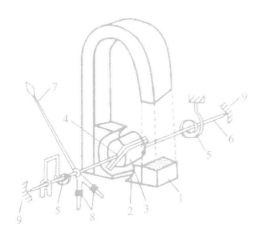

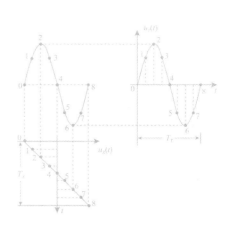

WUHAN UNIVERSITY PRESS

武汉大学出版社

图书在版编目(CIP)数据

电路原理实验/胡钋主编 . —武汉:武汉大学出版社,2019. 10(2021.9重印)

ISBN 978-7-307-21068-4

I.电… II.胡… III. 电路理论—实验—高等学校—教材 IV.TM13-33

中国版本图书馆 CIP 数据核字(2019)第 155759 号

责任编辑:杨晓露   责任校对:汪欣怡   整体设计:韩闻锦

出版发行:**武汉大学出版社** (430072 武昌 珞珈山)

(电子邮箱:cbs22@ whu.edu.cn 网址:www.wdp.com.cn)

印刷:武汉中科兴业印务有限公司

开本:787×1092 1/16 印张:17.75 字数:421 千字 插页:1

版次:2019 年 10 月第 1 版 2021 年 9 月第 2 次印刷

ISBN 978-7-307-21068-4 定价:39.00 元

前　　言

　　培养较强的实践动手能力、提高实验技能，进行科学研究方法的基本训练是电气教育的重要内容之一。电路实验课程是电类专业重要的基础性的实践教学课程，也是一门操作性很强的课程，它以电工理论、仪器仪表知识和应用物理为实践基础，侧重于学生的基本实验技能的培训以及综合实验能力的提高，是电类专业技术人才培养的重要环节。

　　本书介绍了电工测量技术的基础理论知识，可使学生进一步熟悉常用电工测量仪器仪表的工作原理并掌握电路测量的基本方法，有助于学生电工实验技能的培养和训练。通过本课程的学习，学生可巩固和深入理解已学的电路基本理论，更为重要的是能通过所掌握的电路实验的经验和初级技能，为后续课程的实验以及今后从事专业技术工作和科学研究奠定良好的基础。

　　全书共分为两篇，分别为电路实验基础知识和电路实验，对应课堂教学与实验室教学两部分。第一篇包含 5 章，为电路实验基础知识，介绍电路实验必备的知识，是电路实验课程的基础，同时也是其他实验课程及理论课程的基础。第二篇包含 6 章，是整个电路实验课程的动手操作部分，包括电路操作实验和 PSpice 电路仿真实验，按照逐步培养学生独立实验能力的原则，将实验内容紧密联系、所用仪器设备大致相通的若干个实验组合在一起，形成实验模块。实验课按实验模块进行，共有直流电路、交流电路、动态电路、有源电路和双口网络五个实验模块。这些实验可分为两种类型，一类是基本实验，用于熟悉常用仪器仪表的工作原理和操作方法，验证电路理论中的重要概念，学习掌握电路的基本测试方法和电工实验的基本技能。另一类是设计性、开放性和综合性实验，由学生根据实验任务自行拟定实验方案、选择实验方法，自主地完成实验，旨在进一步锻炼学生的实验技能，提高学生独立进行实验的能力。本书的实验个数较多，各院校可按照电路实验课的学时数和具体的教学要求选用。各实验所用的仪器设备和电路参数可根据各校实验室的具体情况选配。

　　本书由胡钋、孔峰、李红玲、李玲和司马莉萍共同撰写，胡钋任主编并负责统稿和校订全书。本书第 1、2、3 章由胡钋撰写，第 4、5 章由孔峰撰写，第 7、8、10 章由李红玲撰写，第 6 章、第 9 章、附录由司马莉萍撰写，第 11 章由李玲撰写。本书是作者在长期的电路实验教学基础上写作而成的，除参考胡钋教授主编的《电路原理》外，同时也参考了很多国内外实验教材，谨向他们致以深深的谢意。

　　在本书的编写过程中，武汉大学电气工程学院"电路"课程组的全体教师以及徐箭、何怡刚、刘开培、查晓明、刘涤尘、阮江军、常湧等有关专家对本书提出了很多有益的建议，在此向他们一并表示衷心的感谢。

　　由于作者水平有限，书中恐有不妥之处，衷心希望读者提出宝贵的修改意见。

目　　录

第一篇　电路实验基础知识

第1章　电路实验技术基础知识

1.1　电路实验的预备知识

电路实验课是进入专业基础学习阶段的第一门实验课程。为什么要开设这门课? 怎样学好这门课? 下面简要阐述这门课的意义、目的、方法、要求等。

1.1.1　电路实验课的基本意义和要求

电路实验是大学电气、电子等相关专业的一门重要的专业技术基础实验课程，是与电路理论课程相互配合的重要环节，在培养学生理论验证及基本实验技能、动手能力、工程计算能力和掌握高新技术的能力方面起着基石作用。电路实验把抽象的理论演绎于感性层面，注重理论指导下基本实验技能的培养及综合实践能力的提高，旨在帮助学生将所学理论应用到实践环节，为后续专业课程的学习以及日后从事电气科学研究和工程技术工作奠定坚实的基础。

通过学习电路实验课程，学生能够了解实际电路元器件的性能，理解实际应用与基本理论之间的有机联系; 学会各类常用电气电子仪器仪表的使用方法、电路计算机仿真分析方法以及综合用电本领，掌握基本电路电量和参数的测量方法; 能够完成内容具有一定深度的自主设计型实验和综合性创新实验，具备对实验结果的分析、处理能力。

当代社会已经步入知识经济和信息化时代，培养高素质的创新人才需要不断革新教育理念和教育方式。因此，电路实验已经由单一的验证原理和掌握实验操作技术，拓展为一门综合技能训练的实践课程，成为实验技能基本训练的重要环节。同时，电路实验的模式也由传统型的单调刻板实验发展为开放与自主学习模式。

开放与自主学习模式主要体现为: 教学计划内的实验时间、实验地点、实验元器件和实验内容的开放; 教学计划外的实验全面开放。对于教学计划内的实验，学生可以根据教学安排自己选定时间来完成相应的实验，在完成基本实验后，还可根据个人的兴趣爱好，选择完成电路和电气知识深度开发和应用的实验或实践内容。

在开放与自主学习的实验教学模式下，教师由具体指导变为方向引导，由内容讲授变为思维启发，要求学生自己理解实验内容，通过独立思考解决问题，这有助于培养学生的独立分析和解决问题的能力，也会促进师生之间、学生之间的互动交流。

开放与自主学习的实验教学模式以学生为本，给予学生最大的自由空间，有助于学生的个性化学习和发展，有利于培养创新能力强的高素质人才，为拔尖人才在"开放式"的基础上向"研究性"过渡提供了台阶和支持。此外，开放的实验教学还可以最大限度地利用有限而宝贵的实验室资源。

学生的实验动手意识、创新能力和实践能力的培养是一项长期的任务。作为专业基础实践课程的入门阶梯，电路实验教学侧重于在实验室这个模拟现场的环境下，通过操作仪器设备对各种不同电路进行测试，来认识电路的基本规律，以期结合运用理论知识分析和解决实际电气问题。因此，在教学中首先要注重训练学生的基本实验技能，要求学生熟练使用基本的实验仪器，掌握基础的实验方法；其次，电路实验要实现多层次、多类型的实验教学内容授课，引导学生在具备扎实的基本功之后，发挥能动性和创造性，从而为后续各门课程的学习及今后的工作奠定坚实的基础。

1.1.2　电路实验的分类

电路实验，就其内容而言，一般分为五类，即：验证性实验、训练性实验、综合性实验、设计性实验和创新性实验。

验证性实验和训练性实验是针对电路基础理论而设置的。通过验证实验和实验训练过程，对重要的基础理论获得深刻的感性认识，同时使学生掌握测量仪器的工作原理和规范使用，熟悉常用元器件的性能，掌握其参数的测量方法和使用方法，掌握基本实验知识、基本实验方法和实验技能。此外，还培养学生一定的接线、测试、分析和故障查找等技能。

综合性实验主要侧重于对一些理论知识的综合应用和实验的综合分析，其目的在于培养学生综合应用理论知识的能力以及解决较复杂实际问题的能力，包括实验理论的系统性、实验方案的完整性和可行性、元器件及测量仪器的综合应用等。

设计性实验既有综合性，又有探索性。它主要着眼于某些理论知识的灵活应用，要求学生在教师的指导下独立查阅资料、设计方案并进行实验。显然，这类实验对于提高学生的科学实验能力等是十分有益的。

创新性实验主要是由学生自己提出所要实现的目标，并按照所制定出的实施方案来完成。

1.1.3　电路实验课的目的

通过电路实验课程的学习，应达到下述目的：

（1）培养学生实事求是、一丝不苟、严格、严密、严谨认真的科学态度和作风，使学生养成良好的实验习惯。

（2）培养学生正确连接线路、基本的实验技能，如正确熟练使用常用的电工仪器、仪表，掌握基本的电工及电气测量技术和电路测量的基本方法及数据的分析处理等。

（3）培养学生认真观察、分析及研究电路物理行为的能力。

（4）培养学生通过实验来分析问题和解决问题的能力，以巩固和扩展所学到的理论知识。

（5）学会编写合格的实验报告。

1.1.4　电路实验课的主要内容

实验课的整个过程具有互动形式,强调理论与实践的结合。实验课以实验操作为中心,可划分为课前预习、教师指导、实验操作、故障查找与分析、总结归纳及撰写实验报告、实验报告的批改及反馈六个部分。

1. 课前预习

实验能否顺利进行并收到预期的效果,在很大程度上取决于预习准备是否充分。根据实验课程的安排,学生需在上实验课之前认真阅读实验教材的指导内容及相关理论知识。弄清实验内容,明确实验目的,掌握实验原理及实验方法,熟悉实验过程,牢记实验要求及注意事项。如果是探究性实验,还需根据实验要求进一步制定出实验方案、实验步骤、测量数据记录格式,还应通过理论分析、仿真,对实验过程中的现象及结果做到心中有数。实验预习工作做到位,可以使实验课堂学习达到事半功倍的效果。

建议在实验之前问自己如下几个问题,并将其答案列出:

(1) 本次实验的目的是什么?

(2) 本次实验要怎么做?

(3) 实验完成后的效果如何?

实验者还需认真做好课前预习并完成实验预习报告,思考实验指导书习题,鼓励学生带着探究性的疑问进实验室。

2. 教师指导

实验操作过程是实验课中一个实用性、操作性很强的环节,有些实验还伴有一定的危险性,所以每次上课开始,教师都会以 PPT 课件及实验演示的方式对本次课程进行讲授,让学生对实验原理、操作要点、测试方法、注意事项、相关知识等方面有更清楚的认识。在这个过程中,学生应该抓住重点,理解自己课前预习碰到的疑问,及时提出自己的问题,教师则予以解疑。这种与实际紧密结合的直接传授方式弥补了书本及课堂传授的不足。

3. 实验操作

实验操作是将设定的实验方案付诸实施的过程,其主要目的是锻炼操作者的动手能力,培养操作者良好的实验操作习惯,使操作者通过不断的经验积累获得丰富系统的实践知识。

1) 实际元器件

电路实验操作中,首先面对的是实验中要用到的实际元器件,这主要包括电阻器(二极管作为非线性电阻器来研究)、电感器(自感电感器和互感电感器)、电容器及运算放大器等。实际元器件不同于理想元器件,对其描述除了标称值外,还有精度、额定功率、材质等,这些都需要在实验中了解与掌握。例如,对于色环电阻器,除了应了解其阻值与精度的表示方法,还需要了解其制作材质,进而明确其温度系数。对于实际电感器,除电感、内阻与精度外，还有额定功率的表示方法，即用电感线圈的额定电流来表示。对于实际电容器的参数，除了电容量与精度外，同样也有额定功率与材质问题。制作的材质不同，其特性（如温度系数）与用途也截然不同。

实验中应多注意了解和掌握这些有关实际元器件的基本知识。

2）电子仪器与电工仪表

电路实验常用的电子仪器有直流稳压电源、直流稳流电源、信号发生器、示波器、交流电压表（俗称交流毫伏表或晶体管毫伏表）、频率计等。直流稳压电源、直流稳流电源与信号发生器等，属于电路中的"源"，它们为电路提供正常工作所需的能量或激励信号。为此，"源"的输出阻抗一般都很小，但是，直流稳流电源例外，其输出端内阻很大。示波器、交流毫伏表及频率计等测量仪器，属于电路中的"负载"。在对电路进行测量的同时，这些"负载"会从电路中吸收一定的能量。为了减小对被测电路的影响，通常测量设备的输入阻抗都很大。

电工仪表有交/直流电流表、交/直流电压表、功率表及电度表等。电工仪表一般用来测量频率在 0~50Hz 范围内的电流、电压、功率及电能等物理量。

认识了电子仪器与电工仪表的基本区别，在实验中就不会用错或损坏仪器设备；对于设计性实验，也能够根据实验内容与特点正确地选择仪器与仪表。

3）实验电路的正确连接

正确连接实验电路是实验顺利进行的第一步。连接电路时需要注意以下 3 个方面：

（1）实验设备的放置。实验用电源、负载、测量仪器等设备应合理放置。实验设备合理放置遵循的原则为电路布局合理、连接简单（即连接线短且用量少），便于调整和读取数据等操作，设备的位置与各设备间的距离及跨接线长短应对实验结果的影响尽量小；对于信号频率较高的实验项目还应注意干扰与屏蔽等问题。

（2）连线顺序。连线的顺序视电路的复杂程度和个人技术熟练程度而定。一般来说，应按电路图一一对应接线。对于复杂电路，应先连接最外面的串联回路，然后连接并联支路即先串联后并联。对于含有集成器件的电路，应以集成器件为中心，按节点连线。

为了确保电路各部分接触良好，每个连接点不要多于两根导线。导线与接线柱的连接松紧要适度；避免因用力过度而损坏接线柱螺纹，使其无法拆卸；连接过松又会因牵动一线而产生端钮松动、接触不良或导线脱落等现象。此外，还要考虑元器件及仪器仪表的极性，考虑参考方向及公共参考点等与电路图的对应位置。

（3）连线检查。对照电路图，由左至右或由电路图上有明显标志处（例如电源的"+"端）开始，以每一节点上的连线数量为依据，检查电路对应的导线数，不能漏掉图中任何一根连线。对初学者来说，对连接好的电路做细致检查，是保证实验顺利进行及防止事故发生的重要措施；同时要通过电路的检查工作来进一步锻炼自己，学会识别电路原理图，提高对实际电路的认知能力。对于接线情况经自查无误请指导老师复查并准许后方可通电、调整、测试。根据观察、测试结果，把测试数据记录在原始表格中。在实验操作全部完成后，在复核测试数据及结果无误后，经指导老师同意方可在断电状态下拆除线路。整理好所用的实验设备、做好环境卫生后，再离开实验室。

4. 故障查找与分析

实验过程中，难免出现一些故障。分析、排除故障可以训练和提高学生分析和解决实际电路问题的能力。电路实验中，常见的故障多为开路、短路或介于两者之间的接触不良。

查找故障一般是根据故障类型确定部位，缩小范围，然后在小范围内逐点检测。可采用以下方法：

（1）断电检查法。当实验发生故障时，应立即关掉电源。使用万用表电阻挡，根据实验原理，对有疑点的元件、连接线逐一进行检查，根据测出的电阻大小，找出故障点。

（2）通电检查法。当电路工作不正常时，根据实验原理，用电压表或万用表的电压挡，逐一检测电路中有疑点的元件、连接线间的电压，由电压的大小判断故障点。

检测方法应根据故障类型和电路结构来选择，对短路过流或电路中工作电压超过正常电压较大的故障，不宜用通电法，而应断电检测，否则会损坏仪表和实验设备。

检查电路元件和连接时，在故障原因和部位难以确定的情况下，可以按下列顺序检查：①检查电路接线有无接错；②检查供电系统，从电源进线、熔断器、开关至电路输入端子，依次检查有无电压、是否符合额定值；③检查电路中各元件、仪器、仪表的连接是否完好和接触良好；④检测仪器仪表的供电部分是否正常，测试线以及接地线是否完好。

5. 总结归纳及撰写实验报告

这个环节是对实验结果进行理论分析，并通过与理论值比较，分析两者的差异，找出原因，得出结论。具体工作：明确实验目的，掌握并巩固实验方法，对原始测量数据进行整理，对实验结果进行分析，对实验方法进行归纳，改进并找出实验成功或失败的原因，对实验过程中遇到的困难及问题进行思考和总结，最后，把实验总结所得结果以实验报告的形式反馈给教师。

实验报告是学生平时成绩的重要依据，实验后同学们应该在规定的时间内，根据格式要求，用统一的实验报告纸，按时撰写并提交实验报告。

6. 实验报告的批改及反馈

教师会对同学交来的每一份实验报告进行认真审阅批改，并把存在的问题在报告上注明，及时反馈给学生。学生在拿到经过批改的实验报告后应结合存在的问题重新回顾实验内容，加深对实验的理解。

1.1.5　人身和仪器设备安全

电路实验课自始至终都离不开电，必须对用电予以特别重视，切实保证人身和设备的安全，杜绝事故发生。

1. 人身安全

实践表明，人体触电时通过 50mA 电流就有生命危险，通过 100mA 电流则能置人于死地。电工实验所用的电源电压为 220V 及 380V，均非安全电压，人若触电会有生命危险。因此，学生在实验中要切实遵守各项安全操作规程，并注意以下几点：

（1）熟悉实验室的环境，熟悉仪器设备的带电部分，熟悉实验操作的规章制度。要清楚实验所用设备的型号、规格，特别要注意它们的量程或额定值，并熟悉其接线和使用方法。不可随意搬动仪器。在不了解设备性能和用法的情况下不可使用该设备。

（2）不擅自接通电源，只有在电路、仪器连接正确并检查无误后，方可开启电源通电。在接通电源或启动运转类设备前，应先告知全组同学。在电路通电的情况下，实验者不可擅自离开实验台；线路连接好后，多余或暂时不用的导线均要拿开，以避免不必要的短路。

（3）线路通电后，不允许人体触及任何带电部位。严格遵守"先接线且检查合格后通电""先断电后拆线"的操作顺序。严禁带电改、接线路或带电更换量程等带电操作，以防发生触电事故。

（4）实验前，应检查各种设备是否放好，设备运转时，要防止人体碰到旋转部分。要当心衣角、围巾、辫子等不要被旋转部分绞入。不要用手或脚去直接制动设备，以免发生危险。谨防电容器间放电、放炮事件。电容通电时，人与电容最好保持一定距离，尤其对容值较大的电容。因电容极性接反或耐压等级不够被击穿时，带电电容会发生放炮崩人事件，通过人体放电。

（5）实验时，若发现电子元器件有异常现象，例如过热、异味、冒烟等，应立即断开电源，并报告指导教师及时处理故障。

2. 仪器设备的安全防护

正确使用实验仪器设备既能保证实验课的正常开设，也可以避免安全事故发生。因此，学生在实验中要认真听取指导教师讲解仪器仪表的使用方法及注意事项，并注意以下几点：

（1）小心取、放电工实验模块，轻拿轻放移动仪器设备。对于电器设备，应按铭牌上规定的额定值使用。使用仪表时应选择适当的量程。使用电子仪器时应阅读有关说明书，熟悉使用方法，了解各旋钮的作用。

（2）在实验过程中，应注意仪器设备的运行情况，随时注意有无异常现象，例如短路、过热、绝缘烧焦发出异味、声音不正常、电源保险熔断发出响声或合上电源而不工作等。出现上述情况时应立即拉开总电源开关，防止事故扩大，保持现场，报告实验老师共同分析原因，排除故障。此外如发现测试线断裂或磨损、仪器外观破裂、显示屏无读数等，就不要再使用。

（3）不得脚踏或坐在设备上，不得用粉笔在仪表和实验台上写字，不得将导线和工具乱扔乱抛，也不要擅自取用其他电工实验台上的实验模块和仪器设备。

（4）导线、工具及其他仪器设备不要靠近运动物体，如电动机，以免发生意外。设备安全包括：①每次实验之前，都要检查测量仪表、测试线和附件是否异常或损伤。②实验中要有目的地调节仪器设备的开关、旋钮，切忌心急用力过猛造成损坏。③实验时，尤其是刚闭合电源，设备投入运行时，要随时注意仪器设备的运行情况，如发现有过量程、过热、冒烟和火花、焦臭味或噼啪声及出现保险丝熔断等异常现象，应立即切断电源，查清问题并妥善处理故障后，才能继续进行实验。在故障未排除前不准再次闭合电源。

1.2　实验报告要求

实验报告应在规范的实验报告纸上书写。报告纸分为三部分：预习部分、实验操作部分、实验效果部分。

电路基础实验可以分为验证性实验和设计性实验。验证性实验是指实验者已具有与实验相关的知识和经验的基础，在实验过程中通过观察和操作，验证并巩固所学知识，同时培养实验技能的实验方式；设计性实验则是指给定实验目的要求和实验条件，由实验者自行设计实验方案并加以实现的实验，其目的在于激发实验者学习的主动性和创新意识，培养实验者独立思考、综合运用知识和文献、提出问题和解决复杂问题的能力。因此，根据实验的性质不同，对实验报告的要求也不尽相同。

1.2.1　验证性实验报告

1. 实验预习报告内容

实验预习报告要求必须包括以下几方面内容：

（1）实验名称。

（2）实验目的。明确通过该实验要达到什么目的，要验证什么理论，需要通过测量什么参数来验证该理论。

（3）实验原理。仔细阅读实验教材及相关理论文献，清楚实验所要验证的理论和实验中测量方法所依据的基本原理。

（4）实验仪器设备。使用仪器之前，要仔细阅读有关的仪器使用说明，掌握其使用方法。

（5）实验内容、步骤与电路图。认真分析实验电路，并根据实验内容、步骤，进行必要的计算，仔细考虑测量中有什么要求，并估算各参数的理论值，以便在实验过程中做到"心中有数"。

（6）一些思考题的问答。对于实验中提出的思考题，应尽量通过仿真或搭建电路来进行求证，或查找资料进行求解。

（7）原始数据记录表格。这部分内容是指导老师考证实验效果的依据之一，应保证表格干净、整齐。

（8）实验操作注意事项。这部分内容要求简洁、明了。因为预习是一个对实验准备的过程，不需要实验者把实验教材原封不动地抄一遍。实验者应该结合自己的理解，用自己的语言简要地完成实验预习报告。

2. 实验总结报告内容

实验总结报告是对实验过程的全面总结，是评定实验成绩的重要依据，必须认真书写，其内容应包括：

（1）实验数据的处理、误差的计算和误差分析。

（2）曲线图或波形图的绘制，应使用坐标纸绘制。

（3）实验教材中思考题的回答。

（4）实验结果的总结，包括实验结论（用具体数据和观察到的现象说明所验证的理论）；实验现象的解释和分析；实验过程中遇到的困难及其解决方法；对实验的认识、收获以及改进意见等。

（5）实验教材中对总结报告额外提出的其他要求。

（6）把实验原始数据作为附录页，附在总结报告后面。

1.2.2 设计性实验报告

1. 实验预习报告内容

做设计性实验前，实验者必须要明确实验的目的和任务，并在预习阶段设计出实验方案，所以，预习在设计性实验中显得尤为重要。

（1）实验名称。

（2）已知条件。设计性实验给出的条件，例如：提供的电子元器件、测量仪器等。

（3）主要技术指标。实验要达到的主要技术参数，例如：频带大小、增益大小、信噪比等。

（4）实验所需仪器。

（5）电路工作原理及电路设计。根据实验的已知条件及主要技术指标给出实验实施方案，包括实验步骤、内容及实验电路图。在此过程中，实验者应仔细查阅并消化相关文献手册，然后才可提出可行的实验方案。

（6）列出实验需测试的技术指标，以便实验时对其测量。

2. 实验总结报告内容

设计性实验总结报告主要包括以下内容：

（1）电路组装、调试及测量。电路组装所使用的方法，组装的布线图等；调试电路方法和技巧；测试时所使用的主要仪器；测量的数据和波形的记录；列出调试、测量成功后的各元件参数。

（2）故障分析及解决的方法。在电路组装、调试、测试时出现的故障及其原因和排除方法。

（3）测量数据的计算和处理，并对其结果进行讨论及误差分析。

（4）思考题的回答。

（5）总结设计电路的特点和方案的优缺点，指出课题的核心及实用价值，提出改进意见和展望。

（6）列出参考文献。

（7）实验的收获和体会。

总之，书写实验报告时，要求思路清晰、文字简洁；图标正规、清楚；尊重实验原始数据，不可随意涂改原始数据单；计算准确，结论合理，并进行必要的分析与研究。

实验报告一律采用学校统一印制的实验报告纸，并于下一次实验时交给指导老师。要求每位实验者用自己的理解来完成，切忌抄袭。

习　题

1. 电路实验课有什么特点？其目的是什么？

2. 简要说明电路实验报告的基本形式。

3. 如何在电路实验中保障人身和设备的安全？

第2章　电气测量的基本知识

测量是人类用数量概念描述客观事物，进而认识并逐步掌握客观事物本质、揭示自然界规律的一种重要手段。显然，若要对自然界中的客观事物做定量分析和研究，则必须通过测量来进行。著名俄国科学家门捷列夫说过："没有测量，就没有科学。"英国科学家库克也认为"测量是技术生命的神经系统"。现代科学技术的飞速发展充分说明测量在其中所起到的重要作用。

在测量技术中，电磁测量近年来有了很快的发展，这种技术已经应用到国民经济和科学技术的各个领域中，而且各种不同的测量实践与研究又迅速地推动其自身的不断发展。电磁测量技术的特点是：①准确度高，目前电磁测量的误差可以小到 $10^{-6} \sim 10^{-7}$；②测量速度快，很容易达到 $10^2 \sim 10^3$ 次/秒；③范围广，不但所有的电量、磁量和电路、磁路参数能用电磁测量技术测量，而且很多非电量，例如物体的长度、重量、湿度、压力、振动、速度、位移、水位、地震波、飞行高度、潜水深度、人的血压等，也均可以先变成与其成函数关系的电磁量或电路参数后，再用电磁测量的方法测量；测量数值的覆盖面非常宽，例如，用电磁测量的方法测量的电阻值范围为 $10^{-7} \sim 10^{10}\,\Omega$ 甚至更广；④电磁测量的灵敏度高，例如，用电磁测量的方法可以检测数值小到 10^{-15}A 的电流；⑤能比较方便地实现自动测量、自动控制和自动处理实验数据，能够给出数码，易于与计算机配合。

电磁测量技术包括三个主要方面：电磁量的测量方法，电磁测量仪器、仪表的设计与制造，电磁量的量值传递。其中，仪器仪表的发展最能体现电磁测量技术的发展。

2.1　测量的基本概念

测量是定量的基础，也是实验的重要环节。通过测量可以获取所研究对象的各种有关信息，从而总结出客观规律，得出正确的结论。所谓测量，就是利用实验的方法将被测物理量与体现计量单位的同类标准量进行比较，得出被测量值是标准值多少倍从而确定被测量大小的一个实验过程。倍数值称为等待测量的数值，选做计量标准的已知量称为单位。因此，一个物理量的测量结果必须由两部分组成，即测量单位和与此测量单位相适应的纯数字值，可以表示为

$$X = |X| \cdot x_0 \tag{2-1}$$

式中，X 为被测量即测量结果，$|X|$ 为测量所得的数字值，即单位的倍数，x_0 为测量单位。

例如，对某一电压进行测量，所得测量结果表示为

$$V_x = 5.0\text{V}$$

式中，V_x 为被测电压；V 为电压单位"伏特"，5.0 为测得的数字值，表示被测量是单位值的 5.0 倍。

当然，测量结果也可以用曲线或图形等方式来表示，但它们同样也必须包含具体的数值与单位，两者缺一不可，因为没有单位的数值是没有物理意义的。

2.2　测量手段

常见的测量手段有以下四种：

（1）量具：体现计量单位的器具。量具中一小部分可直接参与比较，如尺子、量杯等。多数量具要用专门设备才能发挥比较好的功能，如利用标准电阻器测量电阻时，需要借助于电桥。

（2）仪器：泛指一切参与测量工作的设备。包括各种直读仪器、非直读仪器、量具、测试信号源、电源设备以及各种辅助设备，如电压表、频率表、示波器等。

（3）测量装置：由几台测量仪器及有关设备所构成的整体，用以完成某项测量工作。

（4）测量系统：由若干不同用途的测量仪器及有关辅助设备所组成，用以多种参量的综合测试。

显然，在实际测量中，有时会同时用到多种测量手段。

2.3　电气测量技术的发展概况

电气测量技术的发展主要体现在测量仪表的发展与创新上。电气测量仪表至今已经发展到第三代。第一代仪表是模拟式仪表，亦称指针式仪表。19 世纪 20 年代前后，由于发现"电流对磁针有力的作用"，相继制造出了检流计、惠斯登电桥等最早的电气指示仪表。1895 年设计制造出世界上第一台感应系电能表。20 世纪四五十年代，由于使用了新材料，电气仪表在准确度方面有所提高。20 世纪 60 年代出现的电磁系、电动系和磁电系模拟式仪表具有结构简单、工作可靠和价格便宜等优点，这类仪表在电气测量中至今仍被广泛使用。

第二代仪表是数字式仪表。20 世纪 50 年代初，电子技术的进步为电气仪表的发展提供了极大的支持。1952 年，世界上第一块电子管数字式电压表问世；20 世纪 60 年代生产出晶体管数字式电压表；20 世纪 70 年代研制出中、小规模集成电路的数字式电压表。近年来，又相继推出了由大规模集成电路和超大规模集成电路构成的数字式电压表，它们的特征是高准确性、高可靠性、高分辨率等。作为数字式仪表的核心，数字式电压表已被广泛应用于电气测量领域。

第三代仪表是智能式仪表。智能式仪表能随外界条件的改变而具有正确的反应能力。目前，由于电子技术、计算机和信息处理技术的综合应用，电气测量技术正向自动化、智能化的方向迅猛发展。特别是由于传感器技术正向智能化、集成化、小型化、高精度方向发展，因而可以比较方便地将各种非电量转换成电信号，再利用电气仪表进行测量，进一步扩大了电气测量的范围。因此，电气仪表在非电量测量中也得到了广泛的应用。

2.3.1　测量过程

测量过程包含三个重要因素，即：测量对象、测量方法和测量设备。因此，一个完整的测量过程一般历经以下三个阶段：

（1）准备：在对测量对象的性质、特点和测量条件仔细分析的情况下，根据对测量结果的准确度要求选择恰当的测量方法和测量设备，从而拟定出测量过程及测量步骤。

（2）实施测量：在了解测量设备的特性与使用方法的前提下，按照已拟定出的测量过程及测量步骤进行测量，科学而实事求是地记录数据。

（3）数据处理：按照选定的测量方法及理论计算出被测量的测量结果的估计值；根据误差传递理论，对测量结果估计值的不确定度作出合理的评定。

同一个物理量的测量值，可以通过不同的测量方法获得，因此，正确选择测量方法，直接关系到测量结果的可信程度，也关系到测量方案的经济性和可行性。采用不正确的测量方法，即使利用了先进的精密仪器，也不会得到正确的测量结果。

2.3.2　电气测量的基本方法

实际测量所采用的具体方法是由被测量的参数类别、量值的大小、进行测量所需的条件、所要求的测量准确度、测量速度的快慢以及其他诸多因素决定的。因此，每个物理量都可以用具有不同特点的多种方法进行测量。

对测量方法进行分类的主要目的是为了明确测量方法的特征以便正确地选择测量方法。测量方法的分类形式很多，大体上可以分为四大类，它们是按测量结果的获得方式、测量读数的获得方式、测量性质以及测量条件来划分的。

1. 按测量结果的获得方式分类

（1）直接测量：由所用测量仪器仪表直接测得被测量数值。例如，用电压表测量电压，用电流表测量电流，用电桥测量电阻，用米尺测量长度，用天平称衡质量，用温度计测量温度等都是直接测量。该方法测量过程简单快捷。电量能否直接测量并不是绝对的，随着科学技术的飞速进步，测量仪器不断得到大幅度的改进，因此，过去很多只能间接测量到的量，现在却可以进行直接测量了。例如，电能的测量本来是间接测量，但也可通过电度表进行直接测量。

（2）间接测量：先由测量仪器仪表的读数经若干次直接测量测出与被测量有关的几个中间量，然后按照一定的函数关系经计算而求得被测量的数值。例如，要测量电阻和电功率，可先直接测出电流和电压，然后通过欧姆定律和功率公式进行计算得出电阻和电功率。其中，电流和电压是可直接测量量，电阻和电功率就是间接测量量。该方法测量过程复杂费时，一般应用在以下三种情况，即直接测量不方便或间接测量比直接测量的结果更为准确或没有直接测量的仪表。

（3）组合测量：若被测的未知量与某个中间量的函数关系式中还有其他未知数，那么对中间量的一次测量还无法求得被测量的值，这时可以通过改变测量条件，测出不同条件下的中间量数值，写出方程组，然后通过解联立方程组求出被测量的数值，这种方式称为组合测量。组合测量也适用于同时测量一个函数式中的多个被测量。例如要测量电阻温度系数 α 和 β，必须在不同温度条件下，分别测出 20℃，t_1，t_2 三种不同温度时的电阻值 $R_{20°}$，R_{t_1}，R_{t_2}，然后通过解联立方程，求得 α 和 β 的值为：

$$R_{t_1} = R_{20°} [1 + \alpha(t_1 - 20) + \beta (t_1 - 20)^2] \tag{2-2}$$

$$R_{t_2} = R_{20°} [1 + \alpha(t_2 - 20) + \beta (t_2 - 20)^2] \tag{2-3}$$

若式（2-2）、（2-3）中 t_1，t_2，$R_{20°}$，R_{t_1}，R_{t_2} 为已知，将这些值代入式（2-2）、（2-3），即可求出 α 和 β 的值。

在测量两个或两个以上相关的未知数时，通过改变测量条件而获得一组含有测量读数和未知数的方程组，求解进而获取测量结果。例如电阻的温度系数（一次、二次）测量。此法结合计算机计算求解是比较方便的。

2. 按测量读数的获得方式分类

（1）直读测量：从测量仪器仪表的指示直接获取读数。该方法过程简单但一般来说准确度较低。

（2）比较测量：将被测量与同类的标准量进行比较，根据比较的结果推算出测量读数。比较典型的比较测量法有零值法、较差法和替代法。

①零值法：被测量与已知量进行比较时，两种量对仪器的作用相消为零的方法。例如用电桥测电阻，具体电路如图 2-1 所示，当调节电阻 R_0，使电桥公式 $R_z = \dfrac{R_1}{R_2} R_0$ 保持恒等时，指零仪表 P 的读数为零。被测电阻 R_z 可由 R_1，R_2，R_0 值求得。由于比较中指示仪表只用于指零，所以仪表误差并不影响测量结果的准确度，测量准确度只与度量器及指示仪表灵敏度有关。天平测重量就是一种零值法的实例。

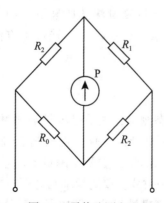

图 2-1 零值法测电阻

②较差法：通过测量已知量与被测量的差值，从而求得被测量的一种方法。较差法实际上是一种不彻底的零值法。例如用电位差计测量电池的电动势值 E_z，如图 2-2 所示。图中 E_0 为已知量，是标准电池的电动势，在这里作为度量器。电位差计可以测出被测量

E_z 与已知量 E_0 的差值 δ，然后根据 E_0 和差值 δ 求得被测量 E_z，$E_z = E_0 + \delta$，通常差值 δ 仅仅是被测量的很小一部分，例如 δ 为 E_0 的 $\frac{1}{100}$，若差值 δ 在测量中产生 $\frac{1}{1000}$ 的误差，则反映到被测量 E_z 中，产生的误差仅为 $\frac{1}{10^5}$。

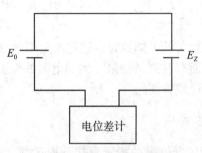

图 2-2　较差法测电动势

③替代法：将被测量与已知量先后两次接入同一测量装置，若两次测量中测量装置的工作状态保持不变，则认为替代前接在装置上的待测量与替代后的已知标准量其数值完全相等。显然，若要做到完全替代，已知标准量最好是连续可调的，这样才能通过调节使测量装置的工作状态保持不变。采用这种方法，若前后两次测量相隔的时间很短，并且又是在同一地点进行，则装置的内部特性和各种外界因素对测量所产生的影响可以认为完全相同或绝大部分相同，故测量误差极小，准确度几乎完全取决于标准量本身的误差。

比较测量法的特点是标准量直接参与，测量准确度高，但测量设备较贵，过程复杂。电桥、电位差计就是利用比较测量法的原理设计制作的典型比较式测量设备。在数字测量技术中，常用三步测量、自动校零和迭代等方法，它们都是以比较测量为理论基础的。

3. 按测量性质分类

（1）时域测量：亦称为瞬态测量，主要是测量被测量随时间的变化规律。例如用示波器测量脉冲信号的上升沿、下降沿、过冲、平顶跌落、脉冲宽度等。

（2）频域测量：又称为稳态测量，主要是测量被测量随频率变化的规律。例如用频谱分析仪测量信号的频谱，用函数分析仪测量单元电路的幅频特性、相频特性等。

（3）数据域测量：也称为逻辑量测量。例如用逻辑分析仪测量数字电路的逻辑状态、时序等。

4. 按测量条件分类

（1）等精度测量：在测量条件完全相同（即同一观察者、同一仪器、同一方法和同一环境）情况下的重复测量。在等精度测量中，各重复测量值可能不相等，但没有理由认为哪一次（或哪几次）的测量值更可靠或更不可靠。实际上，没有绝对不变的人和物，只要其变化对实验的影响很小以至可以忽略不计，就可认为是等精度测量。一般所说的对一个量的多次测量，均是指等精度测量。但应注意的是，重复测量一定是重复进行测量的整个操作过程，而非只是重复读数。

（2）不等精度测量：在测量条件不同（如观察者不同、仪器改变、方法改变、环境变化）的情况下对同一物理量的重复测量。例如，用游标卡尺和千分尺测同一钢球的直径，由于两仪器的精度不同，所测结果为不等精度测量，类似地，应用不同量程的电流表测量电流所测结果亦为不等精度测量。

实际上，电气测量方法还可以根据被测量在测量期间是否随时间的变化而变化，分为静态测量和动态测量；根据测量器具的敏感元件是否与被测物体接触，可分为接触测量和非接触测量，等等。但是最为常用的分类方法只有两种，即根据测量结果的获得方式和根据测量数据的读取方式。

电气测量方法多种多样，对某一被测量的测量，常不限于采用一种方法。例如，测量电阻值有伏安法、电桥法，也可用万用表来测量。每一种方法都有其优点和缺点，需要根据具体条件，采用合适的仪器仪表和合适的方法来进行测量，尽可能方便地获得准确的测量结果。

2.4 电气测量的主要量

电气测量的主要量有：

（1）元器件参数。例如，电阻、电感、电容、阻抗、互感、品质因数、损耗率、双口网络参数等。

（2）电量。例如，电流、电压、功率等。

（3）信号特征量。例如，频率、周期、相位、幅度、调制系数、逻辑状态、失真度等。

（4）电子设备参数。例如，通频带、增益、衰减量、灵敏度、信噪比等。

（5）电路性能量。例如，电压源、电流源的伏安特性，有源、无源网络的伏安特性、频率特性等。

（6）系统参数。例如，网络的输入、输出阻抗，网络函数等。

电路实验中的被测物理量大致可以分为两类：一是表征电信号特征的量，如电流、电压、频率、周期等；二是表征各种元器件及电路系统电磁特性的量，如电阻、电感、电容、阻抗、传输特性等。

2.5 几种基本电参量的意义及表示

电路实验中几种基本电参量的意义及表示如下：

（1）直流电压（或电流）：直流电压（或电流）是指其大小不随时间变化的电信号，用符号"DC"或"—"表示。典型的直流电压有干电池的电压、直流稳压电源的电压，如果用这些电压加在纯电阻电路中，得到的电流就是直流电流。

（2）交流电压（或电流）：交流电压（或电流）的大小随时间作周期变化，用符号"AC"或"～"表示。市电就是典型的交流电压，函数信号发生器产生的方波、三角波也是交流电压。交流电压一般用幅度、峰-峰值、有效值来表示，此外，还有波形系数、波峰系数等表示方法。

（3）幅度：一个周期性交流电压 U（t）在一个周期内相对于电流分量所出现的最大瞬时值称为该交流电压的幅度 V_m。

（4）峰值：一个周期中信号的最大值 V_p。在直流分量为 0 时它等于幅度。

（5）峰-峰值：波峰到波谷的差，简写为 p-p（peak-peak），用 $V_{p\text{-}p}$ 表示。

（6）有效值：如果一个交流电通过一个电阻在一个周期时间内所产生的热量和某一直流电流通过同一电阻在相同的时间内产生的热量相等，那么这个直流电的量值，就称为交流电的有效值，用 V 表示。例如，我们生活中使用的市电电压 220V，就是指供电电压的有效值，对于正弦信号，有：$V_{p\text{-}p} = 2\sqrt{2}\,V$，$V_{p\text{-}p} = 2V_m$。需要注意的是，除非另作说明，交流电压的测量值都是指有效值，用 V 表示。

2.6　电气测量的计量单位制

电气测量的结果可能表现为一定的数字或一条曲线，或某种图形，但不论是哪种形式，测量的结果总包含一定的数值（大小和符号）以及相应的单位。也就是说，测量结果是有单位的数，例如，1.05V、20W 等。没有注明单位的测量结果毫无价值。

2.6.1　单位及单位制

单位，是以定量表示同类量而约定采用的特定量。这个特定的量值，其数值等于 1，其量值大小是约定的，或是用法令形式规定的。例如长度单位米，法国政府 1790 年规定，沿通过巴黎的地球子午线长度的四千万分之一为 1 米。1983 年，第 17 届国际计量大会又将米的定义改为：米是光在真空中，在 1/299 792 458 秒的时间间隔里所经过的距离。

世界上的物理量很多，可以选择一些少数的相互独立的物理量，使其他物理量都能通过这些量组合而进行定义。这些少数的物理量就叫做"基本量"，而把通过物理法则组合构成的物理量作为"导出量"。基本量的单位称为"基本单位"，这类单位是由公认的国际计量机构根据科学技术的发展水平给出的独立的定义。导出量的单位称为"导出单位"，它是由基本单位遵循物理法则组合而成的。

基本单位选定以后，就可按一定的关系用它们构成一系列导出单位，这样，基本单位与导出单位就形成了一个完整的单位体系，这一单位体系的集合，称为单位制。目前绝大多数国家公认并使用的是国际单位制（SI）。

国际单位制是在米制基础上发展起来的科学、实用而又比较完善的单位制。它可以应用于各科学领域和各行业，能够并已经逐步代替了历史上遗留下来的各种单位制和单位。世界上大部分国家及国际组织均已宣布采用或推行国际单位制。

1. 国际单位制的构成

$$
国际单位制 \begin{cases} SI 单位 \begin{cases} SI 基本单位 \\ SI 导出单位 \\ SI 辅助单位 \end{cases} \\ SI 词头——SI 单位的十进倍数和十进分数单位 \end{cases}
$$

2. SI 基本单位

SI 基本单位的名称、符号、定义见表 2-1。

表 2-1　　　　　　　　　　　　　　**SI 基本单位的名称、符号、定义**

量的名称	单位名称	单位符号	定　　　义	颁布时间
长度	米	m	米是光在真空中，在 1/299 792 458 秒的时间间隔内所经过的距离	1983 年
时间	秒	s	秒是铯-133 原子基态的二超精细能级之间跃迁所对应的辐射的 9 192 631 770 个周期的持续时间	1967 年
质量	千克	kg	千克是质量单位，它等于国家千克的原器的质量	1901 年
电流	安［培］	A	在真空中，截面积可忽略的两根相距 1 米的无限长平行直导线内为等量恒定电流时，若导线间相互作用力在每米长度上为 $2 \times 10^{-7} N$，则每根导线中的电流定义为 1A	1946 年
热力学温度	开［尔文］	K	开尔文是水三相点热力学温度的 1/273.16	1967 年
物质的量	摩［尔］	mol	摩尔是一系统的物质的量，该系统中所包含的基本单元数与 0.012 千克碳-12 的原子数目相等	1971 年
发光强度	坎［德拉］	cd	坎德拉是一光源在给定方向上的发光强度，该光源发出频率为 $540 \times 10^{12} Hz$ 的单色辐射，而且在此方向上辐射强度为 1/683W/Sr 每球面度	1979 年

3. SI 导出单位

具有专门名称的 SI 导出单位的名称、符号、量纲表达式见表 2-2。

表 2-2　　　　　**具有专门名称的 SI 导出单位的名称、符号、量纲表达式**

量的名称	单位名称	单位符号	用其他 SI 单位表示的表示式	用 SI 基本单位表示的表示式
频率	赫［兹］	Hz		s^{-1}
力	牛［顿］	N		$m \cdot kg \cdot s^{-2}$

续表

量的名称	单位名称	单位符号	用其他 SI 单位表示的表示式	用 SI 基本单位表示的表示式
压力，压强，应力	帕［斯卡］	Pa	N/m²	$m^{-1} \cdot kg \cdot s^{-2}$
能，功，热量	焦［耳］	J	N·m	$m^2 \cdot kg \cdot s^{-2}$
功率，辐［射］通量	瓦［特］	W	J/s	$m^2 \cdot kg \cdot s^{-2}$
电荷［量］	库［仑］	C		s·A
电位（电势），电位差，电压，电动势	伏［特］	V	W/A	$m^2 \cdot kg \cdot s^{-3} \cdot A^{-1}$
电容	法［拉］	F	C/V	$m^{-2} \cdot kg^{-1} \cdot s^4 \cdot A^2$
电阻	欧［姆］	Ω	V/A	$m^2 \cdot kg \cdot s^{-3} \cdot A^{-2}$
电导	西［门子］	S	A/V	$m^{-2} \cdot kg^{-1} \cdot s^3 \cdot A^2$
磁通［量］	韦［伯］	Wb	V·s	$m^2 \cdot kg \cdot s^{-2} \cdot A^{-1}$
磁通［量］密度，磁感应强度	特［斯拉］	T	Wb/m²	$kg \cdot s^{-2} \cdot A^{-1}$
电感	亨［利］	H	Wb/A	$m^2 \cdot kg \cdot s^{-2} \cdot A^{-2}$
摄氏温度	摄氏度	℃		K
光通［量］	流［明］	lm		cd·sr
［光］照度	勒［克斯］	lx	lm/m²	$m^{-2} \cdot cd \cdot sr$

4. SI 辅助单位

SI 辅助单位的名称、符号见表 2-3。

表 2-3   **SI 辅助单位的名称、符号**

量的名称	单位名称	单位符号	量的名称	单位名称	单位符号
平面角	弧度	rad	角加速度	弧度每二次方秒	rad/s²
立体角	球面度	sr	辐射强度	瓦［特］每球面度	W/sr
角速度	弧度每秒	rad/s	辐射亮度	瓦［特］每平方米球面度	W/（m²·sr）

5. SI 词头

国际单位制规定一个物理量只有一个，这给使用带来不便。比如，电压的 SI 单位为"伏特"，符号为"V"。对于比较低的电压，小数位太多，如 0.000 005V，对于比较高的电压，数字后"0"太多，比如 50 000V。显然，这对记录和读数是十分不便的，为此，国际单位制规定了一套"词头"，用它和 SI 单位组合而成 SI 单位组合的十进倍数单位和十进分数单位。有了词头，上述两数字就可分别表示成 5μV 和 50kV。这里的 "μ" "k"，分别读作 "微" 和 "千"。

SI 词头的定义、名称及符号见表 2-4 。

表 2-4　　　　　　　　　　　　　　SI 词头的定义、名称及符号

倍乘因子	词头名称		词头符号	倍乘因子	词头名称		词头符号
	中文	英文			中文	英文	
10^{24}	尧［它］	yitta	Y	10^{1}	十	deca	da
10^{21}	泽［它］	zetta	Z	10^{-1}	分	deci	d
10^{18}	艾［可萨］	exa	E	10^{-2}	厘	centi	c
10^{15}	拍［它］	peta	P	10^{-3}	毫	milli	m
10^{12}	太［拉］	tera	T	10^{-6}	微	micro	μ
10^{9}	吉［咖］	giga	G	10^{-9}	纳［诺］	nano	n
10^{6}	兆	mega	M	10^{-12}	皮［可］	pico	p
10^{3}	千	kilo	k	10^{-15}	飞［母托］	femto	f
10^{2}	百	hecto	H	10^{-18}	阿［托］	atto	a

在使用词头时应注意以下几点：

①词头符号用罗马体（正体）印发，在词头符号和单位符号之间不留间隔。

②不允许使用重叠词头。

③词头永远不能单独使用。

2.6.2　电路实验中常用的国际单位制

电路实验中常用的国际单位制如表 2-5 所示。

表 2-5　　　　　　　　　　　　　电路实验中常用的国际单位制

量	单位名称	代　号	
		中文	国际
电流	安培	安	A
电压	伏特	伏	V
功率	瓦特	瓦	W
频率	赫兹	赫	Hz
电阻	欧姆	欧	Ω
电感	亨利	亨	H

续表

量	单位名称	代　　号	
		中文	国际
电容	法拉	法	F
时间	秒	秒	s

　　在实际使用中，有时觉得单位太大或者太小，便在这些单位中加上表 2-6 所示词头，用以表示这些单位被一个以 10 为底的正次幂或者负次幂相乘后所得到的辅助单位。

表 2-6　　　　　　　　　　　　　　电路实验中常用的 SI 词头

词冠	代　　号		因数
	中文	国际	
吉咖	吉	G	10^9
兆	兆	M	10^6
千	千	k	10^3
毫	毫	m	10^{-3}
微	微	μ	10^{-6}
纳诺	纳	n	10^{-9}
皮可	皮	p	10^{-12}

　　为了更方便应用，又引入了一些单位，这些单位都是由一些基本单位组合而来的，如表 2-7 所示。

表 2-7　　　　　　　　电路实验中常用的 SI 导出单位的名称、符号

物理量	单位名称	单位符号	用基本单位表示的符号
频率	赫（兹）	Hz	$1/s$
功率	瓦（特）	W	$m^2 \cdot kg/s^3$
电量、电荷	库（仑）	C	$s \cdot A$
电位、电压、电势	伏（特）	V	$m^2 \cdot kg/(s^3 \cdot A)$
电容	法（拉）	F	$s^4 \cdot A^2/(m^2 \cdot kg)$
电阻	欧（姆）	Ω	$m^2 \cdot kg/(s^3 \cdot A^2)$
电导	西（门子）	S	$s^3 \cdot A^2/(m^2 \cdot kg)$
磁通（量）	韦（伯）	Wb	$m^2 \cdot kg/(s^2 \cdot A)$

续表

物理量	单位名称	单位符号	用基本单位表示的符号
磁感应（强度）	特（斯拉）	T	$kg/(s^2 \cdot A)$
电感、互感	享（利）	H	$m^2 \cdot kg/(s^2 \cdot A^2)$
介电常数	法拉/米	F/m	$s^4 \cdot A^2/(m^3 \cdot kg)$
视在功率	伏安	VA	$m^2 \cdot kg/s^3$
无功功率	乏	var	$m^2 \cdot kg/s^3$
磁场强度	安/米	A/m	A/m
磁阻	安培/韦伯	A/Wb	$s^2 \cdot A^2/(m^2 \cdot kg)$
磁导率	亨利/米	H/m	$m \cdot kg/(s^2 \cdot A^2)$
光通量	流（明）	lm	$cd \cdot sr$
压强	牛顿/平方米	N/m^2	$kg/(s^2 \cdot m)$
声强（度）	瓦特/平方米	W/m^2	kg/s^3
声强度级	分贝	dB	$10 \cdot kg/s^3$

2.7　测量误差基本概念

2.7.1　测量误差的几个名词术语

1. 真值

真值是表征物理量与给定特定量定义一致的量值。真值是客观存在，但是不可测量的。随着科学技术的不断发展，测量结果的数值会不断接近真值。在实际的计量和测量工作中，经常使用"约定真值"和"相对真值"。约定真值是按照国际公认的单位定义，利用科学技术发展的最高水平所复现的单位基准。约定真值常常是以法律形式规定或指定的。就给定目的而言，约定真值的误差是可以忽略的，如国际计量局保存的国际千克原器。相对真值也叫实际值，是在满足规定准确度时用来代替真值使用的值。

2. 标称值

标称值是计量或测量器具上标注的量值。如标准电池上标出的 1.0186V。由于制造上不完备、测量不准确及环境条件的变化，标称值并不一定等于它的实际值，所以，在给出量具标称值的同时，通常应给出它的误差范围或准确度等级。

3. 示值

示值是由测量仪器给出的量值，也称测量值。准确度是测量结果中系统误差和随机误差的综合，表示测量结果与真值的一致程度。准确度涉及真值，由于真值的"不可知性"，所以它只是一个定性概念。

4. 重复性

重复性是指在相同条件下，对同一被测量进行多次连续测量所得结果之间的一致性。相同条件是指：相同的测量程序、相同的测量条件、相同的观测人员、相同的测量设备、相同的地点。

5. 误差公理

在实际测量中，由于测量设备不准确、测量方法不完善、测量程序不规范及测量环境因素的影响，都会导致测量结果偏离被测量的真值。测量结果与被测量真值之差就是测量误差。测量误差的存在是不可避免的，也就是说"一切测量都具有误差，误差自始至终存在于所有科学试验的过程之中"，这就是误差公理。

研究测量误差的目的就是寻找产生误差的原因，认识误差的规律、性质，进而找出减小误差的途径与方法，以求获得尽可能接近真值的测量结果。

2.7.2　测量误差的表示

1. 误差的定义

测量过程通常都是人们在一定环境条件下使用一定的仪器进行的。毫无疑问，所有实验者都希望测量结果能很好地符合客观实际。但是，在实际测量中，由于测量仪器的结构不可能完美无缺、测量方法设计的合理程度、测量环境与条件的变化（如温度的波动、振动、电磁辐射的随机变化等）、人的观察力，观测者的操作、调整和读数也不可能完全准确、理论的近似性等诸多因素都不可避免地对实验测量结果造成各种干扰，即会影响实验结果的准确度。因此，任何测量都不可能做到绝对准确。我们把待测物理量的客观真实数值称为真值（无法实际测得），记为 x_0，用 x 表示某次测量的测量值，则测量值 x 与真值 x_0 之差称为误差，也称绝对误差，记为 δ，即

$$\delta = x - x_0 \tag{2-4}$$

δ 的大小反映了测量值偏离真值的大小。对同一测量对象，误差的绝对值越小，测量值就越好。而对不同的测量对象，就不能只凭误差来评判测量结果的优劣，在这种情况下，还需要引入相对误差来比较两个不同物理量的测量优劣，来说明测量精确度的高低，即

$$E = \frac{\delta}{x_0} \times 100\% \tag{2-5}$$

相对误差也称百分比误差，是一个不带单位的纯数。它既可以评价量值大小不同的同类物理量的测量，也可以评价不同种类物理量的测量，判断不同测量的优劣情况。

2. 误差的分类

在实际测量中，存在着多种测量误差，产生误差的因素不尽相同，导致误差的特征也

不尽相同。只有掌握各种误差所有的特征，才能有正确的误差处理方法。按照误差的特征和表现形式可将测量误差分为系统误差、随机误差和粗大误差三类。

（1）系统误差：在同一条件下（包括方法、仪器、人员及环境）多次测量同一量时，误差的大小和方向保持恒定，或在条件改变时，误差的大小和方向按一定规律变化，这种误差称为系统误差。其特点是它的确定规律性。系统误差来源于以下几方面：①由于实验原理和实验方法不完善带来的误差，例如计算公式的近似性所引起的误差；②由于仪器本身的缺陷或没有按规定条件使用仪器而造成的误差；③由于环境条件变化所引起的误差；④由于观测者生理或心理特点造成的误差等。系统误差的确定性反映在：测量条件一经确定误差也随之确定；重复测量时误差的绝对值和符号均保持不变。因此，在相同实验条件下，多次重复测量不可能发现系统误差。

（2）随机误差（偶然误差）：在同一条件下多次测量同一个量时，每次出现的误差时大时小，时正时负，没有确定的规律，但就总体来说服从一定的统计规律，这种误差称为随机误差。它的特点是随机性，而总体服从统计规律。随机误差的这种特点使我们能够在确定条件下，通过多次重复测量来发现它，而且可以从相应的统计分布规律来讨论它对测量结果的影响。

这种误差是由实验中多种因素的微小变动而引起的，例如实验装置和测量机构在各次调整操作上的变动，测量仪器指示数值的变动，以及观测者本人在判断和估计读数上的变动等。这些因素的共同影响就使测量值围绕着测量的平均值上下变化，这种变化量就是各次测量的偶然误差。偶然误差的出现，就某一测量值来说是没有规律的，其大小和方向都是不能预知的，但对一个量进行足够多次的测量，则会发现它们的偶然误差是按一定的统计规律分布的，常见的分布有正态分布、均匀分布、r 分布等。

随机误差中常见的一种情况是：正方向误差和负方向误差出现的次数大体相等，数值较小的误差出现的次数较多，数值很大的误差在没有错误的情况下通常不出现。这一规律在测量次数越多时表现得越明显，它是一种最典型的分布——正态分布。

（3）粗大误差：测量时，由于观测者使用仪器不正确、观察粗心大意或数据记错而引起的不正确的结果，这种情况出现的误差称为粗大误差。它实际上是一种测量错误，这种数据应当剔除。

系统误差和随机误差虽是两个截然不同的概念，但在任何测量中，误差既不会是单纯的系统误差，也不会是单纯的随机误差，而是两者兼而有之，并且两种误差之间没有严格的分界线。在实际测量中有许多误差是无法准确判断其从属性的，并且在一定的条件下，随机误差的一部分可转化为系统误差。

2.7.3 误差的处理

1. 系统误差的处理

发现系统误差是消除和修正系统误差的前提，应从系统误差的来源着手分析。寻找系统误差的方法主要有：

（1）理论分析法：测量过程中因理论公式的近似性等原因所造成的系统误差常常可

以从理论上做出判断并估计其量值。如伏安法测电阻。

（2）实验对比法：对被测量的测量量采用实验方法对比、测量方法对比、仪器对比、测量条件对比来研究其结果的变化规律，从而发现可能存在的系统误差。

（3）数据分析法：分析多次测量的数据分布规律来发现系统误差。

减小和修正系统误差可以采用下列方法：通过理论公式引入修正值、消除系统误差产生的因素、改进测量原理和测量方法。

2. 随机误差的处理

1）随机误差的统计规律

理论和实践证明，当测量次数足够多时，一组等精度测量数据其随机误差服从一定的统计规律，最常见的一种统计规律是正态分布（高斯分布）。若横坐标为误差 Δx，纵坐标为误差出现的概率密度函数 $f(\Delta x)$，则正态分布曲线如图 2-3 所示，其数学表达式为

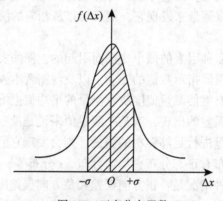

图 2-3　正态分布函数

$$f(\Delta x) = \frac{1}{\sigma \sqrt{2\pi}} e^{-\frac{(\Delta x)^2}{2\sigma^2}} \tag{2-6}$$

式中，σ 为总体标准误差，σ 满足式（2-7），即

$$\sigma = \sqrt{\frac{1}{n} \sum_{i=1}^{n} (\Delta x)^2} \qquad (n \to \infty) \tag{2-7}$$

图 2-3 中阴影部分的面积就是随机误差在 $\pm \sigma$ 范围内的概率，即测量值落在 $[x - \sigma, x + \sigma]$ 区间中的概率 $p = 68.3\%$。说明对任一次测量，其测量值出现在 $[x - \sigma, x + \sigma]$ 区间的可能性为 0.683。为了给出更高的置信水平，置信区间可扩展为 $[x - 2\sigma, x + 2\sigma]$ 和 $[x - 3\sigma, x + 3\sigma]$，其置信概率分别为 $p = 95.4\%$ 和 $p = 99.7\%$。通常 3σ 称为"极限误差"，因为误差绝对值大于 3σ 的概率仅为 $p = 0.3\%$。

从分布曲线还可以看出：①在多次测量时，正负随机误差常可以大致抵消，因此采用多次测量的算术平均值表示测量结果可以减小误差的影响；②测量值的分散程度直接体现随机误差的大小，测量值越分散，测量的随机误差就越大。因此，必须对测量的随机误差

作出估计才能表示出测量的精密度。

2）随机误差的估算

在实际测量中，测量的次数总是有限的，而且被测量的真值是未知的。设在一组测量中，n 次测量的测量值分别为 x_1，x_2，$\cdots$，x_n，由统计原理可知，其真值的最佳估计值 x_0 是能使各次测量值与该值之差的平方和为最小的那个值，即 $f(x) = \sum\limits_{i=1}^{n} (x_i - x_0)^2$ 有最小值。对 $f(x)$ 求极值，可得

$$\frac{\mathrm{d}f(x)}{\mathrm{d}t} = - \sum_{i=1}^{n} 2(x_i - x_0) = 0 \tag{2-8}$$

于是有

$$x_0 = \frac{1}{n} \sum_{i=1}^{n} x_i = \bar{x} \tag{2-9}$$

这说明测量值的算术平均值是最接近被测量的真值的。因此，常用算术平均值 $\bar{x}$ 表示测量结果，即 $\bar{x}$ 为测量最佳值。

测量的可靠程度常采用标准差来估计，标准差越小，说明多次测量数据的分散程度越小，测量的精密度越高。x 的标准偏差可用贝塞尔公式估算为

$$\sigma_x = \sqrt{\frac{1}{n-1} \sum_{i=1}^{n} (x_i - \bar{x})^2} \tag{2-10}$$

上式的物理意义说明，任一次测量的结果落在 $[x - \sigma,\ x + \sigma]$ 区间的概率 $p = 68.3\%$；落在 $[x - 2\sigma,\ x + 2\sigma]$ 区间的概率 $p = 95.4\%$；落在 $[\bar{x} - 3\sigma,\ \bar{x} + 3\sigma]$ 区间的概率 $p = 99.7\%$，上述概率称为置信概率，对应区间称为置信区间。可以看出，数据落在 $[\bar{x} - 3\sigma,\ \bar{x} + 3\sigma]$ 以外的可能性很小，也就是说，当测量值与平均值之差超过 3σ 时，该测量值数据处理时应当剔除。在电路实验中，置信概率一般取 0.95。

在实际工作中，人们关心的是测量结果即算数平均值 $\bar{x}$ 对真值的离散程度。由误差理论可以证明平均值 $\bar{x}$ 的标准差为

$$\sigma_{\bar{x}} = \frac{\sigma_x}{n} \sqrt{\frac{1}{n(n-1)} \sum_{i=1}^{n} (x_i - \bar{x})^2} \tag{2-11}$$

3. 精密度与准确度

精密度是指对同一被测量作多次重复测量时，各次测量值之间彼此接近（或分散）的程度。它是对随机误差的描述，反映了随机误差对测量的影响程度。随机误差小，测量的精密度就高。

准确度是指被测量的整体平均值与其真值接近（或偏离）的程度。它是对系统误差的描述，反映了系统误差对测量的影响程度。系统误差小，测量的准确度就高。

同时具备高精密度和高准确度的测量，表现为各测量值之间分散度小且总体平均值与真值的接近程度高，反映了随机误差和系统误差对测量结果的影响都非常小的情况。图 2-4 所示的打靶情况可以较形象地帮助理解上述概念。

图 2-4（a）表示打靶的精密度较高，各击中点比较集中，但打得不准，各击中点偏

离靶心较远说明随机误差小，却有较大的系统误差；图 2-4（b）各击中点相互之间较分散，但各击中点总的平均位置距离靶心较近，准确度高于图 2-4（a），即系统误差相对图 2-4（a）情况要小；图 2-4（c）表示精密度和准确度都高，说明随机误差与系统误差都小，各击中点不但集中，而且均接近靶心。

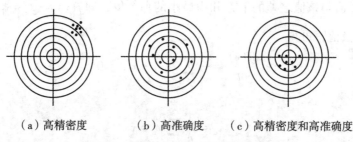

（a）高精密度　　　　　（b）高准确度　　　　（c）高精密度和高准确度

图 2-4　精确度与准确度概念说明图

4. 不确定度

实验过程中存在着系统误差和随机误差，除了对实验的精密度需要进行综合评价以外，还需要对实验结果的可靠性进行准确的评价，因此，就产生了不确定度的概念。不确定度是用来表征测量结果可以信赖的程度，也就是置信度。确定不确定度有很多方法，为了寻求统一，1978 年国际计量大会（CIPM）委托国际计量局（BIPM）联合各国国家计量标准实验室共同研究制定了一个表述不确定度的指导性文件。1980 年国际计量局召开专家会议，发布《实验不确定度的规定建议书》，其中规定了实验不确定度的表述。在此基础上，1992 年国际标准化组织联合其他国际组织制定了《测量不确定度表达指南 1992》，对不确定度给出了一个新的定义和计算方法。1992 年 1 月，我国开始执行国家计量规范《测量误差及数据处理（试行）》（JJG 1027—1991），规定测量结果的最终表示形式用总不确定度或相对不确定度表达。由于不确定度的表达涉及很多领域，要真正采用不确定度来评价实验还有困难，因此在实验中只要求学生熟悉关于不确定度的一些基本概念，在运算上也尽量简化。

5. 引用误差

相对误差虽然可以说明测量结果的准确度，衡量测量结果和被测量实际值之间的差异程度，但仍不能用来评价指示仪表的准确度。这是因为同一个仪表的绝对误差在刻度的范围内变化不大，而近乎常数，这样就使得在仪表标度尺的各个不同的部位，相对误差是一个变化很大的数值。为了解决这一问题，引入引用误差的概念。

引用误差是绝对误差与仪表量程比值的百分比，即

$$\gamma_n = \frac{\Delta A}{A_m} \times 100\% \tag{2-12}$$

引用误差是仪表中通用的一种误差表示方法，它是相对于仪表满量程的一种误差，是

相对误差的一种特殊形式。

在规定条件下，当被测量平稳增加或减少时，在仪表全量程内所测得各示值的绝对误差（取绝对值）的最大者与满量程值的比值的百分比，称为仪表的最大引用误差 $\gamma_{\max}$。

【例 2-1】 用量程为 300V 的电压表测量实际电压为 218V 的电压时，电压表的示值为 214V，试求各种误差。

解： 测量的绝对误差为

$$\Delta U = U - U_0 = (214 - 218)\text{V} = -4\text{V}$$

实际相对误差为

$$\gamma = \frac{\Delta U}{U_0} \times 100\% = \frac{-4}{218} \times 100\% = -1.83\%$$

示值相对误差为

$$\gamma = \frac{\Delta U}{U} \times 100\% = \frac{-4}{214} \times 100\% = -1.87\%$$

引用误差为

$$\gamma_n = \frac{\Delta U}{U_m} \times 100\% = \frac{-4}{300} \times 100\% = -1.33\%$$

6. 仪表的准确度等级

1）仪表的准确度的定义与表示

在正常的使用条件下，仪表测量结果的准确程度称为仪表的准确度。

为了能够确切表示仪表的准确度，规定采用最大引用误差来表示。最大引用误差是指，仪表在规定的正常工作条件下测量时，可能产生的最大绝对误差 Δ_m 与所用量程 A_m 之比的百分数。若仪表准确度用 δ 表示，则有

$$\delta = \frac{\Delta_m}{A_m} \times 100\% \tag{2-13}$$

最大引用误差越小，仪表的基本误差越小，其准确度就越高。而引用误差与仪表的量程范围有关，所以在使用同一准确度的仪表时，往往采取压缩量程范围的方法，以减小测量误差。

2）仪表准确度等级的定义

仪表的准确度等级又称仪表的级别，在习惯上也称仪表的精度等级。在工业测量中，为了便于表示仪表的质量，通常用准确度等级来表示仪表的准确程度。准确度等级就是最大引用误差去除正、负号及百分号。

在实际中常用最大引用误差来表示电测量指示仪表的准确度等级，两者之间的关系为

$$\gamma_{nm} = \frac{\Delta x_m}{x_m} \times 100\% \leqslant a\% \tag{2-14}$$

式中，a 称为仪表准确度等级指标。

对于指示式仪表，仪表在有效量程范围内和规定使用条件下测量时，其基本误差不得超过相应的准确度级别。

3）常见仪表准确度等级

准确度等级是衡量仪表质量优劣的重要指标之一。我国工业仪表等级分为 0.1、0.2、0.5、1.0、1.5、2.5、5.0 七个等级，并标志在仪表刻度标尺或铭牌上。其对应基本误差如表 2-8 所示。

表 2-8　　　　　　　　　　　常见仪表准确度等级对应的基本误差

准确度等级	0.05	0.1	0.2	0.3	0.5	1.0	1.5	2.0	2.5	3.0	5.0
基本误差（%）	±0.05	±0.1	±0.2	±0.3	±0.5	±1.0	±1.5	±2.0	±2.5	±3.0	±5.0

电阻表分为 12 个等级：0.05，0.1，0.2，0.5，1.0，1.5，2.0，2.5，3.0，5.0，10，20。

有功功率表和无功功率表分为 10 个等级：0.05，0.1，0.2，0.3，0.5，1.0，1.5，2.0，2.5，3.5。

相位表和功率因数表分为 10 个等级：0.1，0.2，0.3，0.5，1.0，1.5，2.0，2.5，3.0，5.0。

4）仪表准确度等级的计算

已知仪表的准确度等级和量程，就可以算出该仪表在测量时，可能产生的最大绝对误差和相对误差。

测量时指示仪表产生的最大绝对误差为

$$\Delta x_m \leqslant \pm a\% x_m \tag{2-15}$$

当用指示仪表测得被测量示值为 x 时，可能产生的最大示值相对误差为

$$\gamma_m = \frac{\Delta x_m}{x} \times 100\% \leqslant \pm a\% \frac{x_m}{x} \times 100\% \tag{2-16}$$

【例 2-2】某电流表的量程为 150mA，其准确度等级为 0.2 级，用其测得一电路中的电流为 120.0mA，求测得结果的示值相对误差。

解：由 $\Delta x_m \leqslant \pm a\% x_m$，求得仪表的最大绝对误差为

$$\Delta I_m = \pm a\% I_m = \pm 0.002 \times 150 = \pm 0.3 (mA)$$

又由 $\gamma \approx \frac{\Delta x}{x} \times 100\%$ 得，算出其测量结果可能出现的最大示值相对误差为

$$\gamma_m = \frac{\Delta I_m}{I} \times 100\% = \pm \frac{0.3}{20.0} \times 100\% = \pm 0.25\%$$

【例 2-3】用量程为 10A 的电流表，测量实际值为 8A 的电流，若读数为 8.1A，求测量的绝对误差和相对误差。若所求得的绝对误差被视为最大绝对误差，问：该电流表的准确度等级可定为哪一级？

解：该读数的绝对误差为

$$\Delta = A_x - A_0 = 8.1 - 8 = 0.1 \ (A)$$

该表的最大引用误差为

$$\gamma_m = \frac{\Delta_m}{A_m} \times 100\% = \frac{0.1}{8} \times 100\% = 1.25\%$$

按表 2-8，该电流表的准确度等级可定为 1.5 级。

7. 容许误差

容许误差是指测量仪器在使用条件下可能产生的最大误差范围，它是衡量测量仪器的最重要的指标。测量仪器的准确度、稳定度等指标都可用容许误差来表征。按照部颁标准《电子仪器误差的一般规定》（SJ943—82）的规定，容许误差可用工作误差、固有误差、影响误差、稳定性误差来描述。

（1）工作误差：是在额定工作条件下仪器误差的极限值，即来自仪器外部的各种影响量和仪器内部的影响特性为任意可能的组合时，仪器误差的最大极限值。这种表示方式的优点是利用工作误差直接估计测量结果误差的最大范围。不足的是采用工作误差估计测量误差一般结果偏大。

（2）固有误差：是当仪器的各种影响量和影响特性处于基准条件下仪器所具有的误差。由于基准条件比较严格，所以，固有误差可以比较准确地反映仪器所固有的性能，便于在相同条件下对同类进行比对和校准。

（3）影响误差：是当一个影响量处在额定使用范围内，而其他所有影响量处在基准条件时仪器所具有的误差，如频率误差、温度误差等。

（4）稳定性误差：是在其他影响和影响特性保持不变的情况下，在规定的时间内，仪器输出的最大值或最小值与其标称值的偏差。

容许误差通常用绝对误差表示，一般有以下三种方式可供选择：

$$\Delta = \pm (A_X \alpha\% + A_m \beta\%) \tag{2-17}$$
$$\Delta = \pm (A_X \alpha\% + n \text{ 个字}) \tag{2-18}$$
$$\Delta = \pm (A_X \alpha\% + A_m \beta\% + n \text{ 个字}) \tag{2-19}$$

后两个公式主要用于数字仪表的误差表示，"n 个字"所表示的误差值是数字仪表在给定量限下的分辨率的 n 倍，即末位一个字所代表的被测量量值的 n 倍。显然，这个值与数字仪表的量限和显示位数密切相关，量限不同，显示位数不同，"n 个字"所表示的误差值是不相同的。例如，某 4 位数字电压表，当 n 为 5，在 1V 量限时，"n 个字"表示的电压误差是 5mV，而在 10V 量限时，"n 个字"表示的电压误差是 50mV。通常仪器准确度等级指数由 α 与 β 之和来决定，$a = \alpha + \beta$。

【例 2-4】要测量 220V 的电压，现有两种电压表：（1）量限 500V，1.0 级；（2）量限 250V，1.5 级，试问哪只表测量较为准确？

解：两表可能出现的最大绝对误差和相对误差分别为：

查表 2-8，得

$$\Delta_m = \pm K\% \times A_m = \pm 1.0\% \times 500 = 5.0V$$
$$\gamma = \frac{\pm \Delta_m}{A} \times 100\% = \frac{\pm 5.0}{220} \times 100\% = \pm 2.3\%$$
$$\Delta_m = \pm K\% \times A_m = \pm 1.5\% \times 250 = \pm 3.75 \approx \pm 3.8V$$

$$\gamma = \frac{\pm \Delta_m}{A} \times 100\% = \frac{\pm 3.8}{220} \times 100\% = \pm 1.7\%$$

故用量限 250V，1.5 级的电压表较为准确。

由例 2-4 可知，并不是仪表"越高级越好"，仪表的准确度高，一般来说误差会小，但仪表的量限大了会增大误差。这好比称小东西要用小秤或天平，而不能用大秤来称一样，否则可能无法称或称不准。因而，选用仪表时要考虑合适的量限。为了保证测量结果的准确度，仪表的量限应尽量接近被测量，通常被测量应大于仪表量限的 $\frac{1}{2}$。在运行现场，应尽量保证发电机、变压器及其他电力设备在正常运行时，仪表指示在标度尺量限的 $\frac{2}{3}$ 以上，并应考虑过负载时能有适当指示。

习　题

1. 用电压表测量实际值为 220V 的电压，若测量中该表最大可能有 ±5% 相对误差，则可能出现的读数最大值为多大。若测出值为 230V，则该读数的相对误差和绝对误差为多大？（参考答案：231V，10 V，4.5%）

2. 用量程为 10A 的电流表，测量实际值为 8A 的电流，若读数为 8.1A，求测量的绝对误差和相对误差。若所求得的绝对误差被视为最大绝对误差，问该电流表的准确度等级可定为哪一级？（参考答案：1.5 级）

3. 用准确度为 1 级、量程为 300V 的电压表测量某电压，若读数为 300V，则该读数可能的相对误差和绝对误差有多大？若读数为 200V，则该读数可能的相对误差和绝对误差有多大？（参考答案：±1%，±1.5%）

4. 欲测一 250V 的电压，要求测量的相对误差不要超过 ±0.5%，如果选用量程为 250V 的电压表，那么应选其准确度等级为哪一级？如果选用量程为 300V 和 500V 的电压表，则其准确度等级又应选用哪一级？（参考答案：选用 0.2 级）

5. 测量 95V 左右的电压，实验室有 0.5 级 0~300V 量程和 1 级 0~100V 量程的两台电压表供选用，为能使测量尽可能准确，应选用哪一个？

第 3 章　实验数据的记录与分析处理

在电路实验中，一项十分重要的工作就是通过实验观测，获得大量的实验数据，然后对所得的实验数据进行分析处理，寻找出实验数据之间的相互联系。但是，由于实验方法、实验设备和实验条件等多种因素的限制，测量结果总是存在误差。因此，实验中除获得必要的测量数据外，还必须进行误差分析，通过分析误差产生的原因及性质，采用合理的方法减少或消除误差的影响，对测量结果做出合理的评价；同时通过误差分析，根据实验结果的误差要求，选择测量方法、测量仪器和测量条件，优化实验设计，以最经济合理的方式获得最合理的实验结果。因此，实验数据的记录与分析处理数据以及误差分析理论是所有实验科学的一项重要内容。

3.1　实验数据处理的基本知识

3.1.1　有效数字的概念与表示方法

在任何一个实验中都需要进行数据测量或者数据处理，而每个测量仪器都存在一定程度的误差，因此，为了得到更准确的测量数据，必须在仪器最小分度值的后面再估读一位数字。这样所得到的测量数据就会由两部分组成，一部分是由实验仪器直接读出来的数字，称为可靠数字；另一部分则是最后估读的数字，称为可疑数字。因此，有效数字是由可靠数字和可疑数字组成的。例如，在最小刻度为毫米时，所读到的数据为 18.6mm，18 即为可靠数字，而十分位上的 6 则是估读数字，即可疑数字，由有效数字的定义可知，它有 3 位有效数字。

需要强调指出的是，有效数字与数据中的小数点位置是无关的，而且与数据所带的单位也没有关系，数据中的可疑数字应根据测量仪器的最小刻度值来确定。

在有效数字的表示及其应用中应该注意以下几点：

（1）若数据中包含多个"0"时，有以下几种规则：①数据左边的"0"不能算在有效数字以内。②相反的，数据右边和数据中间的"0"都应该计入有效数字之内；③若有效数位不够，则可通过在数据后面加"0"来弥补。例如，在数据 0.00980 中只有三位有效数字。这是因为数据左边的"0"不能算作有效数字，而数据后面的"0"属于估读位数字。

（2）如果在数据的末尾有多个"0"时，应该注意用科学计数法来表示，即一般表示为 10 的乘方形式。如 1400 可以写成 1.400×10^3，表示它有四位有效数字。

除此之外，还应该注意在单位换算时有效数字的位数不应该发生变化。一般情况下，认为常数的有效数位是无限制的，在数据处理的过程中可以依据问题的需要进行选取。

3.1.2 有效数字的修约规则

1. 修约间隔规则

修约间隔，是指确定修约保留位数的一种方式。修约间隔的数值一经确定，修约值即应为该数值的整数倍。例如指定修约间隔为 0.1，修约值即应在 0.1 的整数倍中选取，相当于将数值修约到一位小数。又如指定修约间隔为 100，修约值即应在 100 的整数倍中选取，相当于将数值修约到"百"数位。

0.5 单位修约（半个单位修约）是指修约间隔为指定数位的 0.5 单位，即修约到指定数位的 0.5 单位。0.2 单位修约是指修约间隔为指定数位的 0.2 单位，即修约到指定数位的 0.2 单位。最基本的修约间隔是 10^n（n 为整数），它等同于确定修约到某数位。

2. 数值修约进舍规则

（1）拟舍弃数字的最左一位数字小于 5 时，则舍去，即保留的各位数字不变。

（2）拟舍弃数字的最左一位数字大于 5 或者是 5，而且后面的数字并非全部为 0 时，则进 1，即保留的末位数字加 1。

（3）拟舍弃数字的最左一位数字为 5，而后面无数字或全部为 0 时，若所保留的末位数字为奇数（1，3，5，7，9）则进 1，为偶数（2，4，6，8，0）则舍弃。

（4）负数修约时，先将它的绝对值按上述三条规定进行修约，然后在修约值前面加上负号。

（5）0.5 单位修约时，将拟修约数值乘以 2，按指定数位依进舍规则修约，所得数值再除以 2。

（6）0.2 单位修约时，将拟修约数值乘以 5，按指定数位依进舍规则修约，所得数值再除以 5。

上述数值修约规则（有时称之为"奇升偶舍法"）与常用的"四舍五入"的方法区别在于，用"四舍五入"法对数值进行修约，从很多修约后的数值中得到的均值偏大。而用上述修约规则，进舍的状况具有平衡性，进舍误差也具有平衡性，若干数值经过这种修约后，修约值之和变大的可能性与变小的可能性是一样的。

3.1.3 数值修约注意事项

在进行数值修约时，应在明确修约间隔、确定修约位数后一次完成，而不应连续修约，否则会导致不正确的结果。然而，实际工作中常有这种情况，有的部门先将原始数据按修约要求多一位至几位报出，而后另一个部门按此报出值再按规定位数修约和判定，这样就会发生连续修约的错误。

（1）拟修约数字应在确定修约后一次修约获得结果，而不得多次按进舍规则连续修约。

（2）在具体实施中，有时测量与计算部门先将获得数值按指定的修约数位多一位或几位报出，而后由其他部门判定。为避免产生连续修约的错误，应按下列步骤进行：

①报出数值最右的非 0 数字为 5 时，应在数值后面加"（+）"号或"（−）"号或不加符号，以分别表明已进行过舍、进或未舍未进。

②如果判定报出值需要进行修约，当拟舍弃数字的最左一位数字为 5 而后面无数字或全部为 0 时，数值后面有（+）号者进 1，数值后面有（−）号者舍去，其他仍按进舍规则进位。

3.1.4　有效数字的计算规则

有效数字的计算规则如下：

（1）加减法：以小数点后位数最少的为准先修约后加减，结果位数按点后位数最少的算。例如，$0.0121+12.56+7.8432$ 也可先修约后计算，即 $0.01+12.56+7.84=20.41$。

（2）乘除法：结果保留位数应与有效数字位数最少者相同。例如，$\dfrac{0.0142\times24.43\times305.84}{28.67}$ 也可先修约后计算，即 $\dfrac{0.0142\times24.4\times306}{28.7}=3.69$。

（3）乘方或开方：结果有效数字位数不变。例如，$6.54^2=42.8$。

（4）对数计算：对数尾数的位数应与真数的有效数字位数相同。例如，$\ln10.6=2.36$。

（5）表示分析结果的精密度和准确度时，误差和偏差等只取一位或两位有效数字。例如，$E=0.123\%$ 表示为 0.1% 或 0.12%。

（6）计算中涉及常数以及非测量值，如自然数、分数时，不考虑其有效数字的位数，视为准确数值。

（7）为提高计算的准确性，在计算过程中可暂时多保留一位有效数字，计算完后再修约。

（8）若数据进行乘除运算时，第一位数字大于或等于 8，其有效数字位数可多算一位。如 9.46 可看作是四位有效数字。

（9）查角度的三角函数，所用函数值的位数通常随角度误差的减小而增多，一般三角函数表选择如表 3-1 所示。

表 3-1　　　　　　　　　　　　　　　　　**角度误差与表的位数**

角度误差	表的位数
10″	5
1″	6
0.1″	7
0.01″	8

在所有计算式中，常数 π、e 的数值以及因子等的有效数字位数，可认为无限制，需要几位就取几位。表示精度时，一般取一位有效数字，最多取两位有效数字。

3.2　实验数据的处理方法

实验数据的处理包含十分丰富的内容，例如数据的记录、描绘，从带有误差的数据中提取参数，通过必要的整理分析和归纳计算，而得到实验结果。在电路实验中常用的数据处理方法有列表法、作图法、逐差法及最小二乘法等。

3.2.1　测量数据的记录

下面分数字式仪表和指针式仪表讨论测量数据的记录。

1. 数字式仪表测量数据的记录

从数字式仪表上可直接读出被测量的量值，读出值即可作为测量结果予以记录而无须再经换算。需要注意的是，对数字式仪表而言，若测量时量程选择不当则会丢失有效数字，因此必须合理地选择数字式仪表的量程。例如，用某数字电压表测量 1.682V 的电压，在不同量程时的显示结果如表 3-2 所示。由此可见，在不同量程时，测量值的有效数字位数不同，量程不当会损失有效数字。在此例中唯有选择"2V"的量程才是恰当的。实际测量时一般应使被测量值小于而又接近所选量程，但不可选择过大的量程。

表 3-2　　　　　　　　　　　　　　　数字式仪表的有效数字

量程/（V）	2	20	100
显示值	1.682	01.68	001.6
有效数字位数	4	3	2

2. 指针式仪表测量数据的记录

与数字式仪表不同，直接读取的指针式仪表的指示值一般不是被测量的测量值，而要经过换算才可得到所需的测量结果。下面介绍有关的概念和方法。

1) 指针式仪表的读数

测量时，应首先记录仪表的读数，指示仪表的指示值称为直接读数，简称为读数，它是仪表指针所指的标尺值并用格数表示的结果。如图 3-1 所示为一电压表的均匀标度尺有效数字读数示意图，该图中指针的两次读数为 18.6 格和 116.0 格，它们的有效数字位数分别为 3 位和 4 位。

2) 指针式仪表的仪表常数

指针式仪表的标度尺每分格所代表的被测量的大小称为仪表常数，也称为分格常数，用 C_α 表示，其计算式为

$$C_\alpha = \frac{x_m}{\alpha_m} \tag{3-1}$$

式中，x_m 为选择的仪表量程，α_m 为指针式仪表满刻度格数。可以看出，对于同一仪表，选择的量程不同则分格常数也不同。

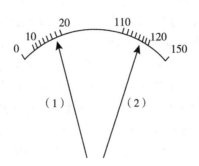

图 3-1　指示仪表有效数字读数示意图

数字式仪表也有仪表常数的概念，它是指数字式仪表的每个字所代表的被测量的大小。

3）被测量的示值

示值是指仪表的读数对应的被测量的测量值，它可由下式计算得出：

示值 = 读数（格）× 仪表常数（C_α）

应该注意的是，示值的有效数字的位数应与读数的有效数字的位数一致。

【例 3-1】若图 3-1 所示的为某电压表的标度尺，试求下述两种情况下指针所处位置的示值：（1）仪表量程为 30V；（2）仪表量程为 150V。

解：（1）指针在图 3-1 所示的（1）处时的读数 $k_1 = 18.6$ 格，在图 3-1 所示的（2）处时的读数为 $k_2 = 116.0$ 格，此时电压表的量程为 30V，则分格常数为

$$C_{\alpha_1} = \frac{U_{m_1}}{\alpha_m} = \frac{30\text{V}}{150\text{div}} = 0.2\text{V/div}$$

指针在（1）处的示值为

$$U_{1(1)} = k_1 C_{\alpha_1} = 18.6 \times 0.2\text{V} = 3.72\text{V}$$

指针在（2）处的示值为

$$U_{1(2)} = k_2 C_{\alpha_1} = 116.0 \times 0.2\text{V} = 23.20\text{V}$$

因要保持示值的有效数字位数与读数的相同，故 $U_{1(1)}$ 和 $U_{1(2)}$ 有效数字的位数分别为 3 位和 4 位。

（2）此时电压表的读数未变，但量程改变为 $U_{m_2} = 150$V，则分格常数为

$$C_{\alpha_2} = \frac{U_{m_2}}{\alpha_m} = \frac{150\text{V}}{150\text{div}} = 1\text{V/div}$$

所求示值分别为

$$U_{2(1)} = k_1 C_{\alpha_2} = 18.6 \times 1V = 18.6V$$
$$U_{2(2)} = k_1 C_{\alpha_2} = 160.0 \times 1V = 160.0V$$

3. 测量结果的完整填写

上述示值为被测量的测量值。在电路实验中，最终的测量结果通常由测得值和相应的误差共同表示。这里的误差是指仪表在相应量程时的最大绝对误差。

例如在例 3-1 中，设仪表的准确度等级为 0.3 级，则在 150V 量程时的最大绝对误差为 $\Delta U_m = \pm a\% \cdot U_m = \pm 0.3\% \times 150V = \pm 0.45V$。在工程测量中，误差的有效数字一般只取 1 位，采用的是进位法，即只要有效数字后面应予舍弃的数字是 1~9 中的任何一个时，都应进 1 位，这样 ΔU_m 应取为 $\pm 0.5V$。因此，测量结果应分别记录为

$$U_{2(1)} = (18.6 \pm 0.5)V, \quad U_{2(2)} = (160.0 \pm 0.5)\ V$$

注意，在测量结果的最后表示中，测得值的有效数字的位数取决于测量结果的误差，即测得值的有效数字的末位数与测量误差的末位数是同一个数位。

3.2.2　列表法

处理数据列表法是指在记录数据时，把数据按一定规律列成表格，是记录数据的基本方法。在记录和处理数据时，要将数据列成表格。数据表格可以简单而明确地表示出有关物理量之间的对应关系，便于检查、减少和避免错误，也可以及时发现问题和分析问题，有助于从中找出规律性的联系，求出经验公式等。

对于列表的要求是简单明了，标明各符号所代表物理量的意义，并写明单位；单位及量值的数量级写在标题栏中，不要重复记在各个数值上；表中所列数据要正确反映测量结果的有效数字；实验数据表格应包括各种要求的计算量、平均值和误差。

列表法也是其他数据处理方法的基础，应注意以下几点：

（1）表格设计合理、简单明了，着重考虑如何能完整地记录主要的原始数据及揭示相关物理量之间的函数关系。当然，可根据需要将计算过程中的一些重要中间结果列入表内。有些个别的或与其他量关系不大的数据，可不列入表内，而写在表格的上方或下方。

（2）把物理量的名称（或符号）与单位组成一个项目，不必在每个数据后都写上一个单位。自定义的符号要说明其代表什么。

（3）如果多次重复等精度测量，应标出测量序号，表后留出平均值、标准差和 A 类不确定度的余地，以便进一步作数据处理。

（4）数据要正确反映测量值的有效数字。

（5）提供与表格有关的说明和参数。包括表格名称，主要测量仪器的规格（型号、量程及仪器最大允许误差等），有关的环境参数（如温度、湿度等）和其他需要引用的常量和物理量等。

表 3-3 给出了一个实验数据列表的示例。

表 3-3		VCVS 的转移特性 $U_0 = f(U_i)$					
		$R_1 = R_2 = 1\text{k}\Omega$　　　$R_L = 10\text{k}\Omega$					
给定值	U_i/V						
测试值	U_0/V						
计算值	α						

根据表 3-3 中的参数和内容，自行给定 R_L 的值，测试 VCVS 的转移特性 $U_0 = f(U_i)$，计算 α 值，并与理论值比较。

3.2.3　作图法

1. 作图法的作用和优点

作图法是一种被广泛用来处理实验数据的方法，它能直观地揭示出物理量之间的规律，特别是在还没有完全掌握科学实验的规律、结果或还没有找出适当函数表达式时，用做实验曲线的方法来表示实验结果之间的函数关系，常常是一种很重要的方法。

作图法的目的是揭示和研究物理量之间的变化规律，找出对应的函数关系，求取经验公式或求出实验的某些结果。通常遇到的图线可能是直线、抛物线、指数曲线等。如何由实验图线确定经验公式就成为研究的重点。如直线方程 $y = kx + b$，就可根据曲线的斜率求出 k 值，从曲线的截距获取 b 值。

此外还可从曲线上直接读取没有进行测量的对应于某 x 的 y 值（内插法）；在一定条件下也可从曲线延伸部分读出原测量数据范围以外的量值（外推法）。

实验曲线还有利于发现实验中个别的测量错误，从而可将"错值"或"坏值"舍去。若能将直线高度精确地画出，就可判断物理量之间的线性函数关系。

当被测量的函数为非线性关系时，一般求值较困难，但可通过变量代换，将函数变换成为线性关系，把曲线改成直线即曲线改直。

2. 作图的基本规则

（1）选用合适的坐标纸：依据物理量变化的特点和参数，确定选用合适的坐标纸，如毫米直角坐标纸、双对数坐标纸、单对数坐标纸或其他坐标纸等。原则上数据中的可靠数字在图中也应可靠，数据中的可疑位在图中应是估计的，从图中读到的有效数字位数与测量的读数相当。坐标纸的大小应根据测得数据的大小、有效数字多少以及结果的需要来定。

（2）坐标轴的比例和标度：习惯上以横轴代表自变量，纵轴代表因变量。当坐标轴确定后，应当注明该轴所代表的物理量和单位，要适当选取横轴和纵轴的比例和坐标的起点，使曲线居中，并布满图纸的 70%～80%。标度时应注意：

①图上数据点的坐标读数的有效数字位数不能少于实验测量数据的有效数字位数。例如，对于直接测量的物理量，轴上最小分格的标度不能大于测量仪器的最小刻度。

②标度应划分得当，以使每个点的坐标值都能迅速方便地读出。一般用一大格（1em）代表1、2、5、10各单位，这样不仅标度和读数都比较方便，而且也不易出错；不选用3、7、9来标度。

③横轴和纵轴的标度可以不同，且坐标的标度不一定从零开始，以便调整图线的大小和位置。

④如果数据特别大或特别小，可以提出乘积因子，例如提出$\times 10^4$或$\times 10^{-4}$，放在坐标轴物理量单位符号前面。

（3）描点：根据测量数据，在坐标系内用削细的硬铅笔逐个描上小"+"或其他准确清晰的标志，标出各测量数据点的坐标，要使与各测量数据对应的坐标准确地落在小"+"字的交点上。当一张图上要画几条曲线时，每条曲线可采用不同的符号作出标记，如用"×""O"等，以示区别，并在适当的位置上注明各符号代表的意义。在描点时，交叉或中心点应是数据的最佳值。

（4）连线：依据数据点体现的函数关系的总规律和测量要求，确定用何种曲线。连线时要用直尺或曲线板等作图工具，考虑到多数情况下，物理量在某一范围内连续变化，所以把数据点连成光滑的直线或曲线。光滑的直线或曲线并不一定要通过所有的点，而是尽可能通过或接近大多数测量数据点，并使数据点尽可能均匀对称地分布在曲线的两侧。在画曲线时，发现个别偏离过大的数据点，应当舍去并进行分析或重新测量核对。注意校准曲线要通过校准点连成折线。

（5）标写图名：一般在图纸底部或顶部空白处标出图的名称，如"电压表校准曲线""P-y图"等。

【例3-2】表3-4这组数据是在用伏安法测量电阻时得到的。

表3-4 伏安法测量电阻的数据

电压 U（V）	1.8	3.6	4.8	6.5	7.8	9.3
电流 I（mA）	1.2	1.8	2.6	3.3	3.9	4.9

用作图法进行数据处理，见图3-2。为求得电阻阻值，在直线上取P_1和P_2两点，它们的坐标可在图中读得，其值为P_1(0.5，1.0)，P_2(5.1，10.0)，由此得到直线的斜率，即电阻阻值

$$R = \frac{10.0 - 1.0}{5.1 - 0.5} \times 10^3 = 2.0 \times 10^3 (\Omega)$$

上述的手工作图方法目前已逐渐被淘汰，普遍应用作图软件作图，如采用Excel、Origin或MATLAB作图。

3.2.4 最小二乘法处理数据测量值

最小二乘法处理数据测量值一般包括两部分，即计算和图解。测量值的计算包括误差和确定精确度。最小二乘法是一系列近似计算中最为准确的一种。

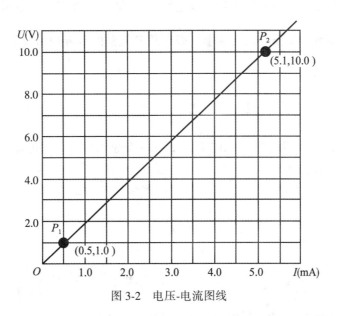

图 3-2   电压-电流图线

采用最小二乘法能从一组等精度的测量值中确定最佳值，该最佳值是各测量值误差的平方和最小的那个值。采用最小二乘法还能使估计曲线最好地拟合于各测量点。最小二乘法的原理和计算都比较繁复，在电路实验中仅要求一般性的了解和掌握。

这里仅介绍如何应用最小二乘法进行实验曲线的拟合。实验曲线的拟合分两类，一是已知函数 $y = f(x)$ 的形式，要确定其中未定参量的最佳值；二是先确定函数 $y = f(x)$ 的具体形式，即确定表示函数关系的经验公式，然后再确定其中参量的最佳值。

实际上，处理第二类曲线拟合问题所采用的方法仍与第一类相似。不同的地方是，首先要根据理论或从实验数据分布的变化趋势推测和选择合适的函数形式，然后再确定其中未定参量的最佳值。在电路实验中大多属于第一类。

因此下面仅介绍已知函数关系，确定未定参量最佳值的方法。

设已知函数的形式为
$$y = b_0 + b_1 x \tag{3-2}$$
式中，自变量只有 x，故称一元线性回归。实验得到的一组数据为

$$x = x_1, \ x_2, \ \cdots, \ x_i$$
$$y = y_1, \ y_2, \ \cdots, \ y_i$$

如果实验没有误差，把 (x_1, y_1)，(x_2, y_2)，$\cdots$，(x_n, y_n) 代入函数式 $y = b_0 + b_1 x$ 时，方程左右两边应该相等。但实际上测量总存在误差，我们把这种误差归结为 y 的测量偏差，并记作 $\varepsilon = \varepsilon_1, \ \varepsilon_2, \ \cdots, \ \varepsilon_i$，则公式就应改写成

$$\left. \begin{aligned} y_1 - b_0 - b_1 x_1 &= \varepsilon_1 \\ y_2 - b_0 - b_2 x_2 &= \varepsilon_2 \\ \cdots \\ y_i - b_0 - b_1 x_i &= \varepsilon_i \end{aligned} \right\} i = 1, \ 2, \ \cdots, \ k$$

这样做的目的是利用方程组来确定未定参量 b_0 和 b_1，同时使总的偏差 ε 为最小。根据误差理论可以推证：要满足以上要求，必须使各偏差的平方和为最小，即 $\sum\limits_{i=1}^{k} \varepsilon_i^2$ 最小。把各式平方相加可得

$$\sum_{i=1}^{k} \varepsilon_i^2 = \sum_{i=1}^{k} (y_i - b_0 - b_1 x_i)^2 \tag{3-3}$$

为求 $\sum\limits_{i=1}^{k} \varepsilon_i^2$ 的最小值，把式（3-3）对 b_0 和 b_1 分别求偏微分，可以得到回归直线的斜率和截距的最佳估计值

$$b_1 = \frac{\bar{x} \cdot \bar{y} - \overline{xy}}{\overline{x^2} - \bar{x}^2} \tag{3-4}$$

$$b_0 = \bar{y} - b_1 \bar{x} \tag{3-5}$$

式中，　$\bar{x} = \dfrac{1}{n}\sum\limits_{i=1}^{n} x_i$，$\bar{y} = \dfrac{1}{n}\sum\limits_{i=1}^{n} y_i$，$\overline{x^2} = \dfrac{1}{n}\sum\limits_{i=1}^{n} x_i^2$，$\overline{xy} = \dfrac{1}{n}\sum\limits_{i=1}^{n} x_i y_i$。

【例3-3】线性电阻元件的伏安特性实验数据见表3-5。

表3-5 伏安法测量电阻的数据

i	$I_i(\mathrm{A})$	$U_i(\mathrm{V})$	i	$I_i(\mathrm{A})$	$U_i(\mathrm{V})$
1	0	0	6	0.049	5
2	0.009	1	7	0.061	6
3	0.020	2	9	0.073	7
4	0.030	3	9	0.082	8
5	0.039	4	10	0.092	9

由于实验目的是研究线性电阻的伏安特性，因此设拟合多项式为 $U = b_0 + b_1 I$，将数据代入式（3-4）、（3-5）可得解为 $b_0 = 0.0865$，$b_1 = 97$，所以此组数据的最小二乘法拟合式为 $U = 0.0865 + 97I$。拟合曲线见图3-3。

【例3-4】在测量电容器放电特性的过程中，由于数据点 (t_1, u_1)，(t_2, u_2)，$\cdots$，(t_n, u_n) 的分布近似为指数曲线，故设放电过程中电容上电压变化满足式（3-6），即有

$$u_c = A e^{-\frac{t}{RC}}(\mathrm{V}) \tag{3-6}$$

测得 u_c 和 t 的数据如表3-6所示。

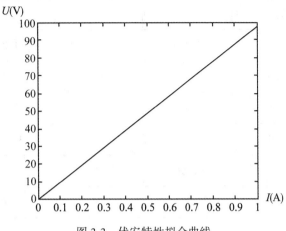

图 3-3　伏安特性拟合曲线

表 3-6　　　　　　　　　　　　测量电容器放电过程特性的实验数据

i	$t_i(\text{s})$	$u_i(\text{V})$	i	$t_i(\text{A})$	$u_i(\text{V})$
1	0.0	9.99	8	4.0	4.39
2	1.0	8.19	9	4.5	4.07
3	1.5	7.37	10	5.0	3.68
4	2.0	6.81	11	11.5	1.003
5	2.5	5.99	12	23.0	0.101
6	3.0	5.49	13	25.0	0.07
7	3.5	5.01			

由于式（3-6）属于非线性求解问题，因此，对式（3-6）两端取对数，则有

$$\ln u_c = -\frac{t}{RC}\ln e + \ln A$$

等式右端为线性函数，数据组 $(t_i,\ \ln u_i)$ $(i = 1,\ 2,\ \cdots)$ 的分布近似于直线，所以先求出数据组 $(t_i,\ \ln u_i)$ $(i = 1,\ 2,\ \cdots)$ 的最小二乘法拟合直线，然后再转换为指数形式，对表 3-6 中 u_i 取对数后得出表 3-7。

将表 3-7 的数据代入式（3-4）和（3-5）可得其解为

$$b_0 = 2.297,\quad b_1 = -0.198$$

与式 $\ln u_c = -\dfrac{t}{RC}\ln e + \ln A$ 比较可得

$$2.297\ln e = \ln A,\quad A = e^{2.297} = 9.94,\quad -\frac{1}{RC}\ln e = b_1 = -0.198\ln e,\quad \frac{1}{RC} = 0.198$$

表 3-7   **表 3-6 中 u_i 取对数后所得数据**

i	$t_i(s)$	$\ln u_i$	i	$t_i(A)$	$\ln u_i$
1	0.0	2.300	8	4.0	1.479
2	1.0	2.103	9	4.5	1.404
3	1.5	1.997	10	5.0	1.303
4	2.0	1.918	11	11.5	0.003
5	2.5	1.790	12	23.0	-2.293
6	3.0	1.703	13	25.0	-2.659
7	3.5	1.610			

所以此组数据的最小二乘法拟合式为

$$u_c = 9.94\mathrm{e}^{-0.198t}\ (\mathrm{V})$$

拟合曲线如图 3-4 所示。

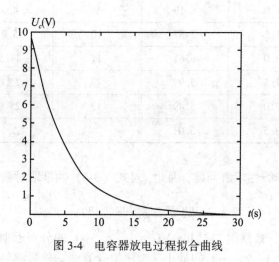

图 3-4   电容器放电过程拟合曲线

3.2.5   实验数据的计算机处理方法

  Excel 和 Origin 是最为常用的实验数据处理软件，其中 Excel 能非常便捷地对实验数据进行计算，同时还可以直接进行比较简单的图形绘制和数据拟合。而 Origin 则在对实验数据的积分、微分的计算、实验数据的非线性拟合以及复杂图形的绘制方面功能更为强大。本节仅介绍 Excel，关于 Origin 或 MATLAB，读者可以参考其他文献资料。

1. 应用 Excel 软件处理实验数据

1）实验数据输入

Excel 是广泛应用于数据管理的电子表格软件，其工作表由数个单元格组成，每个单元格具有对应的参考坐标：（列标，行号）。Excel 的数据类型有两种：常量和公式，其中常量包括文字、数值、时间等；公式则指由常量、函数、单元格引用、运算符等组成的一串序列。在单元格里可以按需要直接输入实验数据（包括文字、数值），或输入公式对实验数据进行数学处理。

实验数据的输入既可以采用手动直接在单元格内输入，也可将实验数据文件或其他数学分析软件的文件转为 Excel 工作表。在电路实验数据处理中通常采用前一种方法。在输入过程中应注意以下几点：

（1）每输入一个数据后按"Enter"键，所输入的数据按列排列；若需要按行输入实验数据，则每输入一个数据后按"Tab"键。如果需要对已输入的数据进行行列转换，则先复制所要转换的数据，然后将鼠标移至目标单元格，单击右键选择【选择性粘贴】命令，在弹出的"选择性粘贴"对话框中，选择"转置"→"确定"，在粘贴的区域中原来的行数据转换成了列数据，或是列数据转换成了行数据。

（2）对一组有一定规律的数据（如实验时间、序号等）可使用填充柄进行输入。

方法一：在两个相邻的单元格里输入第一、二个数据，用鼠标选择已输入数据的单元格并将鼠标移至第二个单元格的右下角，鼠标即变成黑色小十字——填充柄，然后按住鼠标左键沿着要填充的方向拖曳填充柄，在拖过的单元格中会自动按已输入数据的单元格所呈现的规律进行填充。

方法二：在某个单元格里输入第一个数据，按住鼠标右键沿着要填充序列的方向拖动填充柄滑过若干单元格后，将会出现包含下列各项的填充菜单：复制单元格、以序列方式填充……序列，然后可以根据需要选择一种填充方式。

（3）Excel 常用的数字输入格式有"常规""数值"和"科学记数"，默认的是"常规"，即不包含任何特定的数字格式。电路实验数据表达需要考虑有效数字，因此在输入实验数据时，需设定小数点的位置，以保证数据有合适的有效数字，同时使数据排列规整。设定的方法是：选择需要设定的单元格或数据区域，单击鼠标右键选择【设置单元格格式】命令，在弹出的"单元格格式"菜单中选择"数字"标签，选择对话框左边的"数字"分类中的"数值"或"科学记数"，同时在右边的"小数位数"文本框里设定小数的位数数值。注意此种方法仅能在单元格的数字格式上进行四舍五入。

2）实验数据的计算

对已输入的实验数据，在相应的单元格内输入公式还可以对其进行进一步的计算。公式通常包括完成某一数据运算过程所包含的运算符、数值、函数、引用地址等，函数是公式的主要组成部分。

（1）运算符公式中常用的算术运算符有：

加减乘除乘幂：+ − × / ^，运算顺序与一般的算术运算规则相同。

（2）函数运用 Excel 对实验数据进行数学计算时经常使用各种函数，Excel 函数是预先定义的、用以完成一些特定数据运算的内置公式。

函数由函数名和参数两部分组成，参数放在圆括号里并紧跟在函数名后。例如求和函数 "Sum"，函数表达的语法为："Sum（number1，number2，…）"，函数名 Sum 表示该函数将要执行的运算是求和，参数（number1，number2，…）则指定求和运算的对象数值或单元格数据。参数可以是常量（包括数字、文本）、数组、单元格引用，甚至是一个或几个其他的函数。参数两边的括号前后不能有空格，且括号应成对出现。当参数不止一个时，参数与参数之间用逗号 "，" 隔开。输入函数时可以直接点击编辑栏上的 "插入函数" 图标 fx，或者选择主菜单栏上 "插入" 菜单的【插入函数】命令，调出 "插入函数" 的对话框。在该对话框里列出了 Excel 内置函数的类别以及每个类别所包含的具体函数，当选择了某一函数时，在对话框的底部还列出了该函数的用途和表达式的语法。可以根据数据处理的需要选择函数，并在后续的 "函数参数" 对话框里输入该函数的参数对象。如果对函数及其语法比较熟悉或者是较为复杂的公式时，还可以在编辑栏或单元格里直接手动输入。

在处理电路实验数据过程中常用的函数如下：

①AVERAGE。

用途：返回其参数的算术平均值。

语法：AVERAGE（number1，number2，…）。

参数：参数可以是数值、数组或引用。

②SQRT。

用途：返回数值的平方根。

语法：SQRT（number）。

参数：参数是正实数或引用。

③SUM。

用途：返回某一单元格区域中所有数字之和。

语法：SUM（number1，number2，…）。

参数：参数可以是数值、数组或引用。

④ROUND。

用途：按指定位数四舍五入某个数字。

语法：ROUND（number，num—digit）。

参数："number" 指数学运算的数值结果；"num—digit" 为指定的小数位数。

⑤EXP。

用途：返回 e 的 n 次幂。

语法：EXP（number）。

参数：参数是底数 e 的指数，可以是数值或引用。

⑥LN。

用途：返回数值的自然对数。

语法：LN（number）。

参数：参数是正实数或引用。

⑦LOG。

用途：按所指定的底数返回某个数的对数。

语法：LOG（number，base）。

参数：number 是正实数或引用，base 是对数的底数。若省略底数则默认其值为 10。

⑧POWER。

用途：返回给定数字的乘幂。

语法：POWER（number，power）。

参数：number 是底数，可以是正实数或引用；power 是指数，可以用运算符 "A" 代替该函数执行乘幂运算。

⑨PI。

用途：返回圆周率 π。

语法：PI（）。

参数：无参数。

（3）单元格引用。

单元格引用是函数中最常见的参数，引用的目的在于指出公式或函数所使用的数据位置，便于公式或函数使用工作表中的数据。单元格引用分为相对引用、绝对引用和混合引用三种。在电路实验数据处理中一般使用相对引用，以方便对实验数据系列进行相同的数学运算过程，但当公式中引用了某个单元格里的数值，且该数值在数据处理计算中保持为一个常数时，对该单元格的引用应为绝对引用，即在该单元格的列标及行号前均加上符号 "＄"。

输入公式时应注意以下几点：

①公式的输入必须以等号 "＝" 开始。

②当公式表达式中使用括号时，括号必须成对出现。

③如果需要对数据系列进行同一数学运算时，也可使用填充柄进行公式的填充，方法是，用鼠标选择已输入公式的单元格并将鼠标移至该单元格的右下角的填充柄，然后按住鼠标左键沿着要填充的方向拖曳填充柄。

④对实验数据进行数学运算的数值结果也应规定小数点的位置。其方法是使用 "ROUND" 函数。注意此种方法是对计算结果按指定的小数位数进行四舍五入，为使单元格内的计算结果显示正确的有效数字，还需在单元格的数字格式上进行设定，方法已在前面提及。

（4）根据实验数据绘图及数据拟合。

①根据已输入的数据绘制直角坐标系的图表。

方法一：用鼠标选择欲绘图的单元格范围并点击工具栏上的 "图表向导" 按钮，即可根据向导的指引一步一步地进行绘图。

方法二：直接用鼠标点击工具栏上的 "图表向导" 按钮，选择图表类型后在图表源数据对话框的源数据标签下的数据区域里填写欲绘图的单元格范围，再根据向导的指引进行绘图。

用以上两种方法进行绘图时，如果选择的数据范围为两列或以上时，Excel 默认的最

左边的列为自变量 T，其余列为因变量 y。如果欲不按 Excel 对变量的默认进行绘图，则可在图表源数据对话框的"系列"标签下，单击"添加系列"按钮，在对应的"x""y"的文本框里按需要填入单元格范围。还可添加多个系列，在同一张图表里绘制多条曲线。

②图表的个性化设置。

a. 图表标题。

绘制图表时，应同时标出图表以及坐标轴的名称，方法是：在"图表向导"→4 步骤之 3→"图表选项"中填写，或将鼠标置于已绘制好的图表区域内单击右键，选择所弹出菜单中的【图表选项】命令，在出现的对话框中填写。

b. 坐标轴。

如果需要对所绘制的图表的坐标轴格式（如：坐标原点、分度值、数字格式等）进行修改，则用鼠标选择该坐标轴，单击右键并选择所弹出菜单中【坐标轴格式】命令，在出现的对话框中进行修改。

c. 图表区。

对于在已绘制的图表区的图表边框、填充色、网格线等进行修改时，可以将鼠标置于相应的对象后单击右键，调出相应的对话框，对相应的对象进行设置、修改或删除。

③实验数据拟合。

电路实验数据处理中使用较多的图表类型是"XY 散点图"，尤其是其子图表类型中的"散点图"，因此可以对实验数据进行回归拟合，其中应用最多的是线性回归拟合。方法是：绘制实验数据的"散点图"后，将鼠标移至数据系列点的任一点上单击右键，选择所弹出菜单中的【添加趋势线】命令，在弹出的"添加趋势线"对话框的"类型"标签下选择"线性"类型，然后选中"选项"标签，选择"显示公式"和"显示 R 平方值"选项，即可得到拟合直线、直线方程及其相关系数。

（5）应用实例。

【例 3-5】误差计算。

（1）算术平均值：

$$\overline{N} = \frac{N_1 + N_2 + \cdots + N_K}{K} = \frac{1}{K}\sum_{i=1}^{K} N_i$$

方法一：在 G3 单元格中直接输入"=AVERAGE（B3：F3）"后回车，见图 3-5。

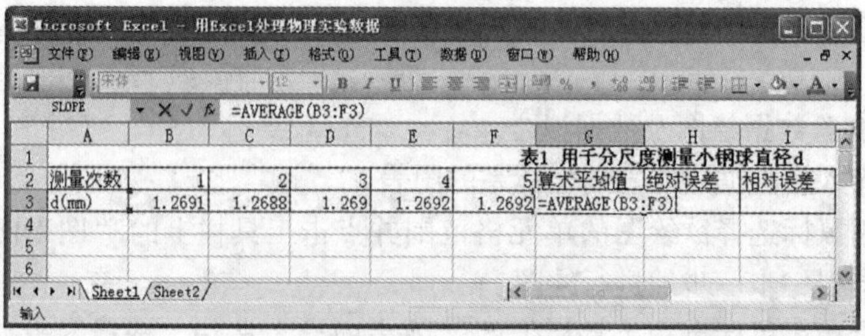

图 3-5 算术平均值计算（1）

方法二：用鼠标选取 B3：G3 单元格，单击工具栏上符号"$\sum$"旁的下拉式三角箭头，并选取"平均值"，5 次测量的平均值将自动显示在 G3 单元格中，见图 3-6。

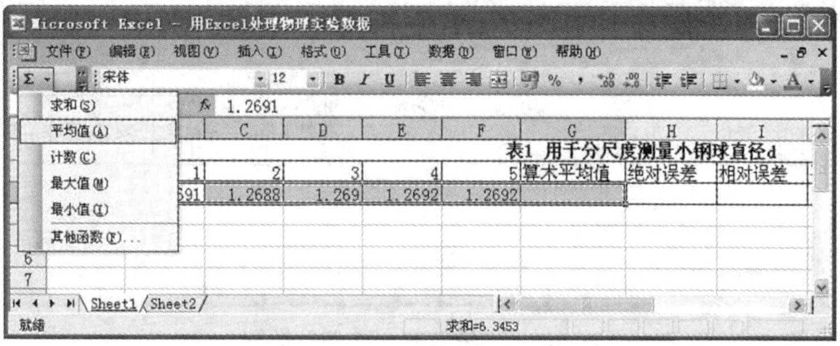

图 3-6　算术平均值计算（2）

（2）绝对误差：

$$\Delta N = | N - \bar{N} |$$

B3 的绝对误差：在 H3 单元格中直接输入"＝ABS（B3-G3）"后回车，见图 3-7。

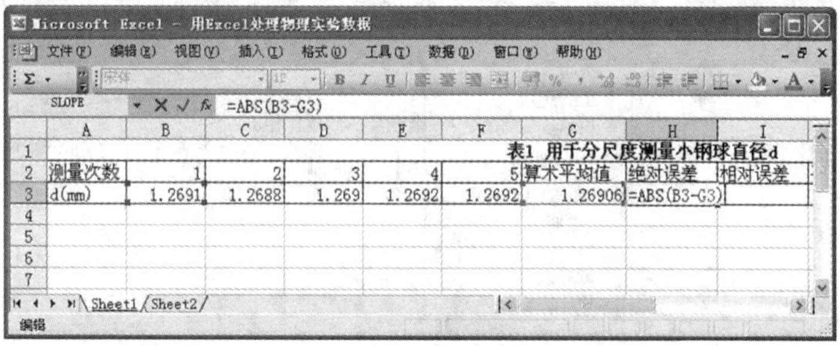

图 3-7　绝对误差计算

（3）相对误差：

$$E_N = \frac{\Delta N}{\bar{N}}$$

B3 的相对误差：在 I3 单元格中直接输入"＝H3／G3"后回车。

（4）测量值的标准偏差：

$$\sigma = \lim_{n \to \infty} \sqrt{\frac{\sum\limits_{i=1}^{n} \Delta_i^2}{n-1}}$$

在 K3 单元格中直接输入"＝STDEV（B3：F3）"后回车，见图 3-8。

（5）平均值的标准偏差：

$$\sigma_{\bar{N}} = \lim_{n \to \infty} \sqrt{\frac{\sum\limits_{i=1}^{n} \Delta_i^2}{n[n-1]}} = \frac{\sigma}{\sqrt{n}}$$

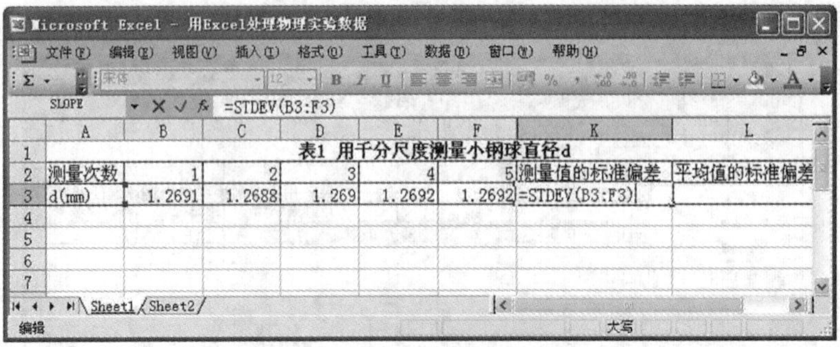

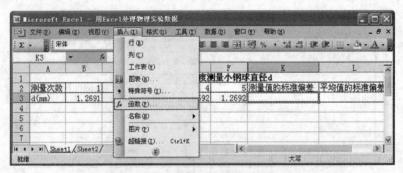

图 3-8　测量值的标准偏差计算

　　选中 J3 单元格，单击工具栏插入"函数"，在弹出对话框中选择"统计"类别中的 "STDEV"函数，点击确定后弹出"函数参数"对话框，在 Number1 空白处用鼠标选择 "B3：F3"，点击"确定"，见图 3-9~图 3-11。

图 3-9　平均值的标准偏差计算（1）

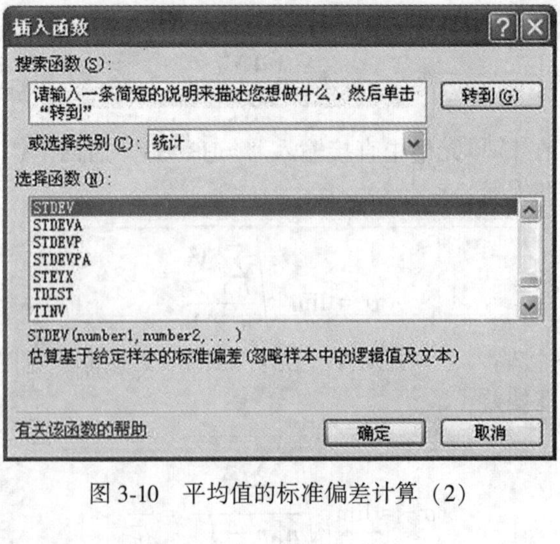

图 3-10　平均值的标准偏差计算（2）

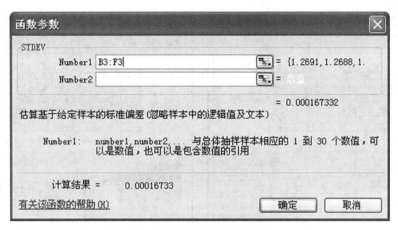

图 3-11　平均值的标准偏差计算（3）

【例 3-6】图形绘制。

步骤一：建立 Excel 数据表，点击工具栏中插入"图表"选项（图 3-12），则出现"图表向导"对话框（图 3-13）；

步骤二：在"图表类型"窗口中选择第五种，即"XY 散点图"，在"子图表类型"中选择左下角的"折线散点图"，点击"下一步"按钮，弹出"源数据"对话框，见图 3-13、图 3-14。

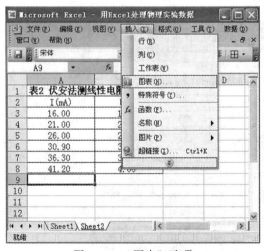

图 3-12　"图表"选项

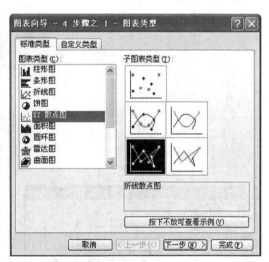

图 3-13　"图表向导"对话框

步骤三：在"数据区域"空白处用鼠标选择"B3：B8"，在"系列产生在"标题后面的两个选项中，用鼠标选择"列"，切换到"系列"对话框，在"X 值"后空白处用鼠标选择"A3：A8"，点击"下一步"按钮弹出"图表选项"对话框，见图 3-14、图 3-15。

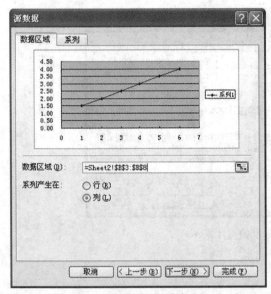

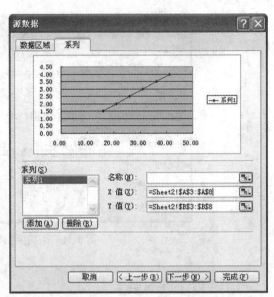

图 3-14　"源数据"对话框（1）　　　　图 3-15　"源数据"对话框（2）

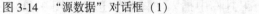

步骤四：在"标题"选项卡的"图表标题"栏中输入"伏安法测电阻 U～I 关系图"，在 X 轴窗口中输入"I（mA）"，在 Y 轴窗口中输入"U（V）"，选中网格线选项的全部四项，单击"下一步"；点击"完成"按钮，至此实验数据点就在图表上描绘出来了，见图 3-16、图 3-17。

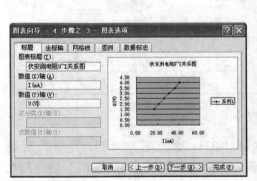

图 3-16　"标题"选项卡

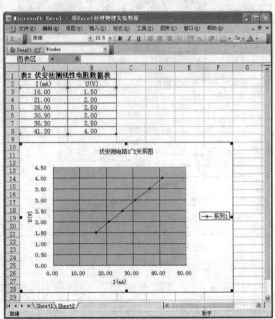

图 3-17　生成实验图

【例 3-7】线性拟合。

　　方法：选中图表菜单中"添加趋势线"，在类型中选择"线性"类，在"选项"中选中复选框"显示公式"和"显示 R 平方值"，单击"确定"，见图 3-18～图 3-20。

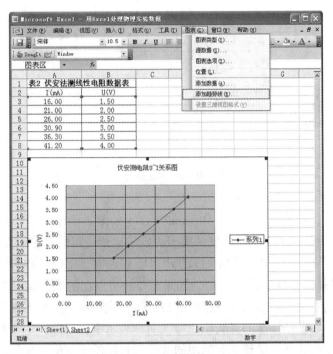

图 3-18　添加趋势线（1）

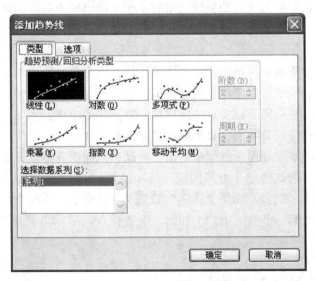

图 3-19　添加趋势线（2）

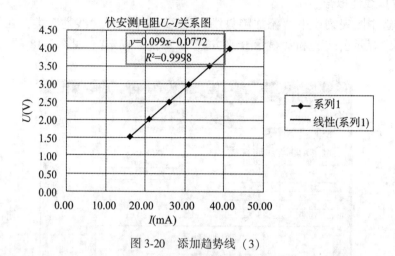

图 3-20　添加趋势线（3）

①趋势线类型（回归线）。当在 Microsoft Excel 的图表中添加趋势线时，可选择六种不同的趋势预测/回归分析类型。数据的类型决定了应该使用的趋势线类型。

②趋势线的可靠性——R。当趋势线的 R^2 等于或近似于 1 时，趋势线最可靠。用趋势线拟合数据时，Excel 会自动计算其 R^2。如果需要，可以在图表上显示该值。

线性趋势线是适用于简单线性数据集的最佳拟合直线。如果数据点构成的图案类似于一条直线，则表明数据是线性的。线性趋势线通常表示事物是以恒定速率增加或减少。

多项式趋势线是数据波动较大时适用的曲线。它可用于分析大量数据的偏差。多项式的阶数可由数据波动的次数或曲线中拐点（峰和谷）的个数确定，二阶多项式趋势线通常仅有一个峰或谷；三阶多项式趋势线通常有一个或两个峰或谷；四阶通常多达三个。

指数趋势线，适用于速度增减越来越快的数据值。如果数据值中含有零或负值，就不能使用指数趋势线。

对数趋势线，对于数据的增加或减小速度很快，但又迅速趋近于平稳，那么它是最佳的拟合曲线。对数趋势线可以使用正值和负值。

乘幂趋势线是一种适用于以特定速度增加的数据集的曲线，例如，赛车一秒内的加速度。如果数据中含有零或负数值，就不能创建乘幂趋势线。

移动平均趋势线平滑处理了数据中的微小波动，从而更清晰地显示了图案和趋势。移动平均使用特定数目的数据点（由"周期"选项设置），取其平均值，然后将该平均值作为趋势线中的一个点。例如，如果"周期"设置为 2，那么，头两个数据点的平均值就是移动平均趋势线中的第一个点。第二个和第三个数据点的平均值就是趋势线的第二个点，依此类推。

3.3　间接测量时误差的估算

下面分几种情况对间接测量时最大相对误差的估算进行讨论。

1. 被测量为若干个量的和

设 y 为被测量，x_1、x_2、x_3 为直接测量的量，则

$$y = x_1 + x_2 + x_3 \tag{3-7}$$

对两边取微分得到

$$\mathrm{d}y = \mathrm{d}x_1 + \mathrm{d}x_2 + \mathrm{d}x_3 \tag{3-8}$$

近似地用改变量代替微分量，有

$$\Delta y = \Delta x_1 + \Delta x_2 + \Delta x_3$$

若将改变量视为绝对误差，则相对误差为

$$\gamma_y = \frac{\Delta y}{y} \times 100\% = \left(\frac{\Delta x_1}{y} + \frac{\Delta x_2}{y} + \frac{\Delta x_3}{y} \right) \times 100\%$$

或写成

$$\gamma_y = \frac{x_1}{y}\gamma_1 + \frac{x_2}{y}\gamma_2 + \frac{x_3}{y}\gamma_3 \tag{3-9}$$

式（3-9）中，$\gamma_1 = \dfrac{\Delta x_1}{x_1} \times 100\%$，$\gamma_2 = \dfrac{\Delta x_2}{x_2} \times 100\%$，$\gamma_3 = \dfrac{\Delta x_3}{x_3} \times 100\%$ 分别为测量 x_1、x_2、x_3 各量时的相对误差。

被测量 y 的最大相对误差为

$$\gamma_{y_{\max}} = \pm \left(\left| \frac{x_1}{y}\gamma_1 \right| + \left| \frac{x_2}{y}\gamma_2 \right| + \left| \frac{x_3}{y}\gamma_3 \right| \right) \tag{3-10}$$

【例 3-8】 三个电阻相串联，其中 $R_1 = 500\Omega$，$R_2 = 1000\Omega$，$R_3 = 2000\Omega$，各电阻的相对误差分别为 0.5%、1% 和 1.5%，求串联后总的相对误差。

解： 串联后的总电阻为

$$R = (500 + 1000 + 2000)\Omega = 3500\Omega$$

各电阻的绝对误差为

$$\Delta R_1 = 500 \times 0.5\% = 2.5 \ (\Omega)，\Delta R_2 = 1000 \times 1\% = 10 \ (\Omega)，\Delta R_3 = 2000 \times 1.5\% = 30 \ (\Omega)$$

则串联后的相对误差为

$$\gamma_R = \frac{\Delta R_1}{R} + \frac{\Delta R_2}{R} + \frac{\Delta R_3}{R} = \frac{2.5}{3500} + \frac{10}{3500} + \frac{30}{3500} = 1.21\%$$

2. 被测量为两个量之差

设

$$y = x_1 - x_2 \tag{3-11}$$

从最不利的情况考虑，按最大相对误差计算，可得到与前面式（3-10）同样的结果，即

$$\gamma_{y_{\max}} = \pm \left(\left| \frac{x_1}{y}\gamma_1 \right| + \left| \frac{x_2}{y}\gamma_2 \right| \right) \tag{3-12}$$

从式（3-11）可看出，当 x_1 和 x_2 相差不大时，$y = x_1 - x_2$ 较小，这时即使 x_1 和 x_2 的相对误差很小，被测量的相对误差也可能很大，因此，实际测量中应避免使用这种方法。

3. 被测量为若干个量的积或商

设
$$y = x_1^m \cdot x_2^n \tag{3-13}$$

对式（3-13）两边取对数可得
$$\ln y = m\ln x_1 + n\ln x_2 \tag{3-14}$$

再对式（3-14）求微分有
$$\frac{\mathrm{d}y}{y} = m\frac{\mathrm{d}x_1}{x_1} + n\frac{\mathrm{d}x_2}{x_2}$$

于是可得测量的最大相对误差为
$$\gamma_y = \pm(|m\gamma_1| + |n\gamma_2|) \tag{3-15}$$

【例3-9】用电压表和电流表测量某电阻的功率。若电压表的量积为150V，示值为128.0V，电流表的量积为2A，示值为1.62A，两表的准确度等级均为0.2级，试计算因仪表的基本误差所引起的测量最大误差。

解：功率的计算式为
$$P = UI$$

根据式（3-15），可导出测量的最大相对误差为
$$\gamma_{P_{\max}} = \pm(|\gamma_U| + |\gamma_I|)$$

由题示条件可算出测量电压和电流的最大相对误差为
$$|\gamma_U| = \frac{a_U\% \cdot U_m}{U_x} = \frac{0.2\% \times 150}{128.0} = 0.23\%$$
$$|\gamma_I| = \frac{a_I\% \cdot I_m}{I_x} = \frac{0.2\% \times 2}{1.62} = 0.25\%$$

则测量的最大相对误差为
$$\gamma_{P_{\max}} = \pm(|\gamma_U| + |\gamma_I|) = \pm(0.23\% + 0.25\%) = \pm 0.48\%$$

4. 一般情况

更为一般地，被测量与多个直接测量的量满足下述函数关系式
$$y = f(x_1, x_2, \cdots, x_n) \tag{3-16}$$

利用多元函数的全微分可得
$$\mathrm{d}y = \frac{\partial f}{\partial x_1}\mathrm{d}x_1 + \frac{\partial f}{\partial x_2}\mathrm{d}x_2 + \cdots + \frac{\partial f}{\partial x_n}\mathrm{d}x_n$$

被测量的绝对误差近似为
$$\Delta y = \frac{\partial f}{\partial x_1}\Delta x_1 + \frac{\partial f}{\partial x_2}\Delta x_2 + \cdots + \frac{\partial f}{\partial x_n}\Delta x_n$$

则被测量的最大绝对误差为
$$\Delta y_{\max} = \left|\frac{\partial f}{\partial x_1}\Delta x_1\right| + \left|\frac{\partial f}{\partial x_2}\Delta x_2\right| + \cdots + \left|\frac{\partial f}{\partial x_n}\Delta x_n\right|$$

被测量的最大相对误差可由式（3-15）计算，即

$$\gamma_{y_{\max}} = \frac{\Delta y_{\max}}{y} = \left| \frac{\partial f}{\partial x_1} \cdot \frac{x_1}{y} \cdot \gamma_1 \right| + \left| \frac{\partial f}{\partial x_2} \cdot \frac{x_2}{y} \cdot \gamma_2 \right| + \cdots + \left| \frac{\partial f}{\partial x_n} \cdot \frac{x_n}{y} \cdot \gamma_n \right| \quad (3\text{-}17)$$

式（3-17）中，γ_1，γ_2，$\cdots$，γ_n 分别是 x_1，x_2，$\cdots$，x_n 各个量的最大相对误差。

【例 3-10】利用电位差计校准功率表，设电路如图 3-21 所示，由该图可知

$$P = \frac{KU_N}{R_N} KU_C$$

式中，U_C 为电位差计测出的负载端电压读数，K 为电位差计分压箱的衰减比，U_N 为电位差计测出的串联标准电阻 R_N 上的电压读数。若电位差计测量电压的误差为 ±0.015%，标准电阻 R_N 其铭牌阻值可能最大误差为 ±0.01%，电位差计的分压箱衰减比最大误差为 ±0.02%，求测出的功率的最大可能误差。

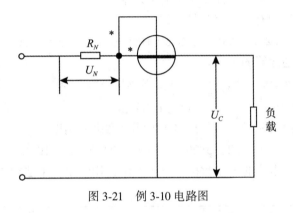

图 3-21 例 3-10 电路图

解: $\gamma_y = |n\gamma_1| + |m\gamma_2| + |p\gamma_3| + |q\gamma_4| + |r\gamma_5|$
  $= 1 \times 0.02\% + 1 \times 0.015\% + 1 \times 0.02\% + 1 \times 0.015\% + 1 \times 0.01\%$
  $= 0.08\%$

习　题

1. 举出系统误差和随机误差的实例，并分析其产生的原因。

2. 什么是示值相对误差?

3. 用量程为 150mA 的 0.2 级电流表测量电流，能否保证测量的绝对误差不超过 1mA?

4. 用量程为 500V，准确等级为 0.5 级的交流电压表测得某支路的端电压为 486V，试求测量结果的示值相对误差。

5. 量程为 100V 的 0.2 级的电压表经检定在示值为 50V 处出现的最大示值误差为 0.15V，问该电压表是否合格。

6. 某电流表的准确度等级为 0.2 级，其满偏格数为 150 格，选用 300mA 量程。若两次测量的读数分别为 63.8 格和 122.6 格，求测量值各是多少?

7. 三个电阻串联，其中 $R_1 = 100\Omega$，$R_2 = 200\Omega$，$R_3 = 500\Omega$，R_1 和 R_2 的相对误差为 0.5%，R_3 的相对误差为 1%，求串联后总的相对误差。

8. 用伏安法测量电阻值。若电压表量程为 150V，示值为 128.0V；电流表量程为 1A，示值为 0.826A；两表准确度等级均为 0.3 级，试求因仪表的基本误差引起的测量最大相对误差。

9. 在正弦交流电路中，可用三表法（电压表，电流表和功率表）测量电路的功率因数 λ 值。若电压表的量程为 150V，示值为 116.6V；电流表的量程为 1A，示值为 0.803A；功率表的量程为 100W，示值为 56.8W，三个表的准确度等级均为 0.3 级。试计算功率因数 λ 和因仪表的基本误差而引起的测量最大相对误差。

10. 什么是有效数字？规定有效数字有何意义？

11. 什么是舍入误差？它对测量结果有何影响？

12. 说明下列数据的有效数字各是几位。

$$182.1，0.0783，3.60，0.930\times10^{-3}，2.32\times10^3$$

13. 正确写出下述运算的结果。

（1）$37.62+0.876+0.1378$；　　（2）$2.83\times10^6+8.3\times10^5$；　　（3）$86.31e$；

（4）$72.86\times0.68\div6$；　　　（5）6.38^2；　　　　　（6）$\sqrt{62.32}$。

14. 下列数据的最大相对误差各是多少？哪个数据的精度高？

（1）3.82×10^3；　　　　（2）3820；　　　（3）3.82×10^{-3}。

15. 某支路电压、电流的测量数据如下表所示，用最小二乘法求 $U = 17V$ 时的 I 值。

U/V	1.0	5.0	10.0	15.0	20.0	25.0
I/A	0.1051	0.5262	1.0521	1.5775	2.1033	2.6282

第4章　电路实验常用测量仪器与仪表

4.1　电测量指示仪表

4.1.1　电测量指示仪表的基本知识

用来测量电流、电压、功率、相位、频率、电阻、电容及电感等电量的电工仪表，称为电测量仪表。电测量仪表不仅能测量各种电参量，它与各种变换器相结合，还可以用来测量非电量，例如温度、压力、位移、速度等。

电测量仪表的主要用途是借助它来比较被测量与测量单位的关系，所以按不同的比较方法，将电测量指示仪表分成直读式和比较式两类。

直读式仪表又可以分成模拟式指示表和数显式仪表。

1. 电测量指示仪表的分类

电测量指示仪表的种类有很多，分类方法也有很多，常见的分类方法有：

（1）根据测量机构的结构和作用原理，分为电磁式、磁电式、电动式、静电式、整流式等。

（2）根据被测量对象的名称，分为电压表、电流表、功率表（瓦特计）、电能表（电度表）、相位表（功率因素表）、电阻表等。

（3）根据仪表所测的电流分类，分为直流仪表、交流仪表、交直流两用表。

此外还可按准确度等级，对电场或磁场防御能力以及使用条件等来分类。

表 4-1 是电测量指示仪表的常见仪表面板标记。

2. 仪表误差与误差的表达方式

根据误差的产生原因，仪表误差可分为两类：

（1）基本误差。仪表在正常条件（规定温度、压力、放置方式等）下使用，由于结构和工艺等原因而产生的误差称为基本误差。基本误差是仪表本身固有的。

（2）附加误差。仪表偏离正常使用条件，如温度、湿度、波形、频率、放置方式以及周围杂散电磁场等超出仪表的允许范围，这些均属于外界因素的影响，致使仪表产生的误差称为附加误差。

根据电工测量仪表基本误差的不同情况，国家标准规定了仪表的精确等级（$\alpha\%$）（或称为准确度），分为 0.1、0.2、0.5、1.0、1.5、2.5、5.0 七级。如果仪表为 α 级则

表 4-1　　常见仪表面板标记

分类	符号	示意
电流种类	—	直流
	～	交流
	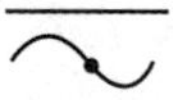	交、直流
测试对象	Ⓐ	电流表
	Ⓥ	电压表
	Ⓦ	有功功率表
	kWh	电度表
	Hz（圆圈内）	频率表
	Ω（圆圈内）	欧姆表
准确度	1.5	以标尺度量程的百分数表示
	1.5（圆圈内）	以批示值的百分数表示
绝缘强度	☆（星内 2）	绝缘强度试验电压2kV
	☆（星内 0）	不进行绝缘强度试验

分类	符号	示意
工作原理		磁电式仪表
		整流式仪表
		电磁式仪表
		电动式仪表
		感应式仪表
		静电式仪表
端钮	+	正端钮
	−	负端钮
	*	公共端钮
工作位置	⊥	标尺位置为垂直
		标尺位置为水平
外界条件		Ⅰ级防外磁场
		Ⅱ级防外磁场

说明仪表的最大引用误差不超过 $\alpha\%$，而不能认定它在各刻度点上的示值误差都具有 $\alpha\%$ 的精度。设某仪表的满刻度值为 X_m，则该仪表在 X 点邻近处的示值的绝对误差为

$$|\Delta X| \leqslant X_m \times \alpha\%$$

测量值 X 的相对误差 γ 为

$$|\gamma| \leqslant \frac{X_m}{X} \times \alpha\%$$

一般 X 小于 X_m，故 X 越接近 X_m，其测量精度越高。对于指针式仪表，当测量值 X 大于仪表满刻度尺值（即量限）的 2/3 时，有

$$| \gamma | = \frac{\alpha \% X_m}{X} = \frac{\alpha \%}{\dfrac{X}{X_m}} \leqslant \frac{\alpha \%}{\dfrac{2}{3}} = 1.5\alpha \%$$

由此得出结论，在测量时要根据被测量的大小选择合适量限的仪表，为充分利用仪表的准确度，被测量的值应大于仪表量限的 2/3。

4.1.2　磁电式仪表

1. 结构和工作原理

磁电式仪表由磁电式测量机构和分流或分压等测量变换器组成，其核心成分是测量机构即表头。这种机构动作是根据永久磁场对载流导体的作用力而工作的，其基本结构如图 4-1 所示。磁电式仪表主要是由永久磁铁 1、极掌 2、铁芯 3、活动线圈 4、游丝 5、转轴 6、指针 7、平衡锤 8、宝石轴承 9 等组成。铁芯是圆柱形的，它可使极掌与铁芯之间的气隙间产生一个均匀磁场。活动线圈绕在铝框上，可以自由转动，指针被固定在转轴上。活动线圈上装有两个游丝，用来产生反作用力矩，同时还作电流的引线。铝框的作用是用来产生阻尼力矩。这一力矩的方向总是与动圈的运行方向相反，它能够阻止动圈来回振动。但这种阻尼力矩只有在动圈转动时才产生，在动圈静止时也随之消失了，所以它对测量结果并无影响。

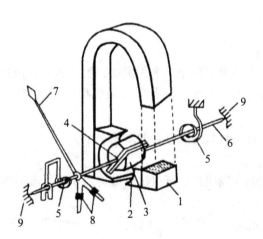

图 4-1　磁电式测量机构示意图

当活动线圈中通入电流 I 时，动圈与磁场方向垂直的每边导线受到电磁力的作用，其一边受力的大小为

$$F = NBLI$$

式中，N 为动圈匝数，B 为空隙磁场的磁感应强度，I 为通过线圈的电流，L 为有效长度。当活动线圈中有电流通过时，电流与气隙间磁场相互作用，产生了转矩 M_1，其转矩大小为

$$M_1 = 2F\frac{b}{2} = Fb = NBLIb$$

式中，b 为动圈宽度。

对于一个仪表，N、B、L、b 均已固定，故

$$NBLb = K_1$$

是常数，所以有

$$M_1 = K_1 \cdot I$$

在这个转矩作用下线圈的指针发生偏转，同时迫使与动圈固定在一起的游丝发生形变而产生阻止线圈转动的阻尼转矩 M_2，这个反抗转矩与转角 α 成正比，即

$$M_2 = K_2 \alpha$$

式中，K_2 为游丝弹性系数。

当这两个转矩的大小相等时，可动部分便停止转动。这时

$$M_1 = M_2$$

亦即

$$\alpha = \frac{K_1}{K_2}I = KI$$

这就是磁电式仪表的工作原理。从上式中可以看出仪表线圈的偏转角 α 与流经线圈的电流 I 成正比，因此这种仪表的标尺刻度是均匀的。

2. 技术特性及应用

磁电式仪表的特性：

（1）因为表头结构中的固定部分是永久磁铁，磁性很强，故抗外磁性干扰能力很强，并且线圈中流过很小的电流便可偏转，所以灵敏度很高。此结构可制成高精度仪表，如0.1级。

（2）消耗功率小，应用时对测量电路的影响很小。

（3）刻度均匀。

（4）因游丝、线圈的导线很细，所以抗过载能力不强，容易损坏。

（5）只能测直流。

磁电式表头是直流系统中最广泛使用的表头。由于线圈、游丝等载流容量的限制，多数表头是微安或毫安级的。为了测量较大的电流，可以在活动线圈两端并联分流电阻（分流器）。若测量较高的电压时，也可串联分压电阻（分压器）。

磁电式表头不仅可以测量直流电流、电压，还可以测量电阻，加上整流元件后可以测量正弦交流电压即交流电流，即表头加上附件后构成三用表。

下面列出分流和分压电路图例。

磁电式测量机构本身就是一个微安级电流表 I_M，若要扩大电流量程，则把测量机构即表头 R_M 并联一个分流电阻 R_S，使之成为高量程的电流表，如图4-2所示。

图4-3所示为多量程分流电阻的接线方式，两种分流电路各有其优点。

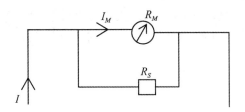

图 4-2　扩大电流量程的电流测量电路

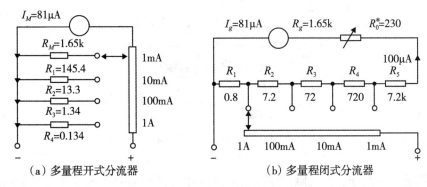

（a）多量程开式分流器　　（b）多量程闭式分流器

图 4-3　多量程分流电阻的接线方式

图 4-4 所示为多量程分压电阻的接线方式。电阻表可作为表头应用于测电阻的另一典型实例。利用一个给定电动势的辅助电源和一个磁电式表头，根据欧姆定律就可以实现测量电阻的电阻表，如图 4-5 所示。图中表头 R_M 加上分流电阻 R_S、可调电阻 R_d、直流电源 E 构成了电阻表。

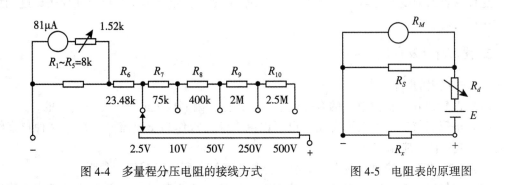

图 4-4　多量程分压电阻的接线方式　　　　图 4-5　电阻表的原理图

4.1.3　电磁式仪表

1. 结构工作原理

电磁式仪表是测量交流电流、交流电压的一种最常用仪表。电磁式仪表的测量机构是利用一个或几个线圈的磁场对一个或几个铁磁原件作用，其结构形式一般有吸引和推斥型两种。下面介绍常用的推斥型，推斥型电磁式仪表的测量机构如图4-6所示，它由固定线圈、线圈内壁的固定铁片 B_2（称静磁片）、可动铁片 B_1、磁屏蔽、阻尼片以及游丝、指针、平衡锤等结构组成。

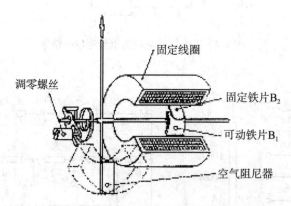

固定线圈
固定铁片 B_2
可动铁片 B_1
空气阻尼器
调零螺丝

图4-6 推斥型电磁式仪表的测量机构

固定部分为一线圈，在线圈内壁固定一静铁片。可动部分为固定在转轴上的动铁片。当被测电流流入线圈时，线圈中间形成磁场，动静铁片同时被磁化。它们具有相同的极性，使动铁片受静铁片推斥产生了转动力矩 M。

如果线圈中通过的是交流电，那么磁场是交变的，静、动二铁片极性也是交变的，但相应端的极性总是一致的，所以二者总是存在着推斥力。转动力矩的方向不变。

由于转动部分的惯性，其指针偏转取决于转动力矩的平均值，且平均值正比于线圈中电流有效值的平方。

这种仪表的刻度不均匀，若将静铁片和动铁片做成特定的形状，可以使仪表刻度的后半段接近均匀。

2. 技术特性及应用

电磁式仪表的特性：
（1）偏转角 α 与被测电流的有效值平方成正比，因而仪表的刻度是不均匀的。
（2）电磁式仪表既可以测交流，也可以测直流，常作为交直流两用表。这种仪表结构简单，成本低，应用较广。
（3）被测电流直接通入线圈，不经过游丝或弹簧，所以过载能力很强。
（4）灵敏度不高，因为固定线圈必须通过足够大的电流时，所产生的磁场才能使铁片偏转，仪表本身的功率损耗也较大。
（5）由于采用了铁磁原件，受原件的磁滞、涡流影响，频率误差较大。

电磁式测量机构本身就是一个电流表。电磁式电压表，在电磁式测量机构上串联附加电阻形成，与直流电压表的形成相同。

电磁式电流表多为双量程的，不宜采用分流器，而是用两组规格和参数均相同的线圈串联或并联来改变量程。

有的电流表量程不是靠连接片来改变，而是通过面板上的量程插销及插头位置来改变线圈的串联。

4.1.4　电动式仪表

1. 结构与原理

电动式仪表的工作原理是基于两个带电线圈的相互作用。电动式仪表的测量机构如图 4-7 所示。

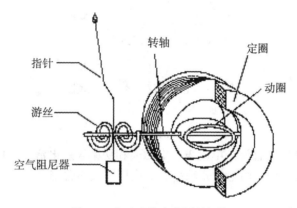

图 4-7　电动式仪表的测量机构

电动式仪表主要由固定线圈和可动线圈组成。固定线圈由粗导线绕成，可动线圈由细导线绕成，可在固定线圈内绕转轴转动，转轴上还附有指针和游丝。电动式仪表一般采用空气阻尼器。电动式仪表的工作原理图如图 4-8 所示。

当两个线圈中通过电流时，固定线圈所产生的磁场与可动线圈中电流相互作用，使可动线圈产生偏转。设比例系数为 K_1（K_1 的大小取决于两线圈的匝数、尺寸以及相对位置等），可动线圈转矩与流经两线圈的电流的乘积成正比

$$M_1 = K_1 I_1 I_2$$

阻尼转矩是由游丝产生的，令游丝的弹性系数为 K_2，则阻尼转矩与活动线圈的偏转角 α 成正比，即

$$M_2 = K_2 \alpha$$

当 $M_1 = M_2$ 时，可动部分静止，这时

$$\alpha = \frac{K_1}{K_2} I_1 I_2 = K I_1 I_2$$

电动式仪表可以交直流两用。在测量直流时，仪表的偏转角与流经两线圈电流的乘积成正比；而在测交流时，仪表的偏转角决定于电流一个周期中转矩的平均值，即决定于流经两个线圈交流电流的有效值及两个电流间相角差的余弦

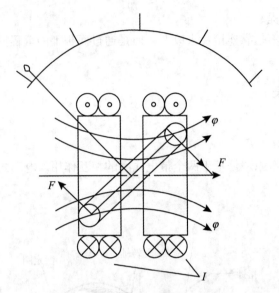

图 4-8　电动式仪表的工作原理图

$$\alpha = KI_1I_2\cos\varphi$$

电动式仪表可制成交直流的电流表、电压表和功率表。电流表、电压表主要作为交流标准表（0.2 级以上）用，而电动式功率表的应用则较为普遍。

2. 技术特性及应用

交直流两用是电动式仪表的优点，同时由于没有铁芯，可以制成灵敏度和准确度均较高的仪表，它的准确度可达 0.1 级。电动式仪表的缺点是本身磁场弱、转矩小，易受外磁场影响，同时由于可动线圈和游丝截面积都很小，故过载能力较差。

使用功率表时应注意以下几点：

（1）接线时，电流线圈要与负载串联，电压线圈要与负载并联，不能接错。

（2）电压线圈与电流线圈的接线柱中各有一个标记" * "，称为极性端。接线时把极性端连接在一起，并且一定要接在电源端，否则会造成较大的测量误差，如图 4-9 所示。

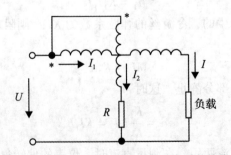

图 4-9　电动式功率表测量负载功率时的接线

如功率表指针反偏，以致无法读数时，则把电流量程挡由 "＋" 换为 "－" （或由 "－" 换为 "＋"）。

（3）电流线圈的电流以及电压线圈的电压都不能超过规定值。在测量时，应同时接上电流表和电压表以观察电路的电压和电流。

（4）功率表所测量的值等于指针所指的分格数（刻度）乘以仪表的常数 c，单位为瓦/格，即：实际瓦数＝c×指针刻度。普通功率表常数

$$c = \frac{U_m I_m}{\alpha_m}$$

式中，U_m 为功率表所用的电压量程；I_m 为功率表所用的电流量程；α_m 为仪表的满偏格数。普通功率表又称功率因数功率表，因其 $\cos\varphi_m = 1$。

当负载功率因数较低时，有功功率 $P = UI\cos\varphi$ 很小，如果仍用普通功率表测量，指针只会指在标度盘的起始端，相对误差太大，因此要采用低功率因素功率表。低功率因素功率表的常数 c 为

$$c = \frac{U_m I_m \cos\varphi_m}{\alpha_m}$$

式中，$\cos\varphi_m$ 的值在仪表上标明。

4.2 万用表

万用表又叫多用表、三用表、复用表，万用表分为指针式万用表和数字式万用表，是一种多功能、多量程的测量仪表，一般万用表可测量直流电流、直流电压、交流电流、交流电压、电阻和音频电平等，有的还可以测交流电流、电容量、电感量及半导体的一些参数（如电流放大倍数 β）。

4.2.1 指针式万用表

1. 结构及原理

万用表由表头、测量电路及转换开关这三个主要部分组成。

表头：是高灵敏度的磁电式的表头，万用表的主要性能指标基本上取决于表头的性能。灵敏度是指表头指针满刻度偏转时流过表头的直流电流值，这个值越小，表头的灵敏度愈高。

测量电路：是用来把各种被测量转换到适合表头测量的微小直流电流的电路，由电阻、半导体元件及电池组成。测量线路能将各种不同的被测量（如电流、电压、电阻等）、不同的量程，经过一系列的处理（如整流、分流、分压等）统一变成一定量限的微小直流电流送入表头进行测量。图 4-10 所示是 MF-9 型指针式万用表内部的原理电路图。

转换开关：是用来选择各种不同的测量线路，以满足不同种类和不同量程的测量要求。在万用表面板上，转换开关指向两个对象——挡位和量程。档位和量程有四条刻度线显示：第一条（从上到下）标有 R 或 Ω，指示的是电阻值，转换开关在欧姆挡时，即读

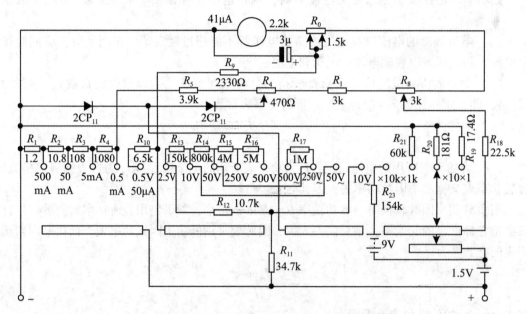

图 4-10　MF-9 型指针式万用表内部的原理电路图

此条刻度线。第二条标有∽和 VA，指示的是交、直流电压和直流电流值，当转换开关在交、直流电压或直流电流挡，量程在除交流 10V 以外的其他位置时，即读此条刻度线。第三条标有 10V，指示的是 10V 的交流电压值，当转换开关在交、直流电压挡，量程在交流 10V 时，即读此条刻度线。第四条标有 dB，指示的是音频电平。

表笔和表笔插孔：表笔分为红、黑二只。使用时应将红色表笔插入标有"+"号的插孔，黑色表笔插入标有"–"号的插孔。

2. 使用方法

（1）熟悉表盘上各符号的意义及各个旋钮和选择开关的主要作用。例如，"~"表示交流。"V–2.5kV 4000Ω/V"表示 2.5kV 的直流电压挡，其灵敏度为 4000Ω/V。"A–V–Ω"表示可测量电流、电压及电阻。"45–65–1000Hz"表示使用频率范围为 1000 Hz 以下，标准工频范围为 45~65Hz。"2000Ω/V DC"表示直流挡的灵敏度为 2000Ω/V。

（2）进行机械调零。

（3）根据被测量的种类及大小，选择转换开关的挡位及量程，找出对应的刻度线。

（4）选择表笔插孔的位置。

（5）测量电压：测量电压（或电流）时要选择好量程，如果用小量程去测量大电压，则会有烧表的危险；如果用大量程去测量小电压，那么指针偏转太小，无法读数。量程的选择应尽量使指针偏转到满刻度的 2/3 左右。如果事先不清楚被测电压的大小时，应先选择最高量程挡，然后逐渐减小到合适的量程。

①交流电压的测量：将万用表的一个转换开关置于交、直流电压挡，另一个转换开关

置于交流电压的合适量程上，万用表两表笔与被测电路或负载并联即可。

②直流电压的测量：将万用表的一个转换开关置于交、直流电压挡，另一个转换开关置于直流电压的合适量程上，且"+"表笔（红表笔）接到高电位处，"−"表笔（黑表笔）接到低电位处，即让电流从"+"表笔流入，从"−"表笔流出。若表笔接反，表头指针会反方向偏转，容易撞弯指针。

（6）测电流：测量直流电流时，将万用表的一个转换开关置于直流电流挡，另一个转换开关置于 $50\mu A$ 到 $500mA$ 的合适量程上，电流的量程选择和读数方法与电压一样。测量时必须先断开电路，然后按照电流从"+"到"−"的方向，将万用表串联到被测电路中，即电流从红表笔流入，从黑表笔流出。如果误将万用表与负载并联，则因表头的内阻很小，会造成短路烧毁仪表。其读数方法：实际值＝指示值×量程/满偏。

（7）测电阻：用万用表测量电阻时，应按下列方法操作：

①机械调零。在使用之前，应该先调节指针定位螺丝使电流示数为零，避免不必要的误差。

②选择合适的倍率挡。万用表欧姆挡的刻度线是不均匀的，所以倍率挡的选择应使指针停留在刻度线较稀的部分为宜，且指针越接近刻度尺的中间，读数越准确。一般情况下，应使指针指在刻度尺的 $1/3 \sim 2/3$ 间。

③欧姆调零。测量电阻之前，应将 2 个表笔短接，同时调节"欧姆（电气）调零旋钮"，使指针刚好指在欧姆刻度线右边的零位。如果指针不能调到零位，说明电池电压不足或仪表内部有问题。并且每换一次倍率挡，都要再次进行欧姆调零，以保证测量准确。

④读数。表头的读数乘以倍率，就是所测电阻的电阻值。

3. 测量技巧

（1）测喇叭、耳机、动圈式话筒：用 $R \times 1\Omega$ 挡，任一表笔接一端，另一表笔点触另一端，正常时会发出清脆响亮的"哒"声。如果不响，则是线圈断了，如果响声小而尖，则是有擦圈问题，也不能用。

（2）测电容：用电阻挡，根据电容容量选择适当的量程，并注意测量时电解电容黑表笔要接电容正极。①估测微波法级电容容量的大小：可凭经验或参照相同容量的标准电容，根据指针摆动的最大幅度来判定。所参照的电容耐压值不必也一样，只要容量相同即可，例如估测一个 $100\mu F/250V$ 的电容可用一个 $100\mu F/25V$ 的电容来参照，只要它们指针摆动得最大幅度一样，即可断定容量一样。②估测皮法级电容容量大小：要用 $R \times 10k\Omega$ 挡，但只能测到 $1000pF$ 以上的电容。对 $1000pF$ 或稍大一点的电容，只要表针稍有摆动，即可认为容量够了。③测电容是否漏电：对 $1000\mu F$ 以上的电容，可先用 $R \times 10\Omega$ 挡将其快速充电，并初步估测电容容量，然后改到 $R \times 1k\Omega$ 挡继续测一会儿，这时指针不应回返，而应停在十分接近 ∞ 处，否则就是有漏电现象。对一些几十微法以下的定时或振荡电容（比如彩电开关电源的振荡电容），对其漏电特性要求非常高，只要稍有漏电就不能用，这时可在 $R \times 1k\Omega$ 挡充完电后再改用 $R \times 10k\Omega$ 挡继续测量，同样表针应停在 ∞ 处而不应回返。

（3）在路测二极管、三极管、稳压管好坏：因为在实际电路中，三极管的偏置电阻或二极管、稳压管的周边电阻一般都比较大，大多在几百或几千欧姆以上，这样，我们就可以用万用表的 $R\times10\Omega$ 或 $R\times1\Omega$ 挡来在路测量 PN 结的好坏。在路测量时，用 $R\times10\Omega$ 挡测 PN 结应有较明显的正反向特性（如果正反向电阻相差不太明显，可改用 $R\times1\Omega$ 挡来测），一般正向电阻在 $R\times10\Omega$ 挡测时表针应指示在 200Ω 左右，在 $R\times1\Omega$ 挡测时表针应指示在 30Ω 左右（根据不同表型可能略有出入）。如果测量结果正向阻值太大或反向阻值太小，都说明这个 PN 结有问题，这个管子也就有问题了。这种方法对于维修时特别有效，可以非常快速地找出坏管，甚至可以测出尚未完全坏掉但特性变坏的管子。比如当你用小阻值挡测量某个 PN 结正向电阻过大，如果你把它焊下来用常用的 $R\times1\mathrm{k}\Omega$ 挡再测，可能还是正常的，其实这个管子的特性已经变坏了，不能正常工作或不稳定了。

（4）测电阻：重要的是要选好量程，当指针指示于 1/3~2/3 满量程时测量精度最高，读数最准确。要注意的是，在用 $R\times10\mathrm{k}\Omega$ 电阻挡测兆欧级的大阻值电阻时，不可将手指捏在电阻两端，这样人体电阻会使测量结果偏小。

（5）测稳压二极管：我们通常所用到的稳压管的稳压值一般都大于 1.5V，而指针表的 $R\times1\mathrm{k}\Omega$ 以下的电阻挡是用表内的 1.5V 电池供电的，这样，用 $R\times1\mathrm{k}\Omega$ 以下的电阻挡测量稳压管就如同测二极管一样，具有完全的单向导电性。但指针表的 $R\times10\mathrm{k}\Omega$ 挡是用 9V 或 15V 电池供电的，在用 $R\times10\mathrm{k}\Omega$ 挡测稳压值小于 9V 或 15V 的稳压管时，反向阻值就不会是 ∞，而是有一定阻值，但这个阻值还是要大大高于稳压管的正向阻值的。如此，我们就可以初步估测出稳压管的好坏。但是，好的稳压管还要有个准确的稳压值，业余条件下怎么估测出这个稳压值呢？不难，再去找一块指针表来就可以了。方法是：先将一块表置于 $R\times10\mathrm{k}\Omega$ 挡，其黑、红表笔分别接在稳压管的阴极和阳极，这时就模拟出稳压管的实际工作状态，再取另一块表置于电压挡 $U\times10\mathrm{V}$ 或 $U\times50\mathrm{V}$（根据稳压值）上，将红、黑表笔分别搭接到刚才那块表的黑、红表笔上，这时测出的电压值就基本上是这个稳压管的稳压值。说"基本上"，是因为第一块表对稳压管的偏置电流相对正常使用时的偏置电流稍小些，所以测出的稳压值会稍偏大一点，但基本相差不大。这个方法只可估测稳压值小于指针表高压电池电压的稳压管。如果稳压管的稳压值太高，就只能用外加电源的方法来测量了（这样看来，我们在选用指针表时，选用高压电池电压为 15V 的要比 9V 的更适用些）。

（6）测三极管：通常我们要用 $R\times1\mathrm{k}\Omega$ 挡，不管是 NPN 管还是 PNP 管，不管是小功率、中功率还是大功率管，测其 be 结、cb 结都应呈现与二极管完全相同的单向导电性，反向电阻无穷大，其正向电阻大约在 $10\mathrm{k}\Omega$ 左右。为进一步估测管子特性的好坏，必要时还应变换电阻挡位进行多次测量，方法是：置 $R\times10\Omega$ 挡测 PN 结正向导通电阻都在大约 200Ω 左右；置 $R\times1\Omega$ 挡测 PN 结正向导通电阻都在大约 30Ω 左右（以上为 47 型表测得数据，其他型号表大概略有不同，可多试测几个好管总结一下，做到心中有数），如果读数偏大太多，可以断定管子的特性不好。还可将表置于 $R\times10\mathrm{k}\Omega$ 再测，耐压再低的管子（基本上三极管的耐压都在 30V 以上），其 cb 结反向电阻也应在 ∞，但其 be 结的反向电阻可能会有些，表针会稍有偏转（一般不会超过满量程的 1/3，根据管子的耐压程度不同而不同）。同样，在用 $R\times10\mathrm{k}\Omega$ 挡测 ec 间（对 NPN 管）或 ce 间（对 PNP 管）的电阻时，表针可能略有偏转，但这不表示管子是坏的。但在用 $R\times1\mathrm{k}\Omega$ 以下挡测 ce 间或 ec 间电阻时，表头指示应为无穷大，否则管子就是有问题。应该说明的一点是，以上测量是针对硅管而言的，对锗管不适用。不过现在锗管也很少见了。另外，所说的"反向"是针对 PN 结而言，对 NPN 管和 PNP 管方向实际上是不同的。

现在常见的三极管大部分是塑封的，如何准确判断三极管的三只引脚哪个是 b、c、e？三极管的 b 极很容易测出来，但怎么断定哪个是 c 哪个是 e？这里推荐三种方法：

第一种方法：对于有测三极管 hFE 插孔的指针表，先测出 b 极后，将三极管随意插到插孔中去（当然 b 极是可以插准确的），测一下 hFE 值，然后再将管子倒过来再测一遍，测得 hFE 值比较大的一次，各管脚插入的位置是正确的。

第二种方法：对无 hFE 测量插孔的表，或管子太大不方便插入插孔的，可以用这种方法：对 NPN 管，先测出 b 极（管子是 NPN 还是 PNP 以及其 b 脚都很容易测出），将表置于 $R×1k\Omega$ 挡，将红表笔接假设的 e 极（注意拿红表笔的手不要碰到表笔尖或管脚），黑表笔接假设的 c 极，同时用手指捏住表笔尖及这个管脚，将管子拿起来，用舌尖舔一下 b 极，表头指针应有一定的偏转，如果各表笔接得正确，指针偏转会大些，如果接得不对，指针偏转会小些，差别是很明显的。由此就可判定管子的 c、e 极。对 PNP 管，要将黑表笔接假设的 e 极（手不要碰到笔尖或管脚），红表笔接假设的 c 极，同时用手指捏住表笔尖及这个管脚，然后用舌尖舔一下 b 极，如果各表笔接得正确，表头指针会偏转得比较大。当然测量时表笔要交换一下测两次，比较读数后才能最后判定。这个方法适用于所有外形的三极管，方便实用。根据表针的偏转幅度，还可以估计出管子的放大能力，当然这是凭经验的。

第三种方法：先判定管子的 NPN 或 PNP 类型及其 b 极后，将表置于 $R×10k\Omega$ 挡，对 NPN 管，黑表笔接 e 极，红表笔接 c 极时，表针可能会有一定的偏转；对 PNP 管，黑表笔接 c 极，红表笔接 e 极时，表针可能会有一定的偏转，反过来都不会有偏转。由此也可以判定三极管的 c、e 极。不过对于高耐压的管子，这个方法就不适用了。

对于常见的进口型号的大功率塑封管，其 c 极基本都是在中间。中、小功率管有的 b 极可能在中间。比如常用的 9014 三极管及其系列的其他型号三极管、2SC1815、2N5401、2N5551 等三极管，其 b 极有的就在中间。当然它们也有 c 极在中间的。所以在维修更换三极管时，尤其是这些小功率三极管，不可拿来就按原样直接安上，一定要先测一下。

4. 操作规程

（1）使用前，应熟悉万用表各项功能，根据被测量的对象，正确选用挡位、量程及表笔插孔。

（2）在对被测数据大小不明时，应先将量程开关置于最大值，而后由大量程往小量程挡处切换，使仪表指针指示在满刻度的 1/2 以上处即可。

（3）测量电阻时，在选择了适当倍率挡后，将两表笔相碰使指针指在零位，如指针偏离零位，应调节"调零"旋钮，使指针归零，以保证测量结果准确。如不能调零或数显表发出低电压报警，应及时检查。

（4）在测量某电路电阻时，必须切断被测电路的电源，不得带电测量。

（5）使用万用表进行测量时，要注意人身和仪表设备的安全，测试中不得用手触摸表笔的金属部分，不允许带电切换挡位开关，以确保测量准确，避免发生触电和烧毁仪表等事故。

5. 使用时注意事项

（1）在测电流、电压时，不能带电换量程。

（2）选择量程时，要先选大的，后选小的，尽量使被测值接近于量程。

（3）测电阻时，不能带电测量。因为测量电阻时，万用表由内部电池供电，如果带电测量则相当于接入一个额外的电源，可能损坏表头。

（4）用毕，应使转换开关在交流电压最大挡位或空挡上。

（5）注意在欧姆表改换量程时，需要进行欧姆调零，无需机械调零。

6. 典型产品介绍：MF30 型万用表

MF30 型万用表是一种高灵敏度、多量程、袖珍式模拟万用表，能测量直流电流、直流电压、交流电压和直流电阻，分 18 个基本量程挡。表内设有二极管保护装置和保险丝保护措施，可以减少因误测而引起的损坏事故。在量程上设有直流小电流和直流低电压挡，以适合测量晶体管电路的需要。

电路设计中将电压测量灵敏度分成两种：$1 \sim 25V$ 挡为 $20000\Omega/V$，$100 \sim 500V$ 挡为 $5000\Omega/V$。低灵敏度适应测量晶体管电路低压参数的需要；高压挡消耗电流为 $200\mu A$，不致影响测量精度。这样可以降低倍压电阻的阻值，从而提高仪表的稳定性，同时可以公用部分倍压电阻，既可减少元件数量又可提高可靠性。

万用表测试频繁，由于疏忽误用而烧毁的机会很多。经调查统计，损坏最多的是将开关放在"$\Omega \times 1$" "$\Omega \times 10$"挡或者放在电流挡去测交、直流电压，最典型的是测交流 220V 或 380V 的电流电压。由于功率超过千倍万倍，会立即将仪表内部电阻烧毁，严重的还会将转换开关烧掉。MF30 型万用表在外电路中串接了一个 0.5A 的保险丝，以防在上述的几个量程误测交流电源，此时保险丝能起到保护作用。

MF30 型万用表技术指标：

测量范围如下：

直流电压：1V，5V，25V，100V，500V。

交流电压：10V，100V，50V。

直流电流：$50\mu A$，0.5mA，5mA，50mA，500mA。

电　　阻：$\Omega \times 1$，$\Omega \times 10$，$\Omega \times 100$，$\Omega \times 1k$，$\Omega \times 10k$。

音频电平：$-10dB \sim +20dB$。

MF30 型万用表的前面板如图 4-11 所示。

使用方法如下：

（1）零位调整。使用之前，应注意指针是否指在零位上。如不指在零位时，可调整表盖上的机械调零，使之恢复至零位。

（2）直流电压测量。将红色表笔插在标有"+"的插孔，黑色表笔插在"-"插孔；转换开关旋至直流电压的某一合适挡。如不能确定被测电压的大小，应先将旋转开关旋至

图 4-11　MF30 型万用表

最大量程上，然后根据表针的偏转位置，再选择合适量程，使指针得到最大偏转度。

　　本仪表由于灵敏度较高，在测量有内阻的电源电压时，不会显著影响电路的状态。当电子电路中等效电阻很高时，由于仪表内阻的影响，会使电路改变工作状态，或引起大误差。在这种情况下，可将电压量程选高一些，使仪表内阻增大，以减少测试时因并联仪表内阻带来的影响。

　　（3）交流电压测量。交流电压的测量方法与直流电压相似，只要将选择转换开关旋至交流电压挡范围即可。交流电压挡的额定频率为 45~1000Hz，正弦电压的波形失真度应小于 2%，测量非正弦波或波形失真很大的电压时，会造成很大的误差。如频率范围超过额定值但不超过 10kHz，仍可测量，但误差较大。

　　（4）直流电流测量。直流电流测量范围为 0~500mA。测量时将转换开关旋至直流电流挡，测试表笔串接在被测电路中即可。

　　（5）电阻测量。将选择开关旋至欧姆挡合适的挡位上，两个测试表笔短路，指针即向满偏方向偏转，调节欧姆调零电位器，使指针准确地指在欧姆刻度的零位上；然后将测试表笔分开，测量未知电阻的阻值。为了提高测试结果的精准度，尽量使表针靠近中间的位置，即全刻度的 20%~30% 弧度范围内。

　　使用注意事项如下：

　　①当测量电路中的电阻值时，应将电路电源关掉。如果有剩余存储电量，应将它放电，然后才能测量。注意，切勿带电测量电阻！

　　②万用表内装有 1.5V 五号电池一节，供 Ω×1~Ω×1k 四个量限使用。电压幅度在 1.35~1.65V 范围内时，欧姆挡能正常工作。但测量电池电压时应接上一个负荷，放电的电流可以在 30~70mA 左右，即与电池并联一个 20~50Ω 的电阻后，测量它的电压值应符合上述电压范围。否则，就应更换新电池。如果电流不加泄放而直接去测量电池电压的容

量，就会由于万用表灵敏度很高，测出来的数值就接近电动势，以致不能分辨电池电压的容量。内附的 15V 层叠电池，专供 $\Omega \times 10k$ 使用。电压幅度允许在 13.5～16.5V 之间。测试时可以不加负载直接测量，因为 $R \times 10k$ 工作电流仅 $60\mu A$，它与测试消耗电流仅相差一倍左右，故可分辨出它所容电量的大小。

③万用表在 $\Omega \times 1$ 挡的消耗电流，最大为 60mA 左右。由于电池容电量有限，应尽量减少电池的消耗，特别是在这一挡短路调零的时间要短，以延长使用期限。电池用完以后，应尽早更换，以防止电池腐蚀而影响其他元件。如仪表长期放置不用，也应将电池取出，以防腐烂。

④万用表不用时，应将转换开关放在交流电压最大挡，以防误操作时损坏仪表。

4.2.2　数字式万用表

1. 结构及原理

现在，数字式测量仪表已成为主流，已经取代了模拟式仪表。与模拟式仪表相比，数字式仪表灵敏度高，精确度高，显示清晰，过载能力强，便于携带，使用更简单。

DT 9208 型数字万用表面板示意图如图 4-12 所示。

数字万用表的原理方框图如图 4-13 所示。

在图 4-13 中，IN_+、IN_- 分别为 A/D 转换器 ICL-7129 的输入电压正、负端；COM 为公共端，又称模拟地。U/R、I、C、f 分别为数字万用表测量电压/电阻、电流、电容、频率时的 "+" 表笔接入端。数字万用表以直流电压的测量为基础，测量其他参数如 U/R、I、C、f 时，先把这些参数通过各自的变换电路，变换成直流电压 DCV，然后送入 A/D 转换器 ICL-7129 的 IN_+ 端，获得所测参数的数值。

下面以费思泰克 FT368 型数字万用表为例，简单介绍其具体参数意义、使用方法和注意事项。

2. 基本特点

（1）44/5 位真有效值万用表，最大显示数字：49999。

（2）工业级设计，国军标 GJB 品质。

（3）超宽频响范围高达 200kHz；宽范围电容和电阻测量，功能更强大；0.025% 的基本直流精确度，真有效值测量，数据更准确。

（4）配备 USB 接口，数据传输更方便，与 FaithtechView 软件配合可实现趋势绘图功能，数据查看、实时观测、逻辑分析、单通道示波功能和谐波分析等功能。

（5）具有交流电压、直流电压、交流电流、直流电流、电阻、电容、二极管、通断性、频率、温度、占空比、脉宽、相对值、dBV、dBmV、电导等测量功能。

（6）FAST、MIN 和 MAX 模式可以极速捕捉 0.25ms 的瞬时信号。

（7）手动或自动二极管筛选电压设定。

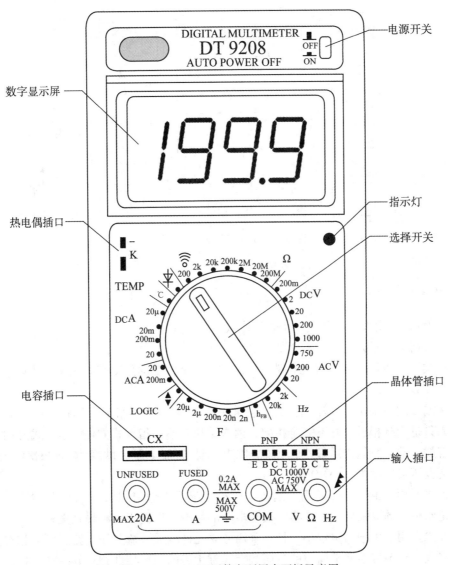

图 4-12　DT 9208 型数字万用表面板示意图

3. 使用方法

（1）使用前，应认真阅读有关的使用说明书，熟悉刀盘、按钮、插孔的作用。

（2）将刀盘拨离 OFF 位置即为开机。

（3）基本测量：根据需要拨到相应位置。交直流电压的测量可直接显示混合信号的主流分量和交流分量，表笔插入相应的插孔。

（4）其他功能：测量温度，二极管筛选，温度，频率，占空比，快速脉冲，dB，逻辑分析，示波，趋势绘图，谐波分析，通断性，电导，电容的测量均可以实现。

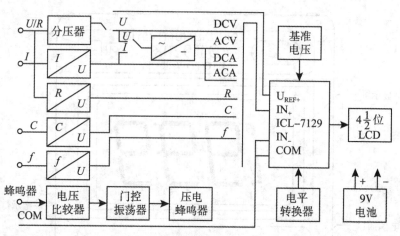

图 4-13 数字万用表原理方框图

4. 使用技巧

1) 指针式万用表与数字式万用表的比较

指针式与数字式万用表各有优缺点。

指针式万用表是一种平均值式仪表, 读数值与指针摆动角度密切相关, 所以它具有直观形象的读数指示。

数字式万用表是瞬时取样式仪表。它采用 0.3s 取一次样来显示测量结果, 有时每次取样结果只是十分相近, 并不完全相同, 读取结果就不如指针式方便。指针式万用表一般内部没有放大器, 所以内阻较小, 比如 MF-10 型, 直流电压灵敏度为 100kΩ/V。MF-500 型的直流电压灵敏度为 20kΩ/V。

数字式万用表由于内部采用了运放电路, 内阻可以做得很大, 往往在 1MΩ 或更大, 即可以得到更高的灵敏度, 这使得对被测电路的影响可以更小, 测量精度较高。

指针式万用表由于内阻较小, 且多采用分立元件构成分流分压电路, 所以相对数字式万用表来说, 频率特性是不均匀的, 而数字式万用表的频率特性相对好一点。指针式万用表内部结构简单, 所以成本较低, 功能较少, 维护简单, 过流过压能力较强。

数字式万用表内部采用了多种振荡、放大、分频保护等电路, 所以功能较多。比如可以测量温度、较低范围内的频率、电容、电感, 作信号发生器等。

数字式万用表由于内部结构多用集成电路所以过载能力较差 (不过现在有些已能自动换挡, 自动保护等, 但使用较复杂), 损坏后一般也不易修复。数字式万用表输出电压较低 (通常不超过 1V)。对于一些电压特性特殊的元件的测试不便 (如可控硅、发光二极管等)。指针式万用表输出电压较高, 有 10.5V、12V 等, 电流也大 (如 MF-500 型 1 欧挡最大有 100mA 左右), 可以方便地测试可控硅、发光二极管等。

对于初学者应当使用指针式万用表, 对于非初学者应当使用两种仪表。

2) 指针式万用表与数字式万用表的选用

（1）指针表读取精度较差，但指针摆动的过程比较直观，其摆动速度、幅度有时也能比较客观地反映被测量的大小（比如测电视机数据总线（SDL）在传送数据时的轻微抖动）；数字表读数直观，但数字变化的过程看起来很杂乱，不太容易观看。

（2）指针表内一般有两块电池，一块是低电压的 1.5V，一块是高电压的 9V 或 15V，其黑表笔相对红表笔来说是正端。数字表则常用一块 6V 或 9V 的电池。在电阻挡，指针表的表笔输出电流相对数字表来说要大很多，用 $R\times1\Omega$ 挡可以使扬声器发出响亮的"哒"声，用 $R\times10\mathrm{k}\Omega$ 挡甚至可以点亮发光二极管（LED）。

（3）在电压挡，指针表内阻相对数字表来说比较小，测量精度相比较差。某些高电压微电流的场合甚至无法测准，因为其内阻会对被测电路造成影响（比如在测电视机显像管的加速级电压时测量值会比实际值低很多）。数字表电压挡的内阻很大，至少在兆欧级，对被测电路影响很小。但极高的输出阻抗使其易受感应电压的影响，在一些电磁干扰比较强的场合测出的数据可能是虚的。

（4）相对来说，在大电流高电压的模拟电路测量中适用指针表，比如电视机、音响功放。在低电压小电流的数字电路测量中适用数字表，比如 BP 机、手机等。但这也不是绝对的，可根据情况选用指针表和数字表。

5. 注意事项

（1）电流插孔是为了测量电流用的，不用的时候禁止使用本插孔，否则万用表将可能被烧毁。

（2）万用表默认量程是自动量程，如果想使用规定量程，请按量程选择键。

（3）当插错插孔时，万用表有报警。使用趋势绘图、示波、逻辑分析、谐波分析等功能时，请查看量程选择和刀盘位置。

4.3　摇表

摇表又称兆欧表，是用来测量被测设备的绝缘电阻和高值电阻的仪表，它由一个手摇发电机、表头和三个接线柱（L：线路端，E：接地端，G：屏蔽端）组成。

1. 选用原则

（1）额定电压等级的选择。一般情况下，额定电压在 500V 以下的设备，应选用500V 或 1000V 的摇表；额定电压在 500V 以上的设备，应选用 1000~2500V 的摇表。

（2）电阻量程范围的选择。摇表的表盘刻度线上有两个小黑点，小黑点之间的区域为准确测量区域。所以在选表时应使被测设备的绝缘电阻值在准确测量区域内。

2. 使用方法

（1）校表。测量前应将摇表进行一次开路和短路试验，检查摇表是否良好。将两连接线开路，摇动手柄，指针应指在"∞"处，再把两连接线短接一下，指针应指在"0"处，符合上述条件者即良好，否则不能使用。

（2）被测设备与线路断开，对于大电容设备还要进行放电。

（3）选用电压等级符合的摇表。

（4）测量绝缘电阻时，一般只用"L"和"E"端，但在测量电缆对地的绝缘电阻或被测设备的漏电流较严重时，就要使用"G"端，并将"G"端接屏蔽层或外壳。线路接好后，可按顺时针方向转动摇把，摇动的速度应由慢而快，当转速达到每分钟120转左右时（ZC-25型），保持匀速转动，1分钟后读数，并且要边摇边读数，不能停下来读数。

（5）拆线放电。读数完毕，一边慢摇，一边拆线，然后将被测设备放电。放电方法是将测量时使用的地线从摇表上取下来与被测设备短接一下即可（不是摇表放电）。

3. 注意事项

（1）禁止在雷电时或高压设备附近测绝缘电阻，只能在设备不带电，也没有感应电的情况下测量。

（2）摇测过程中，被测设备上不能有人工作。

（3）摇表线不能绞在一起，要分开。

（4）摇表未停止转动之前或被测设备未放电之前，严禁用手触及。拆线时，也不要触及引线的金属部分。

（5）测量结束时，对于大电容设备要放电。

（6）要定期校验其准确度。

4.4　钳表

钳表是一种用于测量正在运行的电气线路的电流大小的仪表，可在不断电的情况下测量电流。

1. 结构原理

钳表实质上是由一只电流互感器、钳形扳手和一只整流式磁电系有反作用力仪表所组成。

2. 使用方法

（1）测量前要机械调零。

（2）选择合适的量程，先选大量程，后选小量程或看铭牌值估算。

（3）当使用最小量程测量，其读数还不明显时，可将被测导线绕几匝，匝数要以钳口中央的匝数为准，则读数 $= \dfrac{\text{指示值} \times \text{量程}}{\text{满偏} \times \text{匝数}}$。

（4）测量时，应使被测导线处在钳口的中央，并使钳口闭合紧密，以减少误差。

（5）测量完毕，要将转换开关放在最大量程处。

3. 注意事项

（1）被测线路的电压要低于钳表的额定电压。

（2）测高压线路的电流时，要戴绝缘手套，穿绝缘鞋，站在绝缘垫上。

（3）钳口要闭合紧密不能带电换量程。

4.5　函数发生器

4.5.1　结构及原理

函数发生器，又称信号发生器，其内部的常见电路如图 4-14 所示。由图可以看出：双稳触发器产生方波，作为第一路输出；用积分器将方波变为三角波后，作为第二路输出；用二极管整形网络将三角波变换成正弦波后，作为第三路输出。将三角波变换成正弦波的二极管整形网络，是由二极管、电阻和直流稳压电源构成的，如图 4-15 所示。

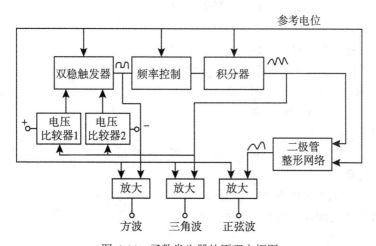

图 4-14　函数发生器的原理方框图

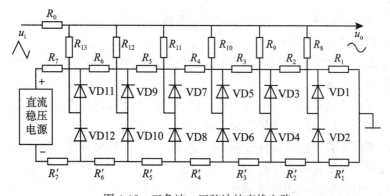

图 4-15　三角波—正弦波的变换电路

4.5.2 典型产品介绍

1. YB1631 型功率函数发生器

1）功能简介

YB1631 型功率函数发生器可产生多种信号，由六位数字显示信号的频率。频率连续可调，信号输出幅度不随频率变化。该机还可作为一个 10MHz 的频率计使用，是一个多功能的信号发生器。

2）主要技术指标

（1）输出波形：方波、正弦波、三角波、锯齿波、矩形波。

（2）信号幅度分二挡输出：$30V_{p\text{-}p}$，$50V_{p\text{-}p}$。

（3）频率：1Hz～100kHz，配合占空比调节，频率下限可达 0.1Hz。

（4）频率指示：±1%±0.1Hz（外测频 0.1Hz～10MHz）。

（5）功率输出：

分两挡输出：$30V_{p\text{-}p}/2A_{p\text{-}p}$ 和 $50V_{p\text{-}p}/1A_{p\text{-}p}$。

频率范围：正弦波为 1Hz～100kHz，其余为 1Hz～10kHz。

（6）频率响应：≤0.3dB，1Hz～20kHz；

　　　　　　　　≤0.5dB，20Hz～100kHz。

（7）占空比：0.1～0.9。

（8）电压衰减：分 10dB、20dB、40dB 三键，可组成 0～70dB 衰减，按 10dB 步进。

（9）输出电阻：

电压输出：600Ω，功率输出小于 5Ω。

（10）最大视在功率：80VA。

3）面板图及说明

YB1631 型功率函数发生器面板图如图 4-16 所示。

面板图说明如下：

（1）电源开关：当按入时，电源接通，同进指示灯亮。

（2）电源指示灯。

（3）频率微调：作为频率的细调，可以调整任意信号的输出频率。为便于准确调整，该电位器是多圈电位器。

（4）占空比：该电位器被拉出后有效。调节时，可使三角波成为锯齿波，方波成为矩形波；但当该电位器拉出后，信号的频率将降低 10 倍左右。

（5）波形选择开关：输出信号选择，可输出正弦波、三角波和方波三种基本信号，锯齿波、矩形波占空比配合调节。

（6）幅度调整：信号输出幅度调整。

（7）幅度选择开关：用以选择信号的幅度挡级，当按钮未按入时，最大输出幅度为 $30V_{p\text{-}p}$，在按入状态可达 $50V_{p\text{-}p}$。

（8）电平偏移：该电位器被拉出后有效，可以调整信号的直流分量。

图 4-16　YB1631 型功率函数发生器面板图

（9）功率输出端。

（10）接地端。

（11）电压、功率输出选择开关：选择信号的选择方式。当开关未按入时，信号为电压方式输出；在按入状态，信号不经衰减网络，直接传送到功率输出端接线柱上，可向负载提供 $1A_{p-p}$ 或 $2A_{p-p}$ 的电流信号。功率输出时，因功放电路不可能输出较高高频分量的信号，所以当频率范围选择开关置于 $10 \sim 100$ kHz，且波形选择开关置于"方波"输出时，无功率信号输出。

（12）电压输出端。

（13）输出衰减开关：电压信号输出的衰减开关三挡均可自锁，可组成 $0 \sim 70$dB 的衰减量，按 10dB 步进，电压输出信号从电压端输出，输出阻抗为 600Ω。

（14）频率选择开关：可测量从外输入端输入信号的频率。当"测频选择"开关置于"外"时，此开关又作为计数外来信号的间隔时间，即闸门时间。在内测频状态时，显示器为输出信号的频率。

（15）触发电平：外测频时最小输入（灵敏度）幅度调整。

（16）外输入端：外测信号频率输入端。

（17）频率范围/闸门时间选择开关：可选择不同的频率范围。当外测频时，开关闸门时间选择。

4）使用方法及注意事项

（1）开机前先检查负载有无短路现象，特别是在功率输出的情况下更应如此。幅度调节电位器使用前应先逆时针旋转到底，再将幅度选择开关置于相应的挡级。当幅值 $\leqslant 30V_{p-p}$ 时，不要将此开关按入。为防止短路，在不需要高功率输出时，不得从功率输出端输出。若电压输出幅度偏大，可适当衰减输出信号。

（2）信号频率的选择不但要选择适当的频率范围，还要通过调节频率微调才能获得所需的频率。当占空比控制器被拉出时，欲使频率不变，可将频率选择开关提高一挡。为了测量信号频率，应将"测频选择"开关置于"内"位置。

2. YB1639 型函数发生器

1）功能简介

YB1639 型函数发生器的频率范围为 0.2Hz~3MHz，最低频率可达 0.06 Hz。输出波形为正弦波、三角波、方波、单次波、TTL 方波和直流电平。对称度调节对信号频率影响小。6 位 LED 显示，可作 10 MHz 频率计使用，测量外接信号的频率。仪器设有电压输出及功率输出。电压输出幅度为：$20V_{p-p}$（空载）、$10V_{p-p}$（50Ω）；功率输出为（0.3Hz~30kHz）$50V_{p-p}$/1A V_{p-p}，具有过载短路保护和发光二极管指示。

2）主要技术指标

（1）频率范围：

3（0.3Hz~3MHz）；30（3Hz~30MHz）；300（30Hz~300MHz）；3kHz（300Hz~3kHz）；30kHz（3kHz~30kHz）；300kHz（3kHz~300kHz）；3MHz（300kHz~3MHz）。

（2）输出波形：正弦波、方波、三角波、单次波、斜波、TTL 方波、直流电平。

（3）VCF：0~10V（对应 100∶1）。

（4）VCF：输入阻抗约定 10kΩ。

（5）电压输出：方波幅度 $20V_{p-p}$（空载）、$10V_{p-p}$（50Ω）。

（6）TTL 输出：TTL 方波上升、下降时间小于 25ns，TTL 方波幅度大于+3V，可驱动 20 个三极管负载。

（7）单次输出：SGL 开关按入，频率选择开关置 Hz 挡，再触发一次 TRIG 开关，应产生一个完整的单次波形。

（8）功率输出：按下此键，信号输出，此时输出最大电流可达 1A。

（9）频率计：测量精度±1%（±1 个字），时基频率 10MHz，闸门选择四挡（10s、1s、0.1s、0.01s），计数显示 6 位 LED，测频范围 0.1~10MHz，灵敏度≤500mV_{p-p}，输入阻抗 100kΩ。

3）面板图及说明

YB1639 型函数发生器面板及说明如图 4-17 所示。

（1）POWER：电源开关。

（2）FREQUENCY：频率调节旋钮。调节此旋钮可改变输出信号频率。

（3）LED 显示屏：指示输出信号的频率。

（4）SYMMETRY：对称性开关、旋钮。将对称性开关按入，指示灯亮；调节对称性旋钮，可改变波形的对称性（占空比）。

（5）WAVE FORM：波形选择开关。按下对应的某一键，可选择需要的波形。三只键都未按入，无信号输出，此时为直流电平。

（6）ATTE：电压输出衰减开关。分 20dB、40dB 两键，如果同时按入为 60dB。

（7）频率范围选择开关（兼频率计数闸门开关）：根据需要的频率，按下其中一键。

（8）POWER OUT：功率输出开关。按下此键，指示灯显绿色；如果该指示灯由绿色变为红色，则说明已短路或过载。

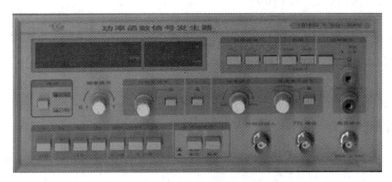

图 4-17　YB1639 型函数发生器面板图

（9）功率输出端：为负载提供功率输出。负载应为纯电阻。如是感性或容性负载，要串入 10Ω、50Ω 左右电阻（最大幅度输出时）；如果是 $40V_{\text{p-p}}$，可选择 $40Ω$ 左右的电阻等，根据幅度的大小取对应的电阻。

（10）OFFSET：电平控制开关。按下此键，红色指示灯亮，调节电平旋钮方可起作用。

（11）电平调节旋钮：可进行输出信号的直流电平设置。

（12）AMPLITUDE：幅度旋钮。调节此旋钮，可改变"电压输出""功率输出"的输出电压幅度。

（13）VOLTAGE OUT：电压输出插座。

（14）TTL OUT：TTL 方波输出插座。

（15）EXT COUNTER：外测频率输入端，最高频率 10MHz。

（16）COUNTER："内/外"测频选择开关，按入此开关，为外测频率。

（17）SINGLE：单次组合开关。按入 SGL 开关，指示灯亮，仪器处于单次状态；按一次 TRIG 键，输出一个单次波形。

3. XD22 型低频信号发生器

1）功能简介

XD22 型是一台多功能、宽频带低频信号发生器，它产生 1Hz～1MHz 的正弦波信号、脉冲信号和逻辑信号（TTL），其正弦波信号具有很小的失真，输出电压有效值范围为 0.05mV～6V，具有标准的 600Ω 输出阻抗等特点；脉冲信号的幅度和宽度均为连续可调，TTL 具有很强的负载能力和理想的波形等特点。

2）主要技术指标

（1）频率范围。

I 波段：1Hz～10Hz。II 波段：10Hz～100Hz。III 波段：100Hz～1kHz。IV 波段：1kHz～10 kHz。V 波段：10kHz～100kHz 。VI 波段：100 kHz～1MkHz。

（2）正弦波。

①幅度：大于 6V（开路）。

②额定输出电压误差：≤±1dB。

③失真：10Hz~200kHz 小于 0.1%（Ⅰ波段暂不作考核）。

④表头分刻度误差：小于满刻度值的±5%。

⑤衰减器误差：0~80dB，小于±1dB。90dB，$f<500$kHz，小于±1dB；$f\geq500$kHz，小于±3dB。

⑥ 输出阻抗：600Ω±10%。

（3）脉冲信号。

①幅度：0~10V_{p-p}连续可调。

②宽度：可调。

③上升、下降时间：<0.3μs。

④上冲、下冲：小于7%。

⑤顶部倾斜：$f=100$Hz 时<5%。

（4）逻辑位号（TTL）。

①波形：方波。

②极性：正。

③幅度：高电平为 4.5V±0.5V，低电平小于 0.3V。

④下降时间：小于 0.1μs。

⑤负载能力：大于 25mA。

3）面板图及说明

XD22 型低频信号发生器面板及说明如图 4-18 所示。

图 4-18　XD22 型低频信号发生器面板图

（1）电源开关。

（2）频率波段选择，分六个波段：

Ⅰ波段：1Hz~10Hz；Ⅱ波段：10Hz~100Hz；Ⅲ波段：100Hz~1kHz；Ⅳ波段：1kHz~10kHz；Ⅴ波段：10kHz~100kHz；Ⅵ波段：100kHz~1MkHz。

（3）频率调节。

（4）频率微调。

（5）占空比调节旋钮。

（6）正弦波、脉冲信号输出端口。

（7）信号转换开关。开关置于左边，输出下弦波；开关置于右边，输出脉冲信号和 TTL 信号。

（8）脉冲和 TTL 信号输出端口。

（9）输出电压微调旋钮。

（10）正弦信号的输出衰减（dB）。

（11）频率显示窗口。

（12）输出指示表头。

4）使用方法及注意事项

（1）接通电源，频率应有指示，仪器开始起振，由于热敏电阻的惯性，起振幅度超过正常幅度，所以开机时，输出电平微调电位器不要置于最大位置。

（2）转动各频率开关（由数码管指示），调到所要的频率。

（3）当要求正弦波信号输出时，信号转换开关（扭子开关）置于左边，此时在右下角插座输出正弦波信号，当需要脉冲和 TTL 输出时，扭子开关置于右边，在右下角插座输出 TTL 信号。在输出脉冲时，其幅度可以通过衰减器和微调电位器调节，脉冲宽度通过占空比旋钮调节，由于占空比不做要求，脉宽用一示波器来监视。

（4）正弦波输出电平可以连续调节，当衰减器在 0dB 时，电压表刻度满度为 6.3V，在 10dB 时满度为 2V。必须注意：表头刻度对正弦波信号是准确的，对其他信号无效。（注意：表头指示电压为开路电动势。）

（5）当频率超过 500kHz 时，第三位频率指示误差较大，但不影响整机频率误差的要求。

4.6　通用示波器

4.6.1　结构及原理

示波器是观察电路实验现象、分析实验中的问题、测量实验结果必不可少的重要仪器。示波器由主机系统、Y 系统（垂直系统）、X 系统（水平系统）组成。其中，主机系统主要包括示波管、增辉电路、电源、校准信号发生器；Y 系统主要由 Y 衰减器、Y 前置放大器、延迟线及 Y 后置放大器组成；X 系统主要由触发整形电路、扫描发生器及 X 放大器组成，如图 4-19 所示。以下分别说明主机系统、Y 系统、X 系统的作用。

1. 主机系统

1）示波管

图 4-19 中，主机系统中的示波管 G 是示波器的波形显示器件，是将电信号转换为光信号的，示波管一般由电子枪、偏转系统、荧光屏三部分组成，密封在一个真空玻璃壳内，如图 4-20 所示。电子枪、偏转系统、荧光屏的组成及作用分别如下：

（1）电子枪：由阴极、控制栅极、第一阳极和第二阳极组成。

阴极：在灯丝加热下发射电子。

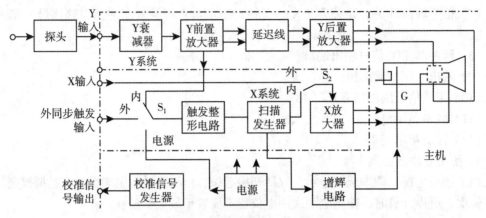

图 4-19　示波器的基本组成框图

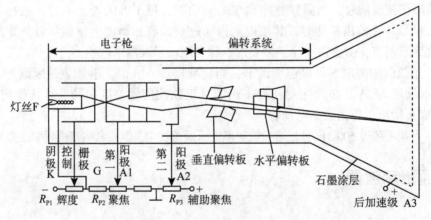

图 4-20　示波管结构图及供电电路

控制栅极：控制射向荧光屏的电子数量，从而改变荧光屏上波形的辉度（亮度）。调节"辉度电位器" R_{p1}，改变栅、阴极之间的电位差即可达到此目的，故 R_{p1} 在面板上的旋钮标以"辉度"。

第一阳极和第二阳极：调节可改变第一阳极的电位，调节、恰当调节 R_{p2} 和 R_{p3} 这两个电位器，可分别改变第一、二阳极的电位，使电子束恰好在荧光屏上会聚成细小的点，保证显示波形的清晰度。因此把 R_{p2} 和 R_{p3} 在面板上的旋钮分别称为"聚焦"和"辅助聚焦"。示波管的"辉度"与"聚焦"相互关联。使用示波器时，这二者应配合调节。

后加速极 A3 位于荧光屏与偏转板之间，是涂在显示管内壁上的一层石墨粉，其主要作用是对电子束做进一步加速，增加光迹辉度。

（2）偏转系统：控制电子射线方向，使荧光屏上的光点随外加信号的变化描绘出被测信号的波形。图 4-19 所示的示波管中，在第二阳极的后面，两对相互垂直的偏转板组成偏转系统，Y 偏转板在前（靠近第二阳极），X 偏转板在后。两对偏转板分别加上电压

（被测电压 u_Y 加到 Y 偏转板，扫描电压 u_X 加到 X 偏转板），使两对偏转板间各自形成电场，分别控制电子束在垂直方向和水平方向偏转。

当 Y 偏转板施加被测电压 u_Y 时，如图 4-21 所示。根据电磁学理论，电子束在荧光屏垂直方向的偏转距离 y 与被测电压 u_Y 是线性关系，即 $u_Y = D_Y y$，这是示波测量法的理论基础。对于确定的示波管，D_Y 是已知的，且其值可在一定范围内调节。D_Y 的单位为伏/厘米或伏/格（V/div）。

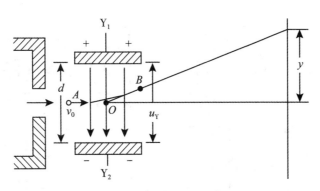

图 4-21　电子束的偏转规律

当两对偏转板上不加任何信号（或分别为等电位）时，光点处于荧光屏的中心位置。若只在垂直偏转板上加一个随时间作周期性变化的被测电压，则电子束沿垂直方向运动，其轨迹为一条垂直线段。若只在水平偏转板上加一个周期性电压，则电子束运动轨迹为一条水平线段，如图 4-22 所示。因此，要在荧光屏上显示被测电压波形，就需要电子束在水平方向上有偏转，从而使被测电压波形在水平方向被扩展后显示出来。

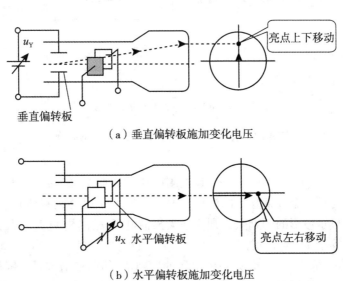

（a）垂直偏转板施加变化电压

（b）水平偏转板施加变化电压

图 4-22　只加 u_X 或 u_Y 时荧光屏上波形

为了在荧光屏上显示被测电压波形，就要把屏幕作为一个直角坐标系，其垂直轴作为电压轴，水平轴作为时间轴，使电子束在垂直方向偏转距离正比于被测电压的瞬时值，沿水平方向的偏转距离与时间成正比，也就是使光点在水平方向做匀速运动。要达到此目的，就必须在示波管的水平偏转板上加随时间线性变化的扫描电压–周期性的锯齿波电压 u_X，如图 4-23 所示。当锯齿波的周期 T_X 是被测电压的周期 T_Y 的整倍数或非整倍数时，根据作图显示可得被测电压波形的显示情况，如图 4-23 所示。

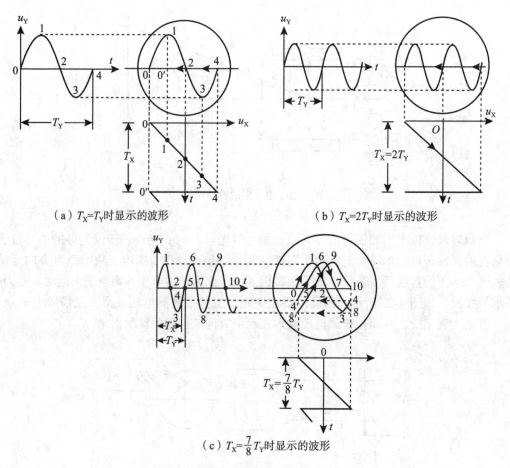

（a）$T_X=T_Y$ 时显示的波形　　　　　（b）$T_X=2T_Y$ 时显示的波形

（c）$T_X=\dfrac{7}{8}T_Y$ 时显示的波形

图 4-23　T_X 与 T_Y 之间关系对波形显示的影响

从图 4-23（a）、（b）可见，当 T_X 是被测电压的周期 T_Y 的整倍数时，锯齿波上一个周期显示的波形与下一个周期显示的波形重叠在一起，所以可以观察到一个稳定的图像。此外，如想增加显示波形的周期数，则应增大扫描电压 u_X 的周期 T_X，荧光屏显示被测信号的周期个数 n 等于 T_X 与 T_Y 之比。

从图 4-23（c）可见，当 T_X 是被测电压的周期 T_Y 的非整倍数时，锯齿波上一个周期显示的波形与下一个周期显示的波形没有重叠在一起，所以观察到一个跑动的图像。$T_X<T_Y$，波形向"右"跑动。$T_X>T_Y$，波形向"左"跑动。

　　所以，为了在屏幕上获得稳定的波形显示，应保证每次扫描的起始点都对应信号的相同相位点，这个过程称为"同步"。当多次重复时，就构成了稳定的图像。

　　若加在水平偏转板上不是由示波器内部产生的锯齿波电压，即扫描电压，而是另一路被测信号，则示波器工作于 X-Y 显示方式，它可以反映加在两对偏转板上的两个电压信号之间的关系。如图 4-24 所示是当两对偏转板都加正弦波时在荧光屏上显示的图形，称为李沙育图形，若两信号频率相同，初相位也相同，则显示一条斜线；若相位相差 90°，则显示为一个圆。

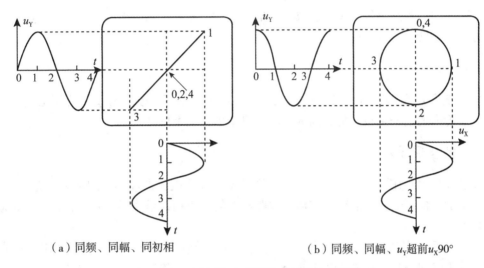

（a）同频、同幅、同初相　　　　　　　　　　（b）同频、同幅、u_Y 超前 u_X 90°

图 4-24　两个同频率信号构成的李沙育图形

　　（3）荧光屏：示波管的荧光屏是在它的管面内壁涂上一层磷光物质制成的。这种由磷光物质组成的荧光膜在受到高速电子轰击后，将产生辉光。电子束消失后，辉光仍可保持一段时间，称为余辉时间。正是利用荧光物质的余辉效应以及人眼的视觉滞留效应，当电子束随信号电压偏转时，才使我们看到由光点的移动轨迹形成的整个信号的波形。

　　当高速电子束轰击荧光屏时，其动能除转变成光能外，也将产生热。所以，当过密的电子束长时间集中于屏幕同一点时，由于过热会减弱磷光质的发光效率，严重时可能把屏幕上的这一点烧成一个黑斑，所以在使用示波器时，不应当使亮点长时间停留于一个位置。

　　2）增辉电路

　　必要时，需外加信号对显示图形进行加亮，即增辉。增辉电路用于对示波器的辉度进行控制。

　　3）电源

　　低压电源为示波器中的电子线路提供所需的直流电压。根据所需电压的种类分成若干组，一般采用串联式稳压电路。高压电源用于提供示波管所需的高压，其电路一般采用变换器，将直流低压变换为中频高压（几十千赫），然后再经过倍压整流得到所需的直流高压。

4）校准信号发生器

示波器中往往有一个精确稳定的方波信号发生器，即校准信号发生器，供校验示波器用。示波器的校准信号发生器电路一般由集成电路和一些电子元器件组成。可产生频率为 1kHz、幅度为 $2V_{p-p}$（或其他数值）的基准方波信号，用以对示波器的探极补偿、垂直灵敏度 D_Y 和扫描时间因数进行校准。

2. Y 系统

Y 系统的主要作用是放大、衰减被测信号电压，使之达到适当幅度，以驱动电子束在垂直方向的偏转。

3. X 系统

X 系统的主要作用是产生锯齿波电压，并加以放大，施加到示波管的水平偏转板，以驱动示波管内的电子束在水平方向的偏转，显示出被测电压波形。

4.6.2 多波形显示

多波形显示是在同一台示波器上同时显示多个被测电压的波形。双波显示最为常见。双波显示示波器一般分为双线示波器、双踪示波器、双扫描示波器。其中，常用的是双踪示波器。

图 4-25 所示是双踪示波器的简化结构图。双踪示波器是单束示波管，利用 Y 轴电子开关，采用时间分割方法轮流地将两个信号接到同一垂直偏转板，实现双踪显示。

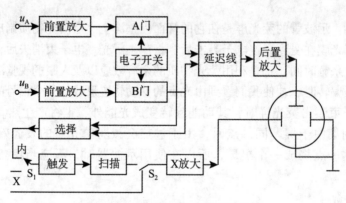

图 4-25　双踪示波器的简化结构图

双踪显示则是利用电子开关将 Y 轴输入的两个不同的被测信号 u_A、u_B 分别显示在荧光屏上。由于人眼的视觉暂留作用，当转换频率高到一定程度后，看到的是两个稳定的、清晰的信号波形。

双踪示波器的显示方式有五种：

CH1：只显示通道 1 的电压波形 u_A。

CH2：只显示通道 2 的电压波形 u_B。

ALT 交替：同时显示通道 1 的电压波形 u_A 和通道 2 的电压波形 u_B，用于被测电压频率较高的场合。在此种显示方式下，以扫描电压即锯齿波电压的一个周期为间隔，电子开关轮流接通 u_A 和 u_B。如扫描电压的第一个周期，电子开关接通信号 u_A，使它显示在荧光屏上；扫描电压的第二个周期，电子开关接通信号 u_B，使它显示在荧光屏上；扫描电压的第三个周期再接通 u_A 并显示……即每隔一个扫描电压周期，交替轮换一次，如此反复。

CHOP 断续：同时显示通道 1 的电压波形 u_A 和通道 2 的电压波形 u_B。在此种显示方式下，示波器的电子开关工作在自激振荡状态（不受扫描电路控制），将两个被测信号分成很多小段轮流显示。由于转换频率比被测信号频率高得多，间断的亮点靠得很近，人眼看到的波形好像是连续波形。如被测信号频率较高或脉冲信号的宽度较窄时，则信号的断续现象比较显著，即波形出现断裂现象。因此，这种显示方式只适用于被测电压的频率较低的场合。

ADD：显示 $u_A + u_B$ 的波形。

4.6.3　典型产品介绍——YB4320 双踪示波器

1）功能简介

YB4320 双踪示波器轻盈小巧、使用方便，并具有以下特点：频率范围广（DC～20MHz）、灵敏感高，最高偏转因数 1mV/div；6 英寸大屏幕便于观察信号波形；标尺亮度便于夜间和照明使用；交替扩展正常（×1）和扩展（×5）的波形能同时显示；INT，无须转换 CH1、CH2 选择开关即可得到稳定的触发；TV 同步，运用新的电视触发电路可以显示稳定的 TV-H 和 TV-V 信号；自动聚焦，测量过程中聚焦电平可自动校正；触发锁定，触发电路呈全自动同步状态，无须人工调节触发电平。

2）主要技术指标

（1）垂直系统。

①CH1 和 CH2 的灵敏度：5mV/div～5V/div，1—2—5 步进，共 10 挡（量程）（1mV/div～1V/div 在×5MAG 时）。

②精度：×1：±5%，×5：±10%。

③可微调的垂直灵敏度：大于所标明的灵敏度的 2.5 倍。

④频带宽度×5 扩展时：

DC：DC～20MHz，AC：10 Hz～20MHz。

DC：DC～7MHz，AC：10 Hz～7MHz。

⑤上升时间：17.5ns。

⑥输入阻抗：1MΩ±2%，25pF，±3pF。

⑦最大输入电压：300V（DC+AC 峰值）。

⑧输入耦合系统：AC-GND-DC。

⑨工作系统：

CH1：仅通道 1 工作。

CH2：仅通道 2 工作。

ADD：CH1 和 CH2 的总加。

双踪：同时显示通道 1 和通道 2。

⑩转换：仅通道 2 的信号转换（180°反相）。

⑪上冲：≤5%。

（2）水平系统。

①扫描方式：×1、×5；×1、×5 交替。

②交替扩展扫描：至多四踪。

③扫描时间：0.1μs/div~0.2s/div，按 1—2—5 步进，共 20 挡，±3%。

④光迹分挡微调（频率微调）：≤1.5div。

⑤扫描扩展：20ns/div~40ms/div。

（3）触发系统。

①触发方式：自动、正常、TV-V、TV-H。

②触发信号源：INT、CH2、电源、外。

③触电极性：+，-。

④耦合系统：AC 耦合。

⑤灵敏度：

常态：10Hz~20MHz，2div（内），300mV（外）。

自动：20Hz~20MHz，2div，300mV。

锁定：50Hz~15MHz，2div，300mV。

⑥TV 同步：

内：≤1div；外：≤1V_{p-p}。

（4）X-Y 方式。

①工作方式：Y 同 CH2，X 同 CH1。

②输入阻抗：1MΩ±2，25pF，±3pF。

③X 轴带宽：DC-500kHz。

④灵敏度：和 Y 轴一样。

⑤相位差：≤3°DC-50Hz。

（5）Z 轴。

①带宽：DC-2MHz。

②最大输入电压：30V（DC+ACpeak），频率≤1kHz。

③输入信号：±5V（反向增加亮度）。

（6）校准。

①频率：1kHz±2%。

②占空比：≥48：52。

③输入电平：0.5V_{p-p}±2%。

（7）CH1 输出。

①输出电压：最小 20mV/div。

②带宽：50Hz~5MHz（-3dB）。

③输出阻抗：约 50Ω。

3）面板图及说明

YB4320 双踪示波器面板图如图 4-26 所示。

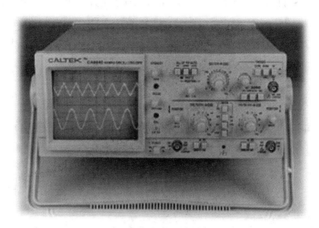

图 4-26　YB4320 双踪示波器面板图

（1）主机电源及调整。

①电源开关（POWER）。电源接通指示灯亮。

②亮度旋钮（INTENSITY）。顺时针方向旋转旋钮，亮度增强。

③聚焦旋钮（FOCUS）。用亮度控制钮将亮度调节至合适的标准，然后调节聚焦控制钮，直至轨迹达到最清晰的程度。

④光迹旋转旋钮（TRACE ROTATION）。由于磁场的作用，当光迹在水平方向轻微倾斜时，该旋钮用于调节光迹与水平刻度线平行。

⑤刻度照明控制钮（SCALE ILLUM）。用于调节屏幕刻度亮度。如果该旋钮顺时针方向旋转，亮度将增加。该旋钮用于在黑暗环境或拍照时操作。

（2）垂直方向部分。

①通道 1 输入端［CH1 INPUT（Y）］用于垂直方向的输入。在 X-Y 方式时，输入端的信号成为 X 轴的信号。

②通道 2 输入端［CH2 INPUT（X）］用于垂直方向的输入。在 X-Y 方式时，输入端的信号成为 Y 轴的信号。

③输入选择开关（AC-GND-DC）。选择垂直放大器的耦合方式：

交流（AC）：垂直输入端由电容器来耦合；

接地（GND）：放大器的输入端接地（输入 0V 信号）；

直流（DC）：垂直放大器的输入端与信号直接耦合。

④衰减器开关（VOLT/DIV）。用于选择垂直偏转灵敏度的调节。如果使用的是 10：1 的探头，计算时将幅度×10。

⑤垂直微调旋钮（VARIBLE）。用于连续改变电压偏转灵敏度。此旋钮在正常情况下应位于顺时旋到底的位置。将旋钮逆时针方向旋到底，垂直方向的灵敏度下降到 2.5

倍以上。

⑥CH1×5 扩展（CH1×5MAG）CH2×5 扩展（CH2×5MAG），按下"×5 扩展"，垂直方向的信号扩大 5 倍，最高灵敏度为 1mV/div。

⑦垂直位移（POSITION）。调节光迹在屏幕中的垂直位置。

⑧直流基线调整（TRACE SEP）。当 Y 轴衰减（VOLT/DV）调节时，若基线也随着改变，可由此调整，使基线在任意灵敏度下保持不变。垂直方向工作按钮（VERTICAL MODE）选择垂直方向的工作方式。

⑨通道 1 选择（CH1）。屏幕上仅显示 CH1 的信号。

⑩通道 2 选择（CH2）。屏幕上仅显示 CH2 的信号。

⑪双踪选择（DUAL）。同时按下 CH1 和 CH2 按钮，屏幕上会出现双踪，并自动以断续或交替方式同时显示 CH1 和 CH2 的信号。

⑫叠加（ADD）。按下 ADD，显示 CH1 和 CH2 输入电压的代数和。

⑬CH2 极性开关（INVERT）。按此开关时，CH2 输入信号反相 180°。

（3）水平方向部分。

①扫描时间因数选择开关（TIME/DIV）。共 20 挡，在 0.1~0.2μs/div 范围选择扫描速率。

②X-Y 控制键。如在 X-Y 工作方式时，垂直偏转信号接入 CH2 输入端，水平偏转信号接入 CH1 接入端。

③扫描微调控制旋钮（VARIBLE）。此旋钮以顺时针方向旋转到底时处于校准位置，扫描由 TIME/DIV 开关指示。该旋钮逆时针方向旋转到底，扫描减慢 2.5 倍以上。正常工作时，该旋钮应位于校准位置。

④水平位移（POSITION）。用于调节轨迹在水平方向移动。

⑤ALT 扩展按钮（ALT-MAG）。按下此键，扫描因数×1、×5 或×10 同时显示，此时要把放大部分轨迹移到屏幕中心，按下 ALT-MAG 键。

（4）触发（TRIG）。

①触发源选择开关（SOURCE）。选择触发信号源。

内触发（INT）：CH1 或 CH2 上的输入信号是触发信号；

通道 2 触发（CH2）：CH2 上的输入信号是触发信号；

电源触发（LINE）：电源频率成为触发信号；

外触发（EXT）：触发输入上的触发信号是外部信号，用于特殊信号的触发。

②交替触发（ALT TRIG）。在双踪交替显示时，触发信号交替来自两个 Y 通道，此方式可用于同时观察两路不相关（频率不同）的信号。

③外触发输入插座（EXT INPUT）。用于外部触发信号的输入。

④触发电平旋钮（TRIG LEVEL）。用于调节被测信号在某一电平触发同步。

⑤触发极性按钮（SLOPE）。触发极性选择，用于选择信号的上升沿和下降沿触发。

⑥触发方式选择（TRIG MODE）。

自动（AUTO）：在自动扫描方式时，扫描电路自动进行扫描；在没有信号输入或输入信号没有被触发同步时，屏幕上仍然可以显示扫描基线。

常态（NORM）：有触发信号才能扫描，否则屏幕上无扫描显示。

TV-H：用于观察电视信号中行信号波形。

TG-V：用于观察电视信号中场信号波形。

⑦校准信号（CAL0.5V）。电压幅度为 $0.5V_{p-p}$，频率为 1kHz 的方波信号。

⑧接地端（GND）。

⑨扩展控制键（×10MAG）。按下去时，扫描因数×10 扩展，扫描时间是 TIME/DIV 开关指示数值的 1/10。

4）使用方法及注意事项

打开电源开关前先检查输入的电压，将电源线插入面板后面的交流插孔，如表 4-2 所示，设定各个控制键。

表 4-2　　　　　　　　　　　　控制键预置

电源（POWER）	电源开关键弹出	触发方式（TRIG MODE）	自动
亮度（INTENSITY）	顺时针方向旋转	触发源（SOURCE）	内（INT）
聚焦（FOCUS）	中间	触发电平（TRIG LEVEL）	中间
AC-GND-DC	接地（GND）	TIME/DIV	0.5ms/div
垂直移位（POSITION）	中间	水平位置	×1，（×5MAG）（×10MAG）
垂直工作方式（MODE）	CH1		ALT-MAG 均弹出

所有的控制键如上设定后，打开电源。当亮度旋钮顺时针方向旋转时，轨迹就会在大约 15s 后出现，调节聚焦旋钮直到轨迹最清晰。如果电源打开后却不用示波器时，应将亮度逆时针方向旋转以减弱亮度。

一般情况下，将下列微调控制钮设定到"校准"位置。

（1）V/DV VAR：顺时针方向旋转到底，以便读取电压选择旋钮指示的 V/DIV 上的数值。

（2）TIME/DV VAR：顺时针方向旋转到底，以便读取扫描选择旋钮指示的 TIME/DIV 上的数值。

（3）改变 CH1 位移旋钮，将扫描线设定到屏幕的中间。

（4）光迹在水平方向略微倾。

4.7　直流稳压电源

1. 功能简介

YB1731 型直流稳压电源外形美观、使用方便，并具有稳压、稳流、波纹小、输出调节分辨率高的功能，双路具有跟踪功能，串联跟踪可以产生 64V 电压。

2. 技术指标

输出电压：0~32V。

输出调节分辨率：CV：20mV，CC：50mA。

输出电流：0~2A。

相互效应：CV：$5×10^{-5}+1mV$，CC：<0.5mA。

负载效应：CV：$5×10^{-4}+1mV$，CC：20mA。

跟踪误差：±1%10mV。

源效应：CV：$1×10^{-4}+0.5mV$，CC：$1×10^{-4}+5mA$。

显示精度：2.5级。

波纹及噪声：CV：1mVRMS，CC：1mARMS。

3. 面板图及说明

YB1731 A3A 型直流稳压电源面板图如图 4-27 所示。

图 4-27　YB1731 A3A 型直流稳压电源面板图

（1）电源开关（POWER）：按键弹出即为"关"的位置，按下电源开关为接通。

（2）电压调节旋钮（VOLTAGE）：为主路电压调节旋钮。顺时针调节，电压由小变大；逆时针调节，电压由大变小。

（3）恒压指示灯（C.V.）：当主路处于恒压状态时，C.V. 指示灯亮。

（4）显示窗口：显示主路输出电压或电流。

（5）电流调节旋钮（CURRENT）：为主路电流调节旋钮。顺时针调节，输出电流由小变大；逆时针调节，输出电流由大变小。

（6）恒流指示灯（C.C.）：当主路处于恒流状态时，恒流指示灯 C.C. 亮。

（7）输出端口：为主路输出端口。

（8）跟踪（TRACK）：开关按入，主路与从路的输出正端相连，为并联跟踪；调节主路电压或电流调节旋钮，从路的输出电压（或电流）跟随主路变化，主路的负端接地，从路的正端接地，为串联跟踪。

（9）电压调节旋钮（VOLTAGE）：为从路输出电压的调节旋钮。顺时针调节，输出电压由小变大；逆时针旋转，输出电压由大变小。

（10）恒压指示灯（C.V.）：为从路恒压指示灯，当从路处于恒压状态时，此灯亮。

（11）电流调节旋钮（CURRENT）：为从路电流调节旋钮。顺时针调节，输出电流由小变大；逆时针调节，输出电流由大变小。

（12）恒流指示灯（C.C.）：为从路恒流指示灯。电源工作在恒流状态，该灯亮。

（13）显示窗口：显示从路输出电压或电流。

（14）输出端口：为从路输出端口。

（15）主路电压/电流显示开关（V/I）：开关弹出，左边窗口显示为主路输出电压值；开关按入，左边窗口显示为主路输出电流值。

（16）从路电压/电流显示开关（V/I）：开关弹出，右边窗口显示为从路输出电压值；开关按入，右边窗口显示为从路输出电流值。

（17）装饰条。

4. 使用方法

YB1731 型直流稳压电源在使用前需预置控制键，如表 4-3 所示。

表 4-3　　　　　　　　　　　　　　初始预置控制键

电源（POWER）	电源开关键弹出	电压/电流开关（V/I）	置弹出位置
电压调节旋钮（VOLTAGE）	调至中间位置	跟踪开关（TRACK）	置弹出位置
电流调节旋钮（CURRENT）	调至中间位置	+GND−	"−"端接 GND

所有控制键如上设定后，打开电源，稳压源开始工作。根据负载所要求的电压值及电流的大小，通过调节"电压调节""电流调节"旋钮，使其达到预定值后，即可接入负载使用。

4.8　旋转式电阻箱

ZX21a 型电阻箱是电阻值可变的电阻量具，其电阻值可在已知范围内按一定的阶梯改变。电阻器由 6 个转换开关组成，能变换成 $0.1\Omega \sim 111.111k\Omega$，最小步进值为 0.1Ω 的任何电阻值。

1. 技术指标

表 4-4 是 ZX21a 型电阻箱的技术指标，其中，n 为电阻箱示盘指示数，在超过允许电压的情况下使用，会造成仪器的损坏。

表 4-4   **ZX21a 型电阻箱的技术指标**

量程	×10000	×1000	×100	×10	×1	×0.1
允许电流（A）	0.003	0.015	0.05	0.15	0.5	1.5
允许电压（V）	$n_1×30$	$n_2×15$	$n_3×5$	$n_4×1.5$	$n_5×0.5$	$n_6×0.15$

2. 面板图及说明

ZX21a 型电阻箱面板图如图 4-28 所示。

图 4-28　ZX21a 型电阻箱面板图

3. 使用注意事项

（1）使用前应先旋转各组旋钮，使其内部接触稳定、可靠。

（2）当电阻小于 10Ω 时，必须从 0Ω 和 11Ω 两端子输出，否则会把×10 位上的电阻烧坏。

（3）使用中不应超过规定的最大允许电流值。

第 5 章　PSpice 电路仿真初步

本章主要介绍 PSpice 的组成、应用范围和分析功能以及基本使用方法，并给出 7 个 PSpice 电路仿真实例。

5.1　PSpice 简介

PSpice 是面向 PC 机的通用电路仿真软件，模拟仿真快速准确，并且提供了良好的人机交互环境，操作方便，易学易用。

用于模拟电路仿真的 Spice（Simulation Program with Integrated Circuit Emphasis）软件于 1972 年由美国加州大学伯克利分校的计算机辅助设计小组利用 FORTRAN 语言开发而成，主要用于大规模集成电路的计算机辅助设计。Spice 的正式实用版 Spice 2G 在 1975 年正式推出，但是该程序的运行环境至少为小型机。1985 年，加州大学伯克利分校用 C 语言对 Spice 软件作了改写，1988 年，Spice 被定为美国国家工业标准。与此同时，各种以 Spice 为核心的商用模拟电路仿真软件，在 Spice 的基础上做了大量实用化工作，从而使 Spice 成为极为流行的电子电路仿真软件。

PSpice 是由美国 MicroSim 公司在 Spice 2G 版本的基础上升级并用于 PC 机上的 Spice 版本，其中采用自由格式语言的 5.0 版本自 20 世纪 80 年代以来在我国得到广泛应用，并从 6.0 版本开始引入图形界面。1998 年，著名的 EDA 商业软件开发商 ORCAD 公司与 MicroSim 公司正式组并，自此 MicroSim 公司的 PSpice 产品正式并入 ORCAD 公司的商业 EDA 系统中。ORCAD 公司推出的 ORCAD PSpice Release 9.0，与 Spice 软件相比，实现了三方面的重大变革：①在对模拟电路进行直流、交流和瞬态等基本电路特性分析的基础上，实现了蒙特卡罗分析、最坏情况分析以及优化设计等较为复杂的电路特性分析；②既能对模拟电路又能对数字电路、数/模混合电路进行仿真；③集成度极大提高，电路图绘制完成后即可直接进行电路仿真，并可以随时观察分析仿真结果。

PSpice 软件具有强大的电路图绘制功能、电路模拟仿真功能、图形后处理功能和元器件符号制作功能，以图形方式输入，自动进行电路检查，生成网表，模拟和计算电路。它的用途非常广泛，不仅可以用于电路分析和优化设计，还可用于电子线路、电路和信号与系统等课程的计算机辅助教学。PSpice 软件与印制版设计软件配合使用，还可实现电子设计自动化，被公认是通用电路模拟程序中最优秀的软件，应用前景非常广阔。

PSpice 作为一种实用流行软件。在大学里，它是工科类学生必会的分析与设计电路的工具；在公司中，它是产品从设计、实验到定型过程中不可缺少的设计工具。世界各国的半导体元件公司为它提供了上万种模拟和数字元件组成的元件库，使 PSpice 软件的仿真更可信，更真实。PSpice 软件几乎完全取代了电路和电子电路实验中的元件、面包板、信号源、示波器和万用表。有了 PSpice 软件就等同于有了电路和电子实验室。

5.2　PSpice 的组成、应用范围和分析功能

5.2.1　PSpice 的组成

以 PSpice for Windows 为例，它是一个名为 MicroSim Eval 8.0 的软件包。该软件包主要包括 Schematics、PSpice、Probe、Stmed（Stimulus Editor）、Parts、PSpice Optimizer 等。其中：

（1）Schematics 是一个电路模拟器，利用它可以直接绘制电路原理图，自动生成电路描述文件，或打开已有的文件，修改电路原理图；还可以对元件进行修改和编辑；又可以调用电路分析程序进行分析，并可调用图形后处理程序（Probe）观察分析结果。即它集 PSpice、Probe、Stmed 和 PSpice Optimizer 于一体，是一个功能强大的集成环境。

（2）PSpice 是一个数据处理器，使用它可以对在 Schematics 中所绘制的电路进行模拟分析，运算出结果并自动生成输出文件和数据文件。

（3）Probe 是图形后处理器，相当于一个示波器，通过它可以将在 PSpice 中运算的结果显示于屏幕或在打印设备上显示出来。模拟结果还可以接受由基本参量组成的任意表达式。

（4）Stmed 用于产生信号源，以它来设定各种激励信号非常方便直观，而且容易查对。

（5）Parts 用于器件建模。通过它可以半自动地将来自厂家的器件数据信息或用户自定义的器件数据转换为 PSpice 中所用的模拟数据，并提供它们之间的关系曲线及相互作用，确定元件的精确度。

（6）PSpice Optimizer 用于优化设置，利用它可根据用户指定的参数、性能指标和全局函数，对电路进行优化设计。

5.2.2　PSpice 的应用范围

PSpice 用于模拟电路、数字电路及数模混合电路的分析及电路优化设计。

（1）制作实际电路之前，仿真该电路的电性能，如计算直流工作点，进行直流扫描与交流扫描，显示检测点的电压、电流波形等。

（2）估计元器件变化对电路造成的影响。

（3）分析一些较难测量的电路特性，如进行噪声、频谱、器件灵敏度、温度分析等。

（4）电路优化设计。

所谓电路优化设计，是指在电路的性能已经基本满足设计功能和指标的基础上，为了使得电路的某些性能更为理想，在一定的约束条件下，对电路的某些参数进行调整，直到电路的性能达到要求为止。调用 PSpice Optimizer 模块对电路进行优化设计的基本

条件如下：

①电路已通过 PSpice 的模拟，相当于电路除了某些性能不够理想外，已经具备了所要求的基本功能，无其他太大问题。

②电路中至少有一个元器件值为可变的，并且其值的变化与优化设计的目标性能有关。需要注意的是，在优化时，一定要将约束条件（如功耗）和目标参数（如延迟时间）用节点电压和支路电流信号表示。

③有算法可以使得优化设计的性能能够成为以电路中的某些参数为变量的函数，这样 PSpice 才能够通过对参数变化进行分析来达到衡量性能好坏的目的。

当电路的功能已经大致完成，但仍需要对一些指标进行优化时，可以方便地调用 PSpice Optimizer 来完成优化过程。若用户能够通过观察具体看出是什么因素影响电路的某项性能，从而知道调节哪些参数可使该性能更加理想，则应用 PSpice Optimizer 对该电路进行调整也是完全可行的。需要注意的是，PSpice Optimizer 的自动化设计能力也是有限的，若所设计的电路距离其基本功能相差甚远，则用 PSpice Optimizer 来进行优化设计是很难达到理想效果的。同时它也不能用于创建电路，无法对电路中的敏感元素进行优化设计。

对于一个电路设计而言，在还没有建立起硬件电路之前，PSpice 可以帮助运行和分析电路设计，从而有助于发现电路的设计是否合理，是否需要变更，最终得到一个合理优化的电路设计。它就像一块带有各种元件的软件面包板，在上面可以搭接各种电路，并且可以调试和测试这些电路，最奇妙的是做这些工作无须接触任何硬件，这样可以节省大量的时间和资金。

5.2.3　PSpice 的分析功能

PSpice 的分析功能主要体现在以下 6 个方面：

（1）直流分析。包括电路的直流工作点分析（Bias Point Detail）、直流小信号传递函数值分析（Transfer Function）、直流扫描分析（DC Sweep）、直流小信号灵敏度分析（Sensitivity）。在进行直流工作点分析时，电路中的电感全部短路，电容全部开路，分析结果包括电路每一节点的电压值和在此工作点下的有源器件模型参数值。这些结果以文本文件方式输出。

直流小信号传递函数值是电路在直流小信号下的输出变量与输入变量的比值，输入电阻和输出电阻也作为直流解析的一部分被计算出来。进行此项分析时电路中不能有隔直电容。分析结果以文本方式输出。

直流扫描分析可作出各种直流转移特性曲线。输出变量可以是某节点电压或某节点电流，输入变量可以是独立电压源、独立电流源、温度、元器件模型参数和通用参数（在电路中用户可以自定义的参数）。

直流小信号灵敏度分析是分析电路各元器件参数发生变化时，对电路特性的影响程度。灵敏度分析结果以归一化的灵敏度值和相对灵敏度形式给出，并以文本方式输出。

（2）交流扫描分析（AC Sweep）。包括频率响应分析和噪声分析。PSpice 进行交流分析前，先计算电路的静态工作点，决定电路中所有非线性器件的交流小信号模型参数，然后在用户所指定的频率范围内对电路进行仿真分析。

频率响应分析能够分析传递函数的幅频响应和相频响应，亦即可以得到电压增益、电流增益、互阻增益、互导增益、输入阻抗、输出阻抗的频率响应。分析结果均以曲线方式输出。

PSpice 用于噪声分析时，可以计算出每个频率点上的输出噪声电平以及等效的输入噪声电平。噪声电平都以噪声带宽的平方根进行归一化。

（3）瞬态分析（Transient）。瞬态分析即时域分析，包括电路对不同信号的瞬态响应，时域波形经过快速傅里叶变换（FFT）后，可以得到频谱图。通过瞬态分析，也可以得到数字电路时序波形。

此外，PSpice 还可以对电路的输出进行傅里叶分析，得到时域响应的傅里叶分量（直流分量、各次谐波分量、非线性谐波失真系数等）。这些结果均以文本方式输出。

（4）蒙特卡罗分析（Monte Carlo）和最坏情况分析（Worst Case）。蒙特卡罗分析是分析电路元器件参数在它们各自的容差（容许误差）范围内，以某种分布规律随机变化时电路特性的变化情况，这些特性包括直流、交流或瞬态特性。最坏情况分析与蒙特卡罗分析都属于统计分析，所不同的是，蒙特卡罗分析是在同一次仿真分析中，参数按指定的统计规律同时发生随机变化；而最坏情况分析则是在最后一次分析时，使各个参数同时按容差范围内各自的最大变化量改变，以得到最坏情况下的电路特性。

（5）温度特性分析（Temperature）和数字电路分析（Digital Setup）。

（6）参数扫描分析。

5.3　PSpice 软件的使用

5.3.1　Schematics 功能简介

PSpice 利用软件包内 Schematics 程序提供电路图形编辑环境。双击 PSpice 程序组的 Schematics 进入编辑环境，如图 5-1 所示。

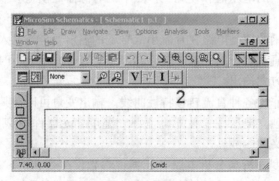

图 5-1　电路编辑环境

在电路编辑窗口上方有 11 个下拉式菜单，单击不同的菜单，会弹出各自的子菜单，单击相应的子命令，可以完成编辑电路，设置分析电路的类型，运行仿真程序，观测仿真结果等工作。

除了下拉菜单方式选取命令以外，Schematics 还提供了一种图标工具栏的快捷方式选取命令。这种方式可以通过在 View 下拉菜单的 Toolbar 命令中设置。Toolbar 将所有命令分为 4 组图标工具栏，即标准工具栏、绘制电路图工具栏、仿真计算工具栏和注释画图工具栏。单击图表式工具栏内相应的图标即可完成与下拉式菜单中某些选项相同的工作。

标准工具栏中各图标所表示的命令含义与通用的 Windows 程序的意义相同。

注释画图工具栏提供绘制及插入非电气性质图标的快捷方式，各图表所代表的命令列于表 5-1 中。

表 5-1　　　　　　　　　　　　注释画图工具栏

图标	名称	功能
	弧线	在编辑区画弧线
	矩形框	在编辑区画矩形框
	圆	在编辑区画圆
	折线	在编辑区画折线
	文本	在编辑区写入文本
	文本框	在编辑区画文本框
	图片	在编辑区插入图片

绘制电路图工具栏提供了提取电路元件，绘制编辑电路图的快捷方式，各图标所代表的命令列于表 5-2 中。

表 5-2　　　　　　　　　　　　绘制电路图工具栏

图标	名称	功能
	线	画元件的连接导线
	总线	画电子模块间的数据线
	元件框	画电子模块外框
	取新元件	提取新元件
	取元件	从最近提取的元件列表框中提取元件
	元件属性	定义、修改元件的属性
	元件符号	创建、修改元件符号

仿真计算工具栏提供了设置分析类型，运行仿真程序，观察输出结果等快捷方式，各图标所代表的命令列于表 5-3 中。

表 5-3　　　　　　　　　　　　　　　仿真计算工具栏

图标	名称	功能
▤	设置分析类型	在激活 Schematics 窗口的情况下，设置分析类型
▣	仿真运算	开始仿真运算当前已编辑完的电路
▾	标识颜色	在下拉菜单中，选定当前标识的颜色
◭	节点电压标识符	放置节点电压标识符于仿真电路的节点上，在 Probe 运行后，给出该节点电压的波形曲线
◭	电流标识符	放置电流标识符于仿真电路的支路上，在 Probe 运行后，给出该支路电流的波形曲线
V	显示电压	显示偏置电压
I	显示电流	显示偏置电流

5.3.2　电路图的绘制

先开启 Schematics，点选【Draw/Get New Part】，或单击工具栏上的取元件图标，即可打开如图 5-2 所示的对话框。该对话框列出了全局符号库中的所有符号。可以在 Part Name 文本框中键入需要的元件符号，对于不熟悉的元件也可以通过符号名列表的滚动条浏览。单击 [Advanced>>] 按钮可以选择是否显示符号图形。

当找到所需的电路符号后，单击该符号，则该符号的名称便显示在 Part Name 文本框中，同时 Description 文本框中出现一行文字，说明该符号的含义。单击 [Place] 键可取出元件但不关闭对话框；单击 [Place&Close] 键取出并关闭对话框；也可双击符号名列表中某一符号将其取出。

在取出电路符号后，鼠标将自动指向符号的某一个端子，连成电路后，这个端子代表符号的正节点，因此这个端子又称为符号的正端子。水平摆放时，通常使正端子在左侧；垂直时，正端子在上。因此，在摆放符号前通常需将符号旋转一个角度。在执行 [Edit/Rotate] 菜单命令或按下 [Ctrl+R] 时，可以将符号逆时针旋转 90 度，执行 [Edit/Flip] 菜单命令或按下 [Ctrl+F] 可将其沿垂直方向对折。

取出符号后，单击绘图工作区中的某一点，按一下鼠标左键，符号将沿该点摆放一次。可多次摆放，单击右键结束。

摆好后，选中相应的符号（为红色）可对其进行各种操作，如拖动、删除、拷贝及旋转等，也可同时选择多个符号（按住 [Shift] 键）。

PSpice 有两种连线方式：水平和垂直折线连接，斜线连接。采用哪种方式取决于直角连线开关的设置情况。

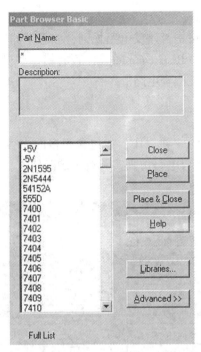

图 5-2　基本元件浏览对话框

（1）利用连线工具［Draw Wire］画导线。

（2）点选画线工具后，即可看到一个铅笔状的指示。将画笔移到起始端，按鼠标左键，开始引线，要转弯时可按一下鼠标左键，画笔移到终点后再按一下鼠标左键，完成接线。继续画线，直到全部完成后，按鼠标右键结束画线。

（3）用户可以双击任何一段导线，即会出现 LABEL 的对话框，可以给这条线段取一个名称。在模拟后很有用。

（4）及时保存电路图。

标识元件符号，输入元件参数值：当从元件库中选取元件到电路图编辑区时，各元件都有一个默认的元件标识符号。双击默认的元件标识符号，弹出元件符号的属性对话框，可以改变对话框内默认的元件符号为自定义的元件符号。

根据电路分析需要，在图中加入特殊用途符号和注释文字。

完成上述步骤后就可以把编辑好的电路图取名存盘了。

5.3.3　Analysis 菜单分析

Analysis 是 Schematics 的一个重要的下拉式菜单，通过它可实现对所编辑的电路进行电路规则检查，创建网表和设置电路分析的类型，调用仿真运算程序和输出图形后处理程序等。

1. 电路规则检查

检查当前编辑完成的电路是否违反电路规则，如悬浮的节点、重复的编号等。若无错误，在编辑窗口下方显示出"REC complete"；若有错误，则会弹出错误表，给出错误信息，需要重新修改编辑电路，检查电路。

2. 设置电路分析类型

这是仿真运算前最重要的一项工作，它包含很多的内容。单击【Setup】会弹出如图5-3所示对话框。此处只介绍与电路仿真实验有关的四项。

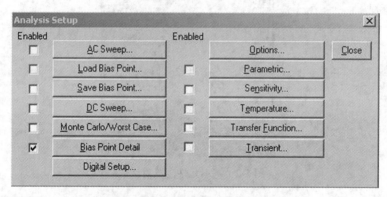

图 5-3　Setup 对话框

AC Sweep 设置项：AC Sweep 设置当前电路为交流扫描分析，点击 AC Sweep 设置项前面的选择框，框中显示已经选中，单击 AC Sweep 设置项，可以弹出交流扫描分析的详细设置对话框。其中 AC Sweep Type 提供了三种不同的 AC 扫描方式，选中 Linear 表示线性扫描。Sweep Parameters 要求设置扫描参数。Total Pts 表示扫描点数。Start Freq, End Fred 分别表示交流分析的开始频率和结束频率，单位缺省为"Hz"。在进行单频率正弦稳态分析时，Start Freq 和 End Fred 需要设置为同一个频率，扫描点数设置为 1。

DC Sweep 设置项：DC Sweep 设置当前电路为直流扫描分析。表示在一定范围内，对电压源、电流源、模型参数等进行扫描。单击 DC Sweep 可以弹出直流扫描分析的详细设置对话框。其中 Swept Var. Type 要求选定扫描变量类型。Name 要求输入扫描变量名。Sweep Type 为扫描方式，选中 Linear 表示线性扫描。Start Value 表示扫描变量开始值。End Value 表示扫描变量结束值。Increment 对应线性扫描时扫描变量的增量。

Parametric 设置项：Parametric 设置参数扫描分析，给出参数变化对电路特性的影响。单击 Parametric 弹出参数扫描分析设置的对话框，其设置与直流扫描分析的设置相类似。

Transient 设置项：Transient 设置当前电路为动态扫描分析和傅里叶分析。单击 Transient 弹出此类分析设置的对话框。对于动态分析的设置是打印步长 Print Step，动态分析结束时间 Final Time，打印输出的开始时间 No-Print Delay 等。对于傅里叶分析有设置傅里叶分析 Enable Fourier，基频设置 Center Frequency，谐波项数 Number of Harmonics，输出变量 Output Vars 等项。

3. 调用仿真运算程序和输出图形后处理程序

单击 Simulate 或相对应的图标，开始执行对当前电路图的仿真计算。若在此之前尚未进行电路规则检查，创建网表，则在调用 Simulate 后，将自动进行这些分析创建工作。若分析中遇到错误，则自动停止分析，给出当前错误信息或提示查看输出文件。

调用输出图形后处理程序，可以采用两种方式：一是仿真程序运行完毕后，自动进行图形后处理，通过单击【Analysis】→【Probe Setup】弹出对话框，设定 Automatically run Probe after Simulation 实现；另一方式是在 Probe Setup 对话框中设定 Do not Auto-Prol，仿真计算结束后，通过单击【Run Probe】进行图形后处理工作。

5.3.4　输出方式的设置

PSpice 仿真程序的输出有两种形式：离散形式的数值输出和图形方式的波形输出。有两种设置输出的方式：一种是在电路图编辑的同时，设定输出标记；另一种是在运行完仿真计算程序后，调用 Probe 图形后处理程序，确定输出某些电路量的波形。

1. 数值输出

设置直流电路量的输出，可以在库文件 Special. slb 中取出 IPROB 电流表，将其串联到待测电流的支路中；取出 VIEWPOINT 节点电位标识符，将其放置在待测节点电位的节点处。当仿真程序运行后，电流表旁即出现该支路的电流值，节点电位标识符上方显示该节点的电位值。如观察电路中所有节点的电位和支路电流，最简洁的方法是单击仿真计算工具栏内的 V 和 I 图标。图标按下时，显示电位或电流的数值，单击所显示的数值，将在电路图中明确对应的节点或支路电流的实际方向。图标抬起时，显示的数据消失。

设置交流稳态电路和动态电路数据形式的输出，必须在仿真计算之前完成。可以从库文件 Special. slb 中取出具有不同功能的打字机标识符。如 VPRINT1 标识符用于获取节点电位，需将其放置到待测节点上；VPRINT2 标识符用于获取支路电压，需与待测支路并联；IPRINT 用于获取支路电流，需与待测支路串联。按如上不同功能，设置不同的输出标识符，确定各标识符的输出属性。当仿真程序运行后，单击 Analysis-Examine Output 命令，即可获取数据形式的输出文件。

2. 图形形式的输出

图形形式的输出是由 Probe 图形后处理程序实现的。有两种设定输出的方式：一种是在编辑电路的同时，单击仿真计算工具栏内的电压图标，在相应的节点设定节点电压标识，单击电流图标设置元件端子电流标识，也可以单击 Markers 下拉菜单设置支路电压标识符，一旦调用 Probe 程序，凡设置了标识的电压、电流，均给出相应的波形输出。另一种是在调用 Probe 程序，进入其图形输出编辑环境以后，单击相应图标弹出添加仿真曲线对话框，该对话框的左边是仿真输出列表框，右边是对输出变量可进行各种运算的运算符列表框。选中要输出的仿真波形的变量，或作适当计算，单击 OK 键，即可显示出所选中变量或经过设定运算的输出波形。

5.3.5 PSpice 电路仿真实验示例

1. 实验示例 1：电阻电压随阻值变化情况

1）实验目的

通过本例了解如何运用 PSpice 软件绘制电路图，初步掌握符号参数、分析类型的设置，并学会从 Probe 窗口观察输出结果。

2）实验内容

在如图 5-4 所示的电路中，当电阻 R_1 的阻值以 10Ω 为间隔，从 1Ω 线性增大到 1kΩ 时，分析电阻 R_1 上的电压变化情况。

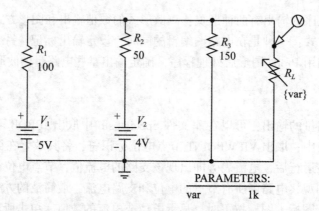

图 5-4　实验示例 1 的电路原理图

3）实验步骤

（1）绘制电路原理图。

电路图的绘制请参考 5.3.2 节。

因为本例是一个以电阻阻值为扫描变量的例子，所以在本例中不仅要取出三个电阻、两个直流电压源和一个接地端，还需要取出符号 PARAM 将电阻的阻值定义为全局变量。

（2）定义或修改元器件符号及导线属性。

下面以 R_1 为例，介绍两种修改符号属性值的方法。

方法一：利用电阻 R_1 的属性表修改其值。

①双击 R_1 符号，打开 R_1 属性表，如图 5-5 所示。

②单击属性项 VALUE=1k，属性名 VALUE 和值 1k 分别出现在 Name 和 Value 文本框中。

③将 Value 文本框中的 1k 改为 100，并单击［Save Attr］，保存新属性，单击［OK］确认退出。

方法二：单独修改 R_1 的各属性值。

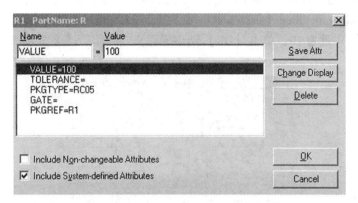

图 5-5　电阻 R_1 的属性表

①单击 R_1 的编号 R_1，打开图 5-6 所示符号参考编号对话框。

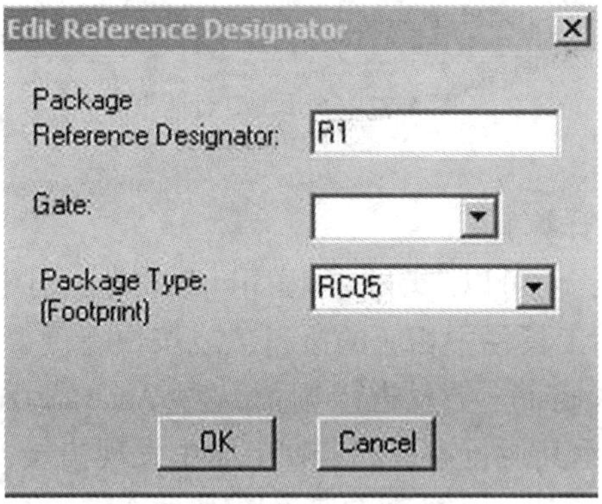

图 5-6　符号参考编号对话框

②将对话框中的 R_1 改为修改的编号，并按［OK］。

③用同样的方法，双击电阻 R_1 的阻值 1k，可以将阻值改为 100。

按上述方法修改其他符号。在修改 PARAM 的属性表中，代表 R_1 阻值的变量名 var 定义为 PARAM 的一个参数名，即 NAME1 = var，阻值定义为 $1k\Omega$ 的相应参数值，即 VALUE1 = 1k。一个 PARAM 符号最多可以定义 3 个全局变量。

定义各符号的参数后，最终的电路图如图 5-4 所示。在电路中，电阻的阻值是变化的，注意要将变量名 var 加大括号。

（3）根据电路分析需要，在图中加入特殊用途符号和注释文字。

（4）取名存盘。

（5）设定要模拟的内容。

执行［Analysis/Setup］菜单命令，进入分析类型对话框（图 5-7）。本例是一个以电阻的阻值为扫描变量的例子，所以要用到 DC Sweep。进入 DC Sweep 设置窗口后，选

Global Parameter（全局参数）和 Linear（线性扫描），在 Name 文本框后第一格内写入全局参数名 var，将 Start Value（扫描初长）设为 1，End Value（扫描终值）设为 1k，Increment（扫描步长）设为 10，单击【OK】结束操作。

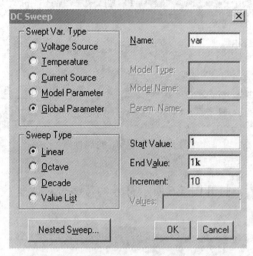

图 5-7　分析类型对话框

（6）执行模拟（仿真计算）。

当所有项设置完毕后，便可以启动分析程序［PSpice］对电路进行分析。选择 Analysis→Simulate，或单击常用工具栏中相应的按钮，或按快捷键 F11，可以启动自动建立电路网络表（Analysis→Create Netlist），自动进行电路检查（Analysis→Electrical Rule Check）。

在分析过程中，会显示其运行窗口。若在电路中发现错误，会在运行中用红色文字显示。选择 Analysis→Examine Output 可查看错误原因。

若在 Analysis→Probe Setup…中选定 Automatically Run Probe After Simulation，在分析无误后自动进入 Probe 图形后处理器，显示观察波形。

（7）显示波形。

Probe 是 PSpice 对分析结果进行波形处理、显示和打印的有效工具，Probe 可以给出波形各点的精确数据，可以迅速找到波形的极大、极小值点及其他特殊点，给波形加标注，按所需添加坐标设置，还可以保存波形显示屏幕等。它又被称为"软件示波器"。

有两种方法启动 Probe 程序：

①在 Schematics 中，将 Analysis→Probe Setup → Auto－run Option 设置为 Automatically…时，选择 Analysis→Simulate 进行仿真分析后会自动调用 Probe 程序；

②在 Schematics 中，选择 Analysis→Run Probe。

有两种方法可以查看变量波形：

①利用 Probe 中的波形跟踪命令 Add Trace 输入待观测的变量名或变量的函数名来查看。在 Probe 窗口，选择 Trace→Add，可以打开波形跟踪对话框。单击变量名列表中的某变量名，使该变量名出现在 Trace Command 中，单击［OK］，该变量的波形将出现在窗口中；

②在电路中加各输出标识来查看。在 Schematics 中，可以取出电压观测标识，将其加在电路的某节点上，分析结束后在 Probe 窗口会显示该节点电压波形。

在本实验示例中结束分析程序后，将自动进入 Probe 窗口显示，结果如图 5-8 所示。由图 5-8 可以看出当 R_1 的阻值变化时其电压的变化曲线。

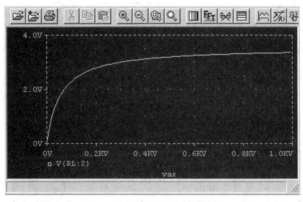

图 5-8　Probe 图形窗口输出的图形

点选［Tools/Cursor...］可打开游标工具，可以读曲线上的值，即各电阻值所对应的电压值。游标有两个，一个是由较密的点构成的十字线，另一个点较疏。此外它还可以找最大/最小值，最大斜率点。

2. 实验示例 2：直流电路的仿真分析

1）实验目的

（1）了解电路计算机仿真软件 PSpice 的工作流程；

（2）学会用 PSpice 编辑电路，设置分析类型和分析输出方式，进行电路的仿真分析。

2）实验内容

（1）应用 PSpice 求解如图 5-9 所示电路各节点电压和支路电流；

（2）在 0～12V 范围内，调节电压源 V_1 的源电压，观察负载电阻 R_L 的电流变化，总结负载电阻的电流与电压源 V_1 之间的关系。

3）实验步骤

（1）在 PSpice 的 Schematics 环境下编辑如图 5-9 所示电路。取出元件，摆放到合适的位置，画导线连接电路，注意电压源、电流源的正负极不能放反。电路图连接完毕，再给每个元件输入各自的名字和参数，输入方法在 5.3.5 节中有详细介绍。应该注意的是，每一个电路图中都必须设置接地符表示零节点。编辑完电路图后取名存盘。

（2）单击【Analysis】→【Electrical Rule Check】对电路做电路规则检查。常见的错误有：节点重复编号，元件名称属性重复，出现零电阻回路，有悬浮节点和无零参考点等。若出现电路规则错误，将给出错误信息，并告知不能成功创建电路网表。若出现错误，则需要重新修改编辑电路，重新进行电路规则检测，直到无错误为止，然后就可以进

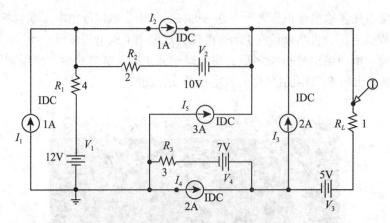

图 5-9　实验示例 2 的电路原理图

行仿真计算工作了。

（3）单击【Analysis】→【Simulate】或仿真运算的图标，调用 PSpiceA/D 程序对当前电路进行仿真计算。仿真中，观察各节点的电压，可单击仿真计算工具栏中显示电压的图标。观察各支路电流，可单击仿真计算工具栏中显示电流的图标。点击显示电压、显示电流的图标后，各节点电压、支路电流就会显示在电路图中。单击电路图中显示的电压，就会在电路图上显示出是哪个节点上的电压，单击电路图上显示的电流，就会在电路图上显示出是哪段支路上的电流，并且指明电流的方向。

（4）为了完成实验要求的任务，还需要对所编辑的电路做直流分析设置。设置直流扫描分析类型如图 5-10 所示。其中扫描变量为电压源，扫描变量名为 V_1，起始扫描点为 0，终止扫描点为 12，扫描变量增量为 1，扫描类型为线性。

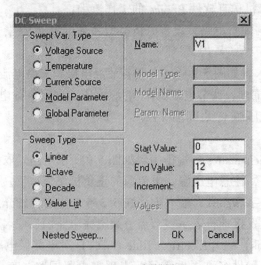

图 5-10　DC 扫描设置

（5）设置输出方式。单击支路电流标识符，并拖动到如图 5-11 所示电路的 R_L 支路，以获取支路电流与电压源的关系曲线。从 SPECIAL 库取 IPRINT 打印机与 R_L 串联，以获取支路电流与电压源关系的数值输出。其中在 IPRINT 的属性设置中设置 DC=I（R_L），其余属性缺省不设。

（6）设置仿真计算完成后，将自动调用图形后处理程序，运行仿真程序，输出波形如图 5-12 所示。

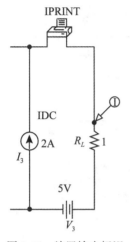

图 5-11　放置输出标识

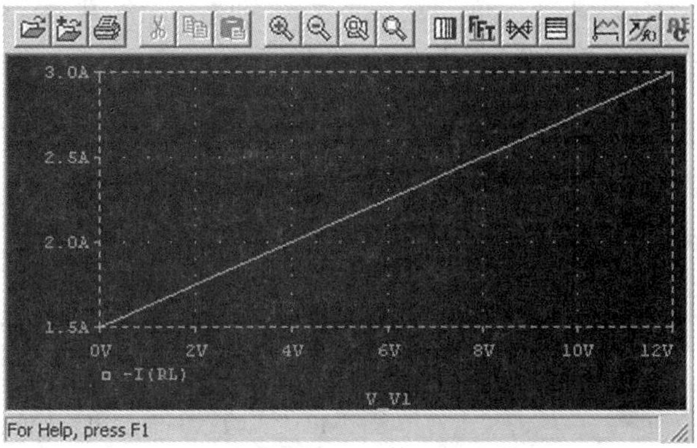

图 5-12　Probe 图形窗口输出的波形

数值输出为：

V_V1	I(V_PRINT1)
0.000E+00	1.500E+00
1.000E+00	1.625E+00
2.000E+00	1.750E+00
3.000E+00	1.875E+00
4.000E+00	2.000E+00
5.000E+00	2.125E+00
6.000E+00	2.250E+00
7.000E+00	2.375E+00
8.000E+00	2.500E+00
9.000E+00	2.625E+00
1.000E+01	2.750E+00
1.100E+01	2.875E+00
1.200E+01	3.000E+00

仿真计算结果分析：负载 R_L 的电流与电压源 V_1 的关系为线性关系：

$$I（R_L）= 1.5+1.2×V_1/12$$

由图 5-12 和数值输出可见，最大电流为 3.0A，最小电流为 1.5A。

3. 实验示例 3：正弦稳态电路的仿真分析

1）实验目的

掌握应用 PSpice 软件编辑正弦稳态电流电路，设置分析类型以及有关仿真实验的方法。

2）实验内容

在如图 5-13 所示的电路中，V_1 是一个可调频、调幅的正弦电压源，该电源经过一个双口网络，带动 R、C 并联负载。观察当电源的幅值和频率为多少时，负载可以获得最大值为 5V 的电压。

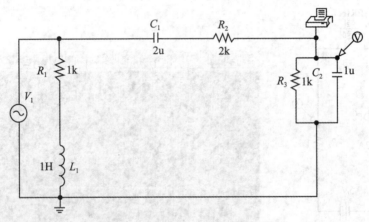

图 5-13　实验示例 3 的电路原理图

3）实验步骤

（1）在 PSpice 的 Schematics 环境下编辑如图 5-13 所示电路。取出元件，摆放到合适的位置，画导线连接电路，电路图连接完毕，再给每个元件分别赋值。先设电源电压的幅值为 1V，为了观察实验结果的数值输出和波形，还要在双口网络的上端口设置 VPRINT1，在电容的上方节点设置电压标识符。

（2）单击 Analysis→Electrical Rule Check 对电路做电路规则检查。注意有无悬浮节点和零参考点等。若有错误，则重新修改编辑电路，重新进行电路规则检查，直到无错误为止，然后就可以进行下一步工作了。

（3）单击 Analysis→Setup 对所编辑的电路进行分析类型的设置。在本例中，可以设置当前电路为交流扫描分析，设置为线性扫描，扫描点数为 30，开始频率为 30Hz，结束频率为 150Hz。设置完成后，可以对编辑的电路进行仿真计算了。

（4）设置仿真计算完成后，将自动调用图形后处理程序，运行仿真程序，输出波形如图 5-14 所示。

Probe 工具栏内有一组用于曲线分析的图标。利用它们分析负载电压的输出曲线，可以得到在频率为 80Hz 时，负载获得最大电压，电压值为 285.714mV。

（5）根据齐性定理，将电压源的幅值扩大 5V/285.714mV = 17.50 倍，即设置电源电压值为 17.50V，可在负载获得幅值为 5V 的最大电压。此时，负载输出电压与频率的关系图如图 5-15 所示。

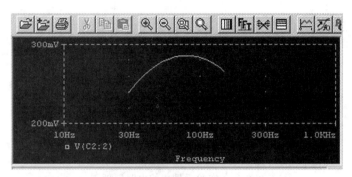

图 5-14　Probe 图形窗口输出的波形

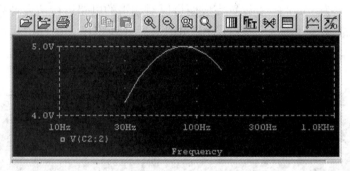

图 5-15　负载输出电压与频率的关系图

4. 实验示例 4：谐振电路的仿真分析

1）实验目的

掌握应用 PSpice 仿真软件研究电路频率特性和谐振现象的方法。理解谐振电路的选频特性与通带宽的关系，了解耦合谐振增加带宽的原理。

2）实验内容

测试如图 5-16 所示 RLC 串联电路的幅频特性，确定其通带宽，若通带宽小于 40kHz，试采用耦合谐振的方式改进电路，使其通带宽满足设计要求。

3）实验步骤

（1）在 PSpice 的 Schematics 环境下编辑如图 5-16 所示电路。取出元件，摆放到合适的位置，画导线连接电路，电路图连接完毕，再分别给每个元件赋值。在电路中设置支路电流标识符以观察实验结果的输出波形。

（2）单击【Analysis】→【Electrical Rule Check】对电路做电路规则检查。注意有无悬浮节点和零参考点等。若有错误，则重新修改编辑电路，重新进行电路规则检查，直到无错误为止，然后就可以进行下一步工作。

（3）单击【Analysis】→【Setup】对所编辑的电路进行分析类型的设置。在本示例中，可以设置当前电路为交流扫描分析。设置为线性扫描，扫描点数为 100，开始频率为

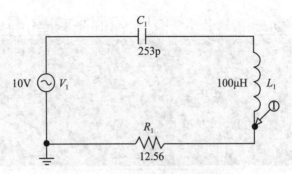

图 5-16　实验示例 4 的电路原理图

450kHz，结束频率为 1500kHz。设置完成便可以对编辑的电路进行仿真计算。

（4）设置仿真计算完成后，将自动调用图形后处理程序，运行仿真程序，输出波形如图 5-17 所示。

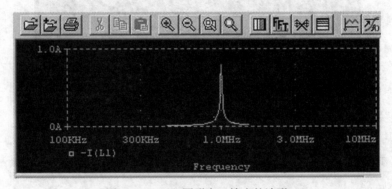

图 5-17　Probe 图形窗口输出的波形

由图 5-17 可见，电路的谐振频率为 1MHz，通带宽小于 40kHz，不满足设计要求。改进后的电路原理图如图 5-18 所示。

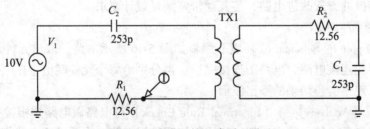

图 5-18　改进后的电路原理图

（5）按照上述步骤连接电路，其中耦合电感的参数设置 $L_1 = 100\mu H$，$L_2 = 100\mu H$，耦合系数 COUPLE＝0.022。然后进行电路规则检查，再对编辑好的电路进行仿真计算，自动调用图形后处理程序，可以得到如图 5-19 所示的波形。

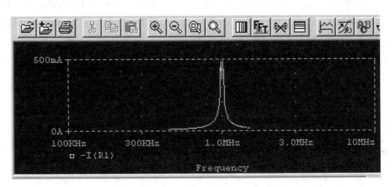

图 5-19　Probe 图形窗口输出的波形

由分析测试的输出曲线图 5-19 可知，所设计的耦合谐振电路的谐振频率仍然为 1MHz，可是通带宽却增加到 40kHz 以上，满足设计要求。

5. 实验示例 5：含有运放的直流电路的仿真分析

1）实验目的

掌握应用 PSpice 软件编辑含有运放电路的方法，根据实验要求，设置分析类型和分析输出方式，进行电路的仿真分析。

2）实验内容

（1）应用 PSpice 求解如图 5-20 所示电路中 R_1，R_2 的电流和运放的输出电压。

（2）在 0~4V 范围内，调节电压源 V_1 的源电压，观察运放输出电压 V_{n_2} 的变化，得出运放输出电压 V_{n_2} 与源电压 V_1 之间的关系。确定该电路电压比（V_{n_2}/U_s）的线性工作区。

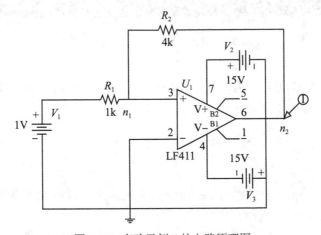

图 5-20　实验示例 5 的电路原理图

3）实验步骤

（1）在 PSpice 的 Schematics 环境下编辑如图 5-20 所示电路。取出元件，摆放到合适的位置，画导线连接电路，电路图连接完毕，再分别给每个元件赋值。其中运放在 Analog. slb 库中选取 LF411。注意维持运放正常工作所需要的两个偏置电源的正负极。在电路中设置节点电压标识符以观察实验结果的输出波形。

（2）单击【Analysis】→【Electrical Rule Check】对电路做电路规则检查。注意有无悬浮节点和零参考点等。若有错误，则重新修改编辑电路，重新进行电路规则检查，直到无错误为止。

（3）单击【Analysis】→【Setup】对所编辑的电路进行分析类型的设置。本示例中可以设置当前电路为直流扫描分析。扫描变量类型选 Voltage Source，扫描变量名为 V_1，选中线性扫描，扫描变量开始值为 0V，扫描变量结束值为 4V，线性扫描时扫描变量的增量为 1V。

（4）仿真运算后，单击仿真工具栏里的显示电压和显示电流，结果表明，当 V_1 为 1V 时，V_{n_2} 为 $-4V$，I_{R_1} 和 I_{R_2} 的值都为 1mA。

（5）设置仿真计算完成后，将自动调用图形后处理程序，运行仿真程序，输出波形如图 5-21 所示。

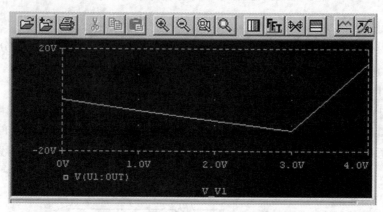

图 5-21 Probe 图形窗口输出的波形

由输出波形图 5-21 可知，当输入电压源的电压小于 3V 时，该电路为反向输出比例器，输出电压 V_{n_2} 与输入电压成正比。

6. 实验示例 6：一阶动态电路的仿真分析

1）实验目的

（1）掌握应用 PSpice 软件编辑动态电路、设置动态元件的初始条件，设置周期激励的属性及对动态电路仿真分析的方法。

（2）理解一阶 RC 电路在方波激励下逐步实现稳态充放电的过程。

2）实验内容

分析如图 5-22 所示 RC 串联电路在方波激励下的全响应。

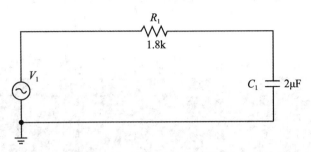

图 5-22　示例 3 的电路原理图

3）实验步骤

（1）在 PSpice 的 Schematics 环境下编辑如图 5-22 所示电路。取出元件，摆放到合适的位置，画导线连接电路，电路图连接完毕，再给每个元件输入各自的名字和参数。其中方波电源是在 Source.slb 库中的 VPULSE 电源。对 VPULSE 的属性设置如图 5-23 所示。各属性的意义列于表 5-4 中。

表 5-4　　方波电源属性意义

符号	意义
V_1	方波低电平
V_2	方波高电平
T_D	第一方波上升时间
T_R	方波上升沿时间
T_F	方波下降沿时间
PW	方波高电平宽度
PER	方波周期

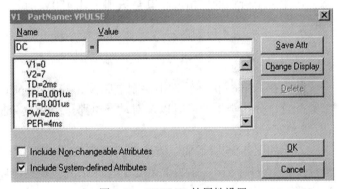

图 5-23　VPULSE 的属性设置

编辑完电路图后将其取名存盘。

（2）单击【Analysis】→【Electrical Rule Check】对电路做电路规则检查。注意有无悬浮节点和零参考点等。若有错误，则重新修改编辑电路，重新进行电路规则检查，直到无错误为止，然后就可以进行下一步工作了。

（3）单击【Analysis】→【Setup】对所编辑的电路进行动态扫描分析。关于动态扫描分析的具体内容上一章有介绍，对于动态分析的设置是打印步长（Print Step），动态分析结束时间（Final Time），打印输出的开始时间（No-Print Delay）等。在这个实验中，设置打印步长（Print Step）为 2ms，动态分析结束时间（Final Time）为 40ms。

（4）设置输出方式：为了观察电容电压的充放电过程与方波激励的关系，设置两个节点电压标识符以获取方波激励和电容电压的波形，设置打印电压标识符 VPRINT 以获取电容电压的数值输出。

（5）设置仿真计算完成后，将自动调用图形后处理程序，运行仿真程序，输出波形如图 5-24 所示。

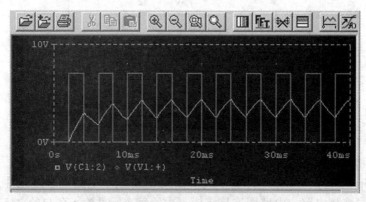

图 5-24　Probe 图形窗口输出的波形

从输出波形可见，电容的工作过程是连续的充放电过程，开始电容放电，达到最小值，当第一个方波脉冲开始以后，经历了一个逐渐的"爬坡过程"，最后输出成稳定的状态，产生一个近似的三角波，其最大值为 4.450V，最小值为 2.550V。

7. 实验示例 7：二阶动态电路的仿真分析

1）实验目的

学习在 PSpice 仿真软件中绘制电路图，应用 PSpice 编辑动态电路，掌握激励符号的参数配置、分析类型的设置以及对动态电路进行仿真分析的方法。

2）实验内容

对于如图 5-25 所示的二阶电路，观察 RLC 串联电路的方波响应，其中 $f = 1\text{kHz}$，$R = 5\text{k}\Omega$，$L = 10\text{mH}$，$C = 0.022\mu\text{F}$。改变电阻 R 值，观察电路在欠阻尼、过阻尼和临界阻尼时 U_c 波形的变化。

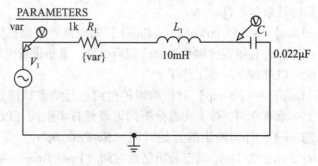

图 5-25　示例 4 的电路原理图

3）实验步骤

（1）在 PSpice 的 Schematics 环境下编辑如图 5-25 所示的电路。取出电阻 R_1、电感 L_1、电容 C_1，接地端 EGND、PARAM 符号以及信号源 V_1（为脉冲型电压源 VPULSE）。把元件放在所需位置，画导线连接电路，电路图连接完毕，再给每个元件输入各自的名字和参数。其中脉冲型电压源 VPULSE 的参数 V_1（起始电压）为 0V，V_2（峰值电压）为 5V，T_R（上升时间）为 1μs，T_F（下降时间）为 1μs，PW（脉冲宽度）为 500μs，PER（周期）为 1ms。为了观察 V_1 及 C_1 的波形，要设置两个节点电压标识符指向 V_1 及 C_1，然后将编辑好的电路取名存盘。

（2）单击【Analysis】→【Electrical Rule Check】对电路做电路规则检查。注意有无悬浮节点和零参考点等。若有错误，则重新修改编辑电路，重新进行电路规则检查，直到无错误为止，然后就可以进行下一步工作了。

（3）单击【Analysis】→【Setup】对所编辑的电路进行分析类型的设置。在本例中，要进行时域分析即瞬态分析（Transient）和参数扫描分析（Parametric）。在 Transient 设置中，将其打印步长（Print Step）设为 20ns，动态分析结束时间（Final Time）设为 1ms。在 Parametric 中，扫描变量仍为全局变量 var，可以选择线性扫描，线性扫描的起点设为 1p，终点为 5k，步长为 500。

（4）设置仿真计算完成后，将自动调用图形后处理程序，运行仿真程序，输出波形如图 5-26 所示。可以观测到电路在欠阻尼、过阻尼和临界阻尼时 U_c 波形的变化。

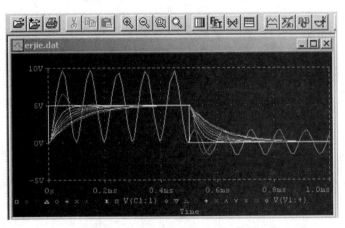

图 5-26　Probe 图形窗口输出的波形

第二篇　电路实验

第6章　直流电路实验

本章学习直流电阻电路实验的操作技能和测试方法，涉及直流电路常用测量仪器仪表的操作使用方法、电路的故障检查、直流电路参数的测量和电路定理等知识。

6.1　基本电工仪表的使用及伏安特性的测量

6.1.1　实验目的

（1）熟悉实验操作台、模拟万用表、数字万用表的功能及操作；

（2）熟悉电阻器、电容器、二极管等基本电子元件，掌握其伏安特性的测量；

（3）了解不同类型仪表及同一仪表不同挡位的测量结果。

6.1.2　预习要求

（1）复习第 1 章的概述部分，熟悉电路实验的环境及要求；

（2）复习第 2 章的内容，进一步了解实验设备；

（3）熟悉本课实验任务中的测试原理及方法。

6.1.3　实验原理

1. 元件的伏安特性

任何一个二端元件的特性可用该元件上的端电压 U 与流过该元件的电流 I 之间的函数关系 $I = f(U)$ 表示，在 $I - U$ 平面上用来表征这种函数关系的曲线称为该元件的伏安特性曲线。

（1）线性电阻器的伏安特性曲线是一条通过坐标原点的直线，该直线的斜率等于该电阻器的电阻值。

（2）一般的白炽灯其灯丝电阻是非线性元件，它工作时的高温"热电阻"与未通电时的低温"冷电阻"，其阻值相比可相差十几倍。这就是为什么白炽灯往往会在通电的瞬间亮度突然增加而灯丝就被烧断的原因。根据公式 $P = I^2R = \dfrac{U^2}{R}$ 可以看出：灯泡的额定功率一定，加在它两端的电压一定，通电瞬间灯丝电阻的非线性变化由于"热惯性"的影响使其跟不上灯丝承受的实际功率，就容易被烧断。

（3）一般的半导体二极管是一个非线性的电阻元件，硅管和锗管的伏安特性曲线如

图 6-1 中的曲线所示。

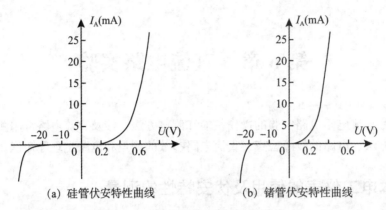

(a) 硅管伏安特性曲线　　　　　　　(b) 锗管伏安特性曲线

图 6-1　硅管和锗管的伏安特性曲线

正向压降很小（一般锗管 0.2~0.3V，硅管 0.5~0.7V），正向电流随正向电压的增加急剧上升，而反向电压从零一直增加到几十到几百伏时，反向电流都非常小，电流增加得也不大；但反向电压超过管子的耐压极限时，电流急剧增加导致管子击穿损坏。二极管具有单向导电性。

（4）稳压二极管是一种特殊的二极管，其正向特性与普通二极管类似，一般都是利用它的反向特性来工作。在加反向电压的一段区域内，其反向电流（反向漏电流）几乎为零，但当电压增加到某一数值时（称为管子的稳压值，一般范围约一伏至几十伏不等），电流将突然增加，但它的端电压仍将保持不变。

2. 模拟万用表、数字万用表对直流电流、直流电压的测量

模拟万用表、数字万用表都具有测量多种电量的功能，由第 2 章所介绍的万用表电路构成的基本原理可以看到。

模拟万用表的核心是有一个磁电式电流表头，当直流电流通过其中的活动线圈时，活动线圈受到磁场力的作用发生偏转，线圈上固定的指针所指示的偏转角度与通过线圈的电流大小成正比。为了扩展测量电流的范围，在表头的输入端前并联了扩程电阻（分流电阻），就构成了电流表。为了扩展测量电压的范围，在电流表的基础上又串联了扩程电阻（分压电阻），就构成了电压表。

数字万用表的核心是有一个数字式电压表头，直流显示所输入的毫伏级电压。为了扩展量程，同样也在表头的输入端连接了扩程电阻（分流电阻及分压电阻）。

表头与扩程电路组合就构成了一个完整的电流表或电压表。然而我们却发现，当采用不同的仪表以及不同的挡位对某同一电量进行测量时出现了不同的测量结果，也使我们对测试数据的认同产生了疑惑。产生这种结果的主要因素如下：

（1）同种仪表都由不同测量范围的挡位构成，各挡位的分辨程度不同，其分辨率不同可对应显示出所测电量的最小读数。

（2）从仪表的技术指标可以看到，各仪表的不同挡位输入满量程电量时都具有一定的误差范围，由此对同一电量的测量也就得到不同的准确程度。

（3）表头与扩展电路的组合使不同仪表的各挡位具有不同的输入阻抗，在串联负载测量电流或并联负载测量电压时往往会因为未充分考虑仪表的输入阻抗影响而产生较大误差。减少这种对测值结果产生的误差，主要应该在测量方法上加以解决。

为了保证我们对实验数据测量的准确程度，必须进一步认识仪表电路的工作原理，同时必须通过大量的实验测量过程实践才能不断地提高我们的综合水平、能力。

6.1.4　实验内容

1. 电容器、电阻器的测量

（1）电容器标称值的认识及测量。根据给定的电容器上所标的符号读出其标称值，并把电容器插入到数字万用表电容测量插孔中测量其电容量，读数及测量值填入表 6-1 中。

表 6-1　　　　　　　　　　　　　电容器的读数及测量值

电容器	符号	标称值	测量挡位	显示数据	电容量	相对误差
C_1						
C_2						

（2）电阻器标称值的认识及测量。根据给定的电阻器上所标的符号读出其标称值，并用万用表的欧姆挡测量其电阻量（模拟表要调零，数字表要考虑接触电阻），读数及测量值填入表 6-2 中。

表 6-2　　　　　　　　　　　　　电阻器的读数及测量值

电阻器	仪表	符号	标称值	相对误差	测量挡位	显示数据	电阻量	相对误差
R_1	模拟							
	数字							
R_2	模拟							
	数字							

（3）旋转电阻箱的使用及测量。根据表 6-3 给定的测试参数，将旋转电阻箱上的旋钮调整到对应挡位（要注意挡位的错位现象），并分别用模拟表和数字表的电阻挡对其进行测量（模拟表调零，数字表要考虑接触电阻），测量值填入表中。

表 6-3   旋转电阻箱测量值

电阻值	0.5Ω	1.5Ω	15Ω	150Ω	1.5kΩ	15 kΩ
模拟表测值						
数字表测值						

2. 直流电压的测量

(1) 直流稳压源的内阻很小，输出端接上阻值不太小的、不同的负载时，电源内阻上产生的压降很小，可以忽略，电压源输出电压基本恒定。但由于各仪表的准确程度不同，各挡的误差范围也不一致，所以测得结果会有较小程度的差异。

根据表 6-4 给定的测试参数及量程对电压源输出电压进行测量，测量值填入表中。

表 6-4   测 量 值

仪表	数字面板表		模拟万用表		数字万用表	
挡位	2V	20V	1V	2.5V	2V	20V
测量值（V）						

(2) 对分压电路输出端电压的测量。用仪表不同挡位分别接至图 6-2 分压电路，由计算可知 $U = \dfrac{R_2 x_1}{R_1 + R_2} = 0.938V$，而测量结果在测值之间会出现较大程度的差异。其主要原因是因为不同仪表各挡位的输入阻抗相差较大，在测量接入电路输出端时，其输入阻抗与电阻 R_2 并联的等效阻值各不相同，就造成了实际输出电压的改变。

按图 6-2 所示电路接好线路，并根据表 6-5 给定的测量参数要求进行测量，测量结果填入表 6-5 中。

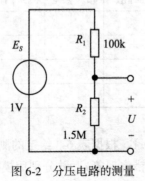

图 6-2 分压电路的测量

表 6-5	测	量	值			
仪表	数字面板表		模拟万用表		数字万用表	
挡位	2V	20V	1V	2.5V	2V	20V
测值（V）						

3. 直流电流的测量

（1）对直流恒流源输出电流的测量。将直流恒流源的输出端用导线短路，打开恒流源工作开关，调整输出电流，用表 6-6 给定的测试参数和仪表进行测量，测值填入表中。（为了避免在更换测试仪表或换挡的过程中频繁开关电源，可在此期间直接用导线把电流源的输出端短路。）

表 6-6	测 量 值		
电流源输出显示	0.8mA	8mA	80mA
数字面板表显示			
模拟万用表显示			

（2）对直流电压源的负载电流测试。电流表内阻较小，不允许直接测量电压源的输出端电流，而必须串入负载回路测量。

按图 6-3 所示电路接线，改变 R 值测试回路输出电流，用各仪表不同挡位测量，其测值之间也会出现较大差异。按表 6-7 给定的测试参数及要求进行测量，测值填入表中。（更换测试仪表或换挡期间电压源的输出端不要短路。）

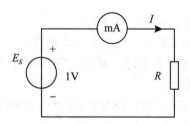

图 6-3　直流电压源负载电流的测试

表 6-7	测 量 值				
限流电阻 R 值	1 kΩ		200Ω		33Ω
挡位（模/数）	1mA/2mA	10mA/20mA	10mA/20mA	100mA/200mA	100mA/200mA
模拟表					
数字面板表					

4. 非线性元件的测量（皆采用面板电压表、电流表测量）

（1）小灯泡的伏安特性测量。按图 6-4（a）接线，调整电源电压 E_s 在 0～10V 变化，测值填入自拟表格中。

（2）发光二极管正向伏安特性的测量。按图 6-4（b）接线，调整旋钮电阻箱 R_2 的阻值，使电流在 0～15mA 变化，测值填入自拟表格中。

（3）稳压二极管反向伏安特性的测量。按图 6-4（c）接线，调整旋转电阻箱 R_2 的阻值，使电流在 0～8mA 变化，测值填入自拟表格中。

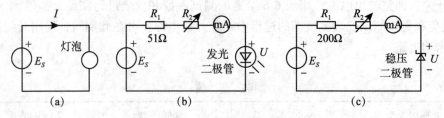

图 6-4　非线性元件的测量

6.1.5　注意事项

（1）电压源不要短路，电流源不要开路。

（2）电压表并联在所测元件两端测量电压，电流表串联在所测元件回路测量电流。

（3）模拟表测量连接时，必须注意电压或电流的实际方向、仪表的极性，不可反接。

（4）调节电源输出应从小到大，调节仪表输入应从高挡至低挡。

6.1.6　思考题

（1）线性电阻与非线性电阻的概念是什么？

（2）在一般使用时，为什么稳压二极管要反向连接？

（3）用直流电流表测量直流电流时，为什么测试电流源的输出不加限流电阻，而测试电压源的输出要加限流电阻？

（4）如图 6-5（a）、（b）所示，有两种测量元件伏安特性的连接方式，如何理解？一般情况下，我们应该如何选用？

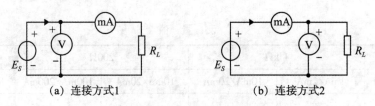

图 6-5　两种测量元件伏安特性的连接方式

6.1.7　实验报告要求

（1）对非线性元件的测量结果在同一坐标平面上绘出光滑的伏安特性曲线。
（2）自选思考题中的 3 道题进行回答。

6.1.8　实验仪器设备

（1）YKZDY-02 直流稳压电源，恒流源；
（2）YKDGB-01 直流数字电压表，YKDGB-04 直流毫安表；
（3）YKDGD-01 电路基础实验箱（一），YKDGQ-01 可调电阻元件箱；
（4）MF-10 型模拟万用表；
（5）UT70A 型数字万用表。

6.2　基尔霍夫定律的验证

6.2.1　实验目的

（1）验证基尔霍夫定律的正确性，加深对基尔霍夫定律的理解。
（2）加深对电压、电流参考方向的理解。

6.2.2　预习要求

（1）复习基尔霍夫定律的基本原理及电流、电压方向的规定。
（2）复习电压表、电流表的使用与测值正负符号的意义。

6.2.3　实验原理

1. 电压和电流的方向、关联参考方向

1）实际电压、电流的方向
电源：电流从电源的正极（高电位）流出，经过负载回到电源的负极（低电位）。
负载：电流流经负载两端时，流入端为高电位，流出端为低电位。当电源被作为负载充电时，电流从电源正极流进，从负极流出。
2）关联参考方向
一般情况下，电流和电压的参考方向可以独立地任意指定。若按图 6-6（a）所示，取电流的参考方向从电压参考方向"+"极指向"-"极，即满足两者的参考方向条件一致时，就称电流和电压这种参考方向为关联参考方向，否则称为非关联参考方向（如图6-6（b）所示）。
3）电压表、电流表的正负显示
当直流电压表并联在被测负载两端，若电压表显示正值（或未显示正负符号），说明电压表正端（红）接负载的高电位，电压表负端（黑）接负载的低电位。

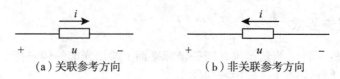

（a）关联参考方向　　　　　　　（b）非关联参考方向

图 6-6　关联与非关联参考方向

当直流电流表串联到被测负载线路中，若电流表显示正号（或未显示正负符号），说明电流从电流表正端（红）流进，从电流表负端（黑）流出。

2. 基尔霍夫定律

1）适用范围

对于同一电路，不管是线性的还是非线性的，有源的还是无源的，时变还是非时变的，任一所选参考方向、参考极性，基尔霍夫定律均成立。

2）基尔霍夫电流定律（KCL）

在任一时刻，流入（或流出）任一节点的支路电流（或任一封闭面）代数和为零。即 $\sum I_k = 0$。一般规定，流进节点电流为正，流出节点电流为负。若计算或测出的电流为负值，表明取定电流的方向与实际电流的方向相反。

3）基尔霍夫电压定律（KVL）

在任一时刻，沿任一闭合回路的所有支路电压的代数和为零，即 $\sum u_k = 0$。一般规定，取电位降为正，电位升为负。若计算或测出的电压为负值，表明取定电压的方向与实际电压的方向相反。

该定律对于任意一个广义回路，即不构成回路的闭合节点序列也适用。

6.2.4 实验内容

按图 6-7 线路所示，接通电源，拨动 S_3 分别接通 300Ω 电阻或 1N4007 二极管，测量图中的电压、电流，结果填入表 6-8 中。

表 6-8　　　　　　　　　　　　　　　实 验 数 据

被测量	I_1(mA)	I_2(mA)	I_3(mA)	U_{FA}(V)	U_{AB}(V)	U_{AD}(V)	U_{CD}(V)	U_{DE}(V)	E_1(V)	E_2(V)
线性电阻 计算										
线性电阻 测量										
相对误差										
非线性电 阻测量										

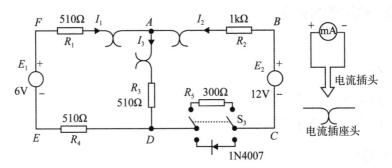

图 6-7　实验线路图

6.2.5　注意事项

（1）线路中电流的方向已按图 6-7 所示的方向设定。电流表显示读数为负时，实际电流方向就与设定电流方向相反。

（2）注意电压表、电流表的量程。

（3）注意电路中可能出现因接触电阻影响而造成的误差，要学会处理。

6.2.6　思考题

（1）如果采用指针式电压表、电流表测试时，若所测电压或电流的方向与设定的方向相反，测试仪表有何反应？该如何对待？

（2）电路中采用非线性元件二极管时，为什么有的支路可以测出电压却测不出电流来？

6.2.7　实验报告要求

（1）根据实验数据，选定一个节点，验证 KCL 的正确性。

（2）根据实验数据，选定一个回路，验证 KVL 的正确性。

（3）如果所调电压源电压值不是 6V、12V 的整数时，应按所加实际电压值来计算。

（4）进行误差原因分析。

6.2.8　实验仪器设备

（1）YKDG 直流稳压电源，恒流源；

（2）YKDGD-05 电路基础实验箱（五）；

（3）YKDGB-01 直流数字电压表，电流表。

6.3 特勒根定理的研究

6.3.1 实验目的

（1）加深对特勒根定理的理解；
（2）了解特勒根定理的适用范围和验证方法。

6.3.2 预习要求

（1）复习特勒根定理的有关内容；
（2）熟悉操作步骤。

6.3.3 实验原理

1. 适用范围

特勒根定理不仅适用于某网络的一种工作状态，而且适用于同一网络的两种不同工作状态，以及定向图相同的两个不同网络。它和基尔霍夫定律一样，都与网络中元件的特性无关。因此，它适用于任何具有线性非线性、有源和无源、时变和非时变元件组成的网络。

2. 特勒根定理（一）

若网络 N 有 b 条支路，支路电压为 u_k，支路电流为 i_k，且 u_k、i_k 取关联参考方向，则 $\sum\limits_{k=1}^{b} u_k i_k = 0$。

该定理的物理意义是电路中功率守恒，所以又称为功率守恒定理。

3. 特勒根定理（二）

若有两个不同的网络 N 和 $\hat{N}$，其拓扑图相同，各有 b 条支路。当支路编号、参考方向相同时，设网络 N 的支路电压为 u_k，支路电流为 i_k；网络 $\hat{N}$ 的支路电压为 $\hat{u}_k$，支路电流为 $\hat{i}_k$，则

$$\sum_{k=1}^{b} \hat{i}_k \cdot u_k = 0 \ \text{及} \ \sum_{k=1}^{b} i_k \cdot \hat{u}_k = 0$$

由于 $\hat{i}_k$、u_k 及 i_k、$\hat{u}_k$ 它们不在同一电路中，并不构成实际功率，所以不能用功率守恒来解释。但它们仍具有功率的形式，故称为拟功率定律。

4. 功率的正负

在 $P = UI$ 式中，若二端元件上电流和电压按关联参考方向定义选取时，当 $P > 0$，元

件吸收正的功率，简称吸收功率。当 $P < 0$，元件吸收负的功率，简称发出功率。

6.3.4　实验内容

1. 特勒根定理（一）的验证

特勒根定理实验电路图按照图 6-7 线路所示，可根据上节测试结果填入列表 6-9 中计算。

2. 特勒根定理（二）的验证

保持图 6-7 电路的拓扑形式不变，改变图中部分元件的性质或参数。改变如下：E_1 的 6V 电压源改为 12V，E_2 的 12V 电压源改为 6mA 电流源，且电流方向向下，R_4 的 510Ω 电阻与另外一个 510Ω 电阻并联，拨动 S_3 将 R_5 的 300Ω 电阻变成二极管 1N4007 来组成一个新的网络。根据电压、电流的关联方向选取，把测试结果填入表 6-10 中计算。

表 6-9　　　　　　　　　　　验证特勒根定理（一）的实验数据

参数 ＼ 支路	I_1			I_2			I_3	$\sum P$
	U_{de}	U_{ef}	U_{fa}	U_{ab}	U_{bc}	U_{cd}	U_{ad}	
$U(\mathrm{V})$								
$I(\mathrm{mA})$								
$P(\mathrm{mW})$								

表 6-10　　　　　　　　　　　验证特勒根定理（二）的实验数据

参数 ＼ 支路	I_1			I_2			I_3	$\sum P$
	U_{de}	U_{ef}	U_{fa}	U_{ab}	U_{bc}	U_{cd}	U_{ad}	
$U(\mathrm{V})$								
$\hat{I}(\mathrm{mA})$								
$P_{U\hat{I}}(\mathrm{mW})$								
$\hat{U}(\mathrm{V})$								
$I(\mathrm{mA})$								
$P_{\hat{U}I}(\mathrm{mW})$								

6.3.5　注意事项

（1）注意电流源的实际方向；
（2）注意电压表、电流表的量程；

（3）注意电路中可能出现接触电阻影响而造成的误差，要学会处理。

6.3.6 思考题

（1）如何判断含源支路的功率是发出还是吸收？本实验中是否存在含源支路吸收功率？

（2）在正弦交流电路中，是否可用类似于直流电路的方法验证特勒根定理？为什么？

6.3.7 实验报告要求

根据测试数据，列出方程计算结果，并进行分析。

6.3.8 实验仪器设备

（1）YKDG 直流稳压电源，恒流源；

（2）YKDGD-05 电路基础实验箱（五）；

（3）YKDGB-01 直流数字电压表，YKDGB-04 直流毫安表；

（4）YKDGD-01 电路基础实验箱（一）。

6.4 叠加定理与替代定理的验证

6.4.1 实验目的

（1）加深对叠加定理、齐性定理、替代定理的验证；

（2）通过实验进一步确认各定理的适用范围。

6.4.2 预习要求

（1）熟悉实验基本原理；

（2）熟悉实验步骤。

6.4.3 实验原理

1. 叠加定理

在具有两个或两个以上独立电源作用的线性电路中，任一支路的电压、电流都是电路中各独立电源单独作用时在该支路产生的电压、电流之代数和。即

$$f(x_1 + x_2) = f(x_1) + f(x_2)$$

2. 齐性定理

在线性电路中，当电路中的全部独立电源同时增大（或缩小）K 倍时（K 为实常数），各支路的电压、电流也相应增大（或缩小）K 倍。即

$$f(Kx) = Kf(x)$$

3. 替代定理

在任意线性或非线性电路中，第 K 条支路的电压 u_k 和电流 i_k 为已知时，那么该支路就可以用一个电压等于 u_k 的电压源或电流等于 i_k 的电流源替代，替代后电路中全部电压和电流均保持原值（被替代的电路不是受控支路）。

6.4.4　实验内容

1. 叠加定理、齐性定理在线性电路中的测量

根据图 6-8 把 S_3 拨向电阻 300Ω 的位置，进行线性电路中的叠加定理、齐性定理的验证性测试，测值填入表 6-11 中。

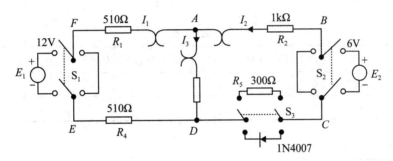

图 6-8　实验线路图

表 6-11　　　　　　　　　　　实 验 数 据

	$E_1(V)$	$E_2(V)$	$I_1(mA)$	$I_2(mA)$	$I_3(mA)$	$U_{FA}(V)$	$U_{AB}(V)$	$U_{CD}(V)$	$U_{AD}(V)$	$U_{DE}(V)$
E_1 单独作用										
E_2 单独作用										
E_1、E_2 共同作用										
$\frac{1}{2}E_1$ 单独作用										

2. 叠加定理、齐性定理在非线性电路中的测量

把 S_3 拨向二极管 1N4007 的位置，进行非线性电路中的叠加定理、齐性定理的验证性测试，测值填入表 6-12 中（与表 6-11 相同）。

表 6-12　　　　　　　　　　　　　　　　　　　　实 验 数 据

	$E_1(V)$	$E_2(V)$	$I_1(mA)$	$I_2(mA)$	$I_3(mA)$	$U_{FA}(V)$	$U_{AB}(V)$	$U_{CD}(V)$	$U_{AD}(V)$	$U_{DE}(V)$
E_1 单独作用										
E_2 单独作用										
E_1、E_2 共同作用										
$\frac{1}{2}E_1$ 单独作用										

3. 替代定理的验证

根据上述题 1 及题 2 在 E_1 与 E_2 共同作用下所测的 I_3 值，然后分别用独立电源 I_S 替代 I_3 支路（注意 I_3 的方向及替换方法），对全电路进行测试，测值填入表 6-13 中。

表 6-13　　　　　　　　　　　　　　　　　　　　实 验 数 据

	$E_1(V)$	$E_2(V)$	$I_1(mA)$	$I_2(mA)$	$I_3(mA)$	$U_{FA}(V)$	$U_{AB}(V)$	$U_{CD}(V)$	$U_{AD}(V)$	$U_{DE}(V)$
线性电路	12	6								
非线性电路	12	6								

6.4.5　注意事项

（1）注意电压表、电流表量程。

（2）记录数据时，注意电路中电压、电流的实际方向和参考方向之间的关系。

（3）在做齐性定理实验时，若某电压源 E 不能满足 6V 或 12V 的整数值时，则 $\frac{1}{2}E$ 也必须对应满足实际值要求。

（4）在采用某电压源单独作用，另一个电压源置零工作时，需要把置零处电源断开，断开的原端口处短接。实际操作只需把置零处的开关 S 拨动方向即完成转换。

（5）注意电路中可能出现接触电阻影响而造成的误差，要学会处理。

6.4.6　思考题

（1）叠加定理、齐性定理、替代定理适用的范围是什么？

（2）叠加定理适合功率计算吗？为什么？

6.4.7　实验报告要求

（1）对叠加的线性电路进行功率计算。

（2）对替代的线性电路进行功率计算。

6.4.8　实验仪器设备

（1）YKDG 直流稳压电源，恒流源；

（2）YKDGD-05 电路基础实验箱（五）；

（3）YKDGB-01 直流数字电压表，YKDGB-04 直流毫安表。

6.5　互易定理的验证

6.5.1　实验目的

（1）加深对互易定理的内容和适用范围的理解；

（2）熟悉互易定理在直流稳态下的实验证明方法。

6.5.2　预习要求

复习互易定理的基本原理。

6.5.3　实验原理

对一个不含受控源的线性电路，如果只有一个独立电源作用，当激励和响应互换位置时，同一数值激励产生的响应在数值上不会改变。

互易网络可由一个线性时不变电阻、电容、电感元件构成，即采用直流稳态下的实验方法证明互易定理。

互易定理的三种形式如下：

（1）激励为电压源 u_S，响应为短路电流 i_2（图 6-9（a）所示）。当激励、响应互换位置后，激励仍为电压源 u_S，响应为短路电流 $\hat{i}_1$（图 6-9（b）所示），即 $\hat{i}_2 = i_2$。

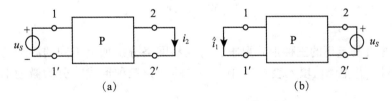

图 6-9　互易定理的第一种形式

（2）激励为电流源 i_S，响应为开路电压 u_2（图 6-10（a）所示）。当激励、响应互换位置后，激励仍为电流源 i_S，响应为开路电压 $\hat{u}_1$（图 6-10（b）所示），即 $\hat{u}_1 = u_2$。

（3）激励为电流源 i_S，响应为短路电流 i_2（图 6-11（a）所示）。当激励、响应互换位置后，激励变成电压源 u_S，响应变成开路电压 $\hat{u}_1$（图 6-11（b）所示），即 $\dfrac{i_S}{u_S} = \dfrac{i_2}{\hat{u}_1}$。

若存在 i_S 与 u_S 等值时，即可得到 $\hat{u}_1 = i_2$。

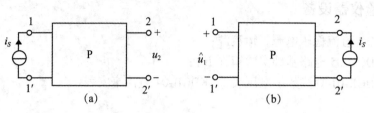

图 6-10　互易定理的第二种形式

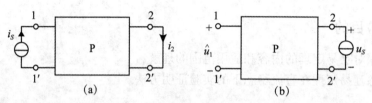

图 6-11　互易定理的第三种形式

6.5.4　实验内容

（1）实验互易网络如图 6-12 所示。

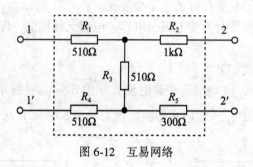

图 6-12　互易网络

（2）根据互易定理的三种形式要求，对互易网络分别加上不同的激励信号，测出对应的响应信号，并把测值填入表 6-14 中。表中的"第三种形式"分为激励不等值和激励等值两种。

表 6-14 实 验 数 据

	变换前位置		变换后位置	
	激励	响应	激励	响应
第一种形式	$U_S = 8\text{ V}$	$I_2 = \quad$ mA	$U_S = 8\text{ V}$	$\hat{I}_1 = \quad$ mA
第二种形式	$I_S = 6\text{ mA}$	$U_2 = \quad$ V	$I_S = 6\text{ mA}$	$\hat{U}_1 = \quad$ V

续表

	变换前位置		变换后位置	
	激励	响应	激励	响应
第三种形式	（不等值）$I_S = 6\text{ mA}$	$I_2 = \quad$ mA	$U_S = 8\text{ V}$	$\hat{U}_1 = \quad$ V
	（等值）$I_S = 5\text{ mA}$	$I_2 = \quad$ mA	$U_S = 5\text{ V}$	$\hat{U}_1 = \quad$ V

6.5.5 注意事项

注意仪表的使用量程。

6.5.6 思考题

互易定理适用的范围是什么？

6.5.7 实验报告要求

根据给定的网络参数，比较计算值与测试结果，并作出相应验证。

6.5.8 实验仪器设备

（1）YKDG 直流稳压电源，恒流源；
（2）YKDGD-05 电路基础实验箱（五）；
（3）YKDGB-01 直流数字电压表，YKDGB-04 直流毫安表。

6.6 电压源与电流源的等效变换

6.6.1 实验目的

（1）电压源、电流源的初步认识；
（2）掌握电压源、电流源外特性的测试方法；
（3）电压源与电流源的等效交换。

6.6.2 预习要求

（1）复习电压源和电流源的概念及它们的外特性；
（2）掌握实际电压源、电流源的转换条件。

6.6.3 电压源、电流源的初步认识

能够以电压、电流、电功率方式输出的能源就称为电源。它可以独立存在，也可以通过某种转换方式实现。一个实际电源，就其外部特性而言，既可以看成一个电压源，又可以看成一个电流源。实际中，人们是根据它们的主要特征加以区分的。

（1）电压源，包括蓄电池、交流发电机、直流稳压源等。

主要特征：内阻 R_0 很小，负载电流基本满足 $I_L \propto \dfrac{1}{R_L}$，可以开路，不允许短路。

（2）电流源，包括直流稳流源、太阳能电流板等。

主要特征：内阻 $R_0 = \dfrac{1}{G_0}$ 很大，负载电压基本满足 $U_L \propto R_L$，可以短路，不允许开路。

6.6.4　实验原理

1. 电压源

一个电压源回路是由一个电压源与负载串联组成的（图6-13（a）所示），其中电压源由电动势与其内阻串联构成（图6-13（b））。在一般情况下，独立电压源或直流稳压电源的内阻相对负载来说很小，可以看成一个只有电动势的理想电压源（图6-13（c））。

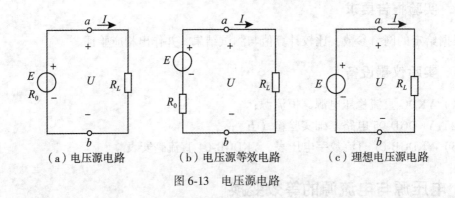

（a）电压源电路　　　　（b）电压源等效电路　　　　（c）理想电压源电路

图6-13　电压源电路

一个实际电压源带了负载以后，由于本身内阻的存在，其输出端口的电压会随着负载的变化而改变。这种关系就称为电压源的外特性。可用下式表示

$$U = E - R_0 I = E - R_0 \frac{U}{R_L}$$

讨论（如图6-14）：

（1）从上式可以看出负载变化情况：开路时，$I = 0$，$U = U_0 = E$；短路时，$U = 0$，$I = I_S = \dfrac{E}{R_0}$。电阻 R_0 越小，则 U 直线越平，当 $R_0 = 0$ 时，电压 U 恒等于电动势 E，是一定值，电流 I 是由负载电阻 R_L 及 E 确定的，这种电源称为理想电压源或恒压源。

（2）实际电源在工作时，当 $R_0 \ll R_L$ 时，$R_0 I \ll U$，于是 $U \doteq E$，U 不随 R_L 变化而改变，可看作理想电压源，这时称为工作在正常工作区或线性区；当 $R_0 \ll R_L$ 条件不满足时，U 与 E 的差值不能忽略，U 随 R_L 的变化有明显改变，这时称为工作在非正常工作区或非线性区。

（3）电源内阻约为 $R_0 = \left(\dfrac{E}{U} - 1 \right) R_L$。在正常工作区可看作是一个很小的定值，而在

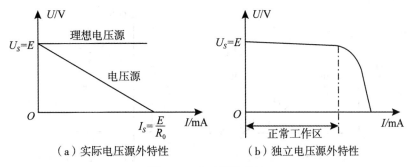

（a）实际电压源外特性　　　（b）独立电压源外特性

图 6-14　电压源外特性

非正常工作区则会表现成一定数量的变值。

2. 电流源

如果将电压源外特性公式 $U = E - R_0 I = E - R_0 \dfrac{U}{R_L}$（其中 $U = IR_L$）两端除以 R_0，则得

到 $\dfrac{U}{R_0} = \dfrac{E}{R_0} - I = I_s - I$，即 $I_s = \dfrac{U}{R_0} - I$。式中，$I_s = \dfrac{U}{R_0}$ 为电源的短路电流，I 还是负载电流；

$G_0 = 1/R_0$ 为电流源电路的电导，由此得到图 6-15（a）实际电流源电路的模型，图 6-15

（b）为理想电流源电路。

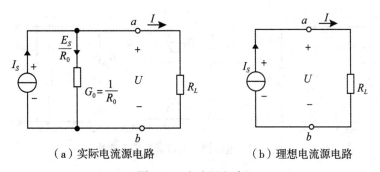

（a）实际电流源电路　　　　　　（b）理想电流源电路

图 6-15　电流源电路

讨论（如图 6-16 所示）：

（1）从上式可以看出负载变化情况：当电流源短路时，$U = 0$，$I = I_s$；当电流源开路

时，$I = 0$，$U = I_s R_0$；内阻 R_0 越大，电流 I 线越陡。当 $R_0 = \infty$（相当于并联支路 R_0 断开）

时，电流 I 恒等于电流源 I_s，是一定值，而其两端的电压 U 则是由负载电阻 R_L 及电流 I_s 确

定的。这种电源称作理想电流源或恒流源。

（2）实际电源在工作时，当 $R_0 \gg R_L$ 时，$\dfrac{U}{R_0} \ll I$，于是 $I \doteq I_s$，I 不随 R_L 变化，可看

作理想电流源。该工作区称为正常工作区或线性区；当 $R_0 \gg R_L$ 条件不满足时，I 与 I_s 有较

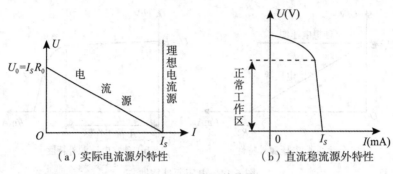

图 6-16　电流源外特性

大差距，I 随 R_L 而变化，该工作区称为非正常工作区或非线性区。

（3）电源内阻约为 $R_0 = \dfrac{I}{I_S - I} R_L = \dfrac{1}{(I_S/I) - 1} R_L$。在正常工作区 $R_0 (R_0 \gg R_L)$ 可看作是一个很大的定值，在非正常工作区 $R_0 (R_0$ 与 R_L 可比$)$ 会呈现出较大的变值。

6.6.5　电源等效变换

1. 等效变换的条件

等效变换的条件，如图 6-17 所示。

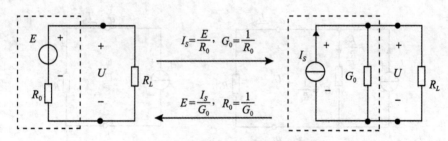

图 6-17　电压源与电流源的等效变换

一个实际电源，就其外部特性而言，既可以看成一个电压源，又可以看成一个电流源。若视为电压源，则可用一个理想的电压源 E 与一个电阻 R_0 相串联的组合来表示；若视为电流源，这可用一个理想的电流源 I_S 与一个电导 G_0 相并联的组合来表示。如果这两种电源能分别向同一负载供出同样大小的电流和端电压，则称这两个电源是等效的，即具有相同的外特性。

一个电压源与一个电流源等效变换的条件为：

$$I_S = \frac{E}{R_0}, \quad G_0 = \frac{1}{R_0} \text{ 或 } E = I_S R_0, \quad R_0 = \frac{1}{G_0}$$

2. 讨论

（1）电压源和电流源的等效关系只对外电路而言，对电源内部是不等效的。当电压源开路时，$I = 0$，电源内阻 R_0 上不损耗功率；当电流源开路时，电源内部仍有电流，内阻 R_0 上有功耗。其次，当电压源短路时，内部功耗十分严重；而电流源短路时，由于 R_0 为短接，无电流通过，所以无功耗。

（2）理想电压源和理想电流源相互之间无等效关系。因为理想电压源（$R_0 = 0$）其短路电流为无穷大，而理想电流源（$R_0 = \infty$）其开路电压为无穷大，都不能得到有限的数值，故不存在等效变换的条件。

3. 等效方式

只要一个电动势为 E 的理想电压源和某个电阻 R 串联的电路，都可化为一个电流为 I_s 的理想电流源和这个电阻 R 相并联的电路。

（1）在理论上只要不是理想电压源或理想电流源都可进行等效。

（2）在实验中要进行等效变换时，必须把电压源串联一个值不能太小的 R 作为其内阻或者把电流源并联一个值不能太大的 R 作为其电导，并且对这两种电路所加电阻 R 的值应该相等，否则仪器设备不能满足等效的要求。

6.6.6　实验内容

1. 测定电流源的外特性

按图 6-18 所示接线，连接 1kΩ 电阻或开路作为其并联电阻，改变负载 R_L（采用可变电阻箱），测试电流源的外特性。测值填入表 6-15 中。

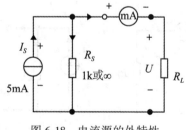

图 6-18　电流源的外特性

表 6-15　　　　　　　　　　　　　　　　　实 验 数 据

	R_L (Ω)	0	50	100	200	500	1k	2k	5k	∞（开路）
$R_0 = 1k$	U (V)									
	I (mA)									

续表

	R_L（Ω）	0	50	100	200	500	1k	2k	5k	∞（开路）
$R_0 = \infty$	U（V）									
	I（mA）									

2. 测定电压源的外特性

按图 6-19（a）所示接线，串联 251Ω 电阻作为电压源内阻，改变负载 R_L，测试电压源的外特性。测值填入表 6-16 中。

表 6-16　　　　　　　　　　　　　　　　　**实 验 数 据**

	R_L（Ω）	0	50	100	200	500	1k	2k	5k	∞（开路）
电压源测试	U（V）									
	I（mA）									
等效电流源测试	U（V）									
	I（mA）									

3. 电源等效变换

把图 6-19（a）中所串联的 251Ω 电阻作为图 6-19（b）中所并联的电阻。把测试电压源外特性 $R_L = 0$ 时的电流值作为变换成电流源后的 I 值。改变负载 R_L，测试变换后电流源的外特性，测值填入表 6-16 中。

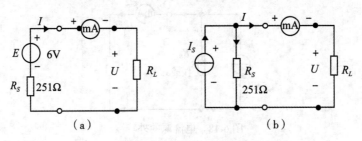

图 6-19　电压源的外特性及电源等效变换

6.6.7　注意事项

（1）电压源输出端不要短路，电流源输出端不要开路。
（2）测试仪表挡位要适当，在不清楚测值范围时要放在最大量程。

146

6.6.8　思考题

(1) 直流稳压电源输出端为什么不允许短路？直流恒流源输出端为什么不允许开路？
(2) 在表 6-15 中，当 $R_0 = \infty$ 时，为什么要测试 $R_L = \infty$ 的值？
(3) 电源等效变换后的电源输出功率是否等效？负载输入功率是否等效？为什么？
(4) 如何从理论及实验的不同角度来理解（3）题中电源等效变换后 I_S 与 I 值的差异？

6.6.9　实验报告要求

(1) 根据实验结果，用坐标纸作出所测各电源的外特性。
(2) 从实验结果总结归纳各类电源的特性，并验证电源等效变换的条件。

6.6.10　实验仪器设备

(1) YKDG 直流稳压电源，恒流源；
(2) YKDGD-01 电路基础实验箱（一），YKDGQ-01 可调电阻元件箱；
(3) YKDGB-01 直流数字电压表，YKDGB-04 直流毫安表。

6.7　线性有源一端口网络等效参数的测量

6.7.1　实验目的

(1) 加深对戴维南-诺顿定理的理解；
(2) 学习线性有源一端口网络等效电路参数的测量方法。

6.7.2　预习要求

(1) 复习戴维南-诺顿定理的基本原理；
(2) 熟悉接线和测试方法。

6.7.3　实验原理

1. 戴维南原理

任何一个线性有源一端口网络，对外部电路而言，可以用一个理想电压源和电阻相串联的有源支路代替，其理想电压源的电压等于原网络端口的开路电压 U_{OC}，其电阻等于原网络中所有独立电源置零时的输入端等效电阻 R_0（图 6-20（a）、(b)）。

2. 诺顿定理

任何一个线性有源一端口网络，对外部电路而言，可以用一个理想电流源和电导相并联的电路代替。其理想电流源的电流等于原网络端口的短路电流 I_{SC}，其电导等于原网络

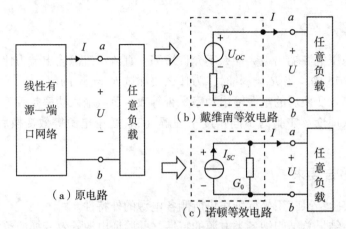

（a）原电路

（b）戴维南等效电路

（c）诺顿等效电路

图 6-20　电路的等效电路图

中所有独立电源置零时输入端等效电导 G_0，其中 $G_0 = 1/R_0$（图 6-20（a）、（c））。

3. 等效条件

被变换的一端口网络必须是线性的，可以包含独立电源或受控源。但与外部电路之间除直接相连外，不允许存在如受控电路耦合、磁耦合等。外部电路可以是线性、非线性或时变的元件。

4. 有源网络中的独立电源置零

有源网络中的独立电源置零是把有源网络转变成无源网络并保持原网络阻抗不变的过程。直流稳压电源内阻趋近于零，把电压源去除而将其端口用导线短接；直流恒流源内阻趋近无穷大，把电流源去掉让其端口处于开路状态。

6.7.4　测定线性有源一端口网络等效参数的主要方法

1. 内阻 R_0 测试

（1）直接测量法：将有源网络中的电压源、电流源置零后，直接用万用表的电阻挡测量 R_0。

（2）根据戴维南-诺顿定理可知 $R_0 = U_{OC}/I_{SC}$，用电压表、电流表直接测出开路电压 U_{OC} 和短路电流 I_{SC}，即可得到等效电阻 R_0。但对于不允许输出短路的网络，不能采用此方法。

（3）测出开路电压 U_{OC} 后，在端口处接一负载电阻 R_L，根据 $U_L = \dfrac{U_{OC}}{R_0 + R_L} \cdot R_L$，即可

求出等效电阻 $R_0 = \left(\dfrac{U_{OC}}{U_L} - 1 \right) \cdot R_L$。

（4）把网络所有独立电源置零后，在端口处外加一给定电压 U，测得流入端口电流 I（如图 6-21（a）所示），即 $R_0 = U/I$。

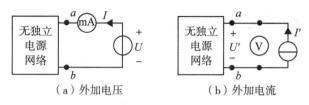

（a）外加电压　　　　（b）外加电流

图 6-21　实验电路图

（5）把网络所有独立电源置零后，在入端口处外加一给定电流 I'，测得端口电压 U'（如图 6-21（b）所示），则 $R_0 = \dfrac{U'}{I'}$。

（6）半电流法：把网络所有独立电源置零后按图 6-22 线路连接，调节电位器 R 使电流表读数为电位器 R 等于零时所测电流值读数的一半，电阻器 R 的阻值即为所求的 R_0 值。

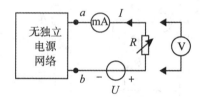

图 6-22　半电流法实验电路图

2. 高内阻电源开路电压 U_{OC} 的测量

零示法：在测量高内阻有源二端网络时，用电压表测量其开路电压会因有源网络的内阻压降产生较大的测试误差，为了消除电压表内阻偏低的影响，可采用图 6-23 的零示法进行测量。

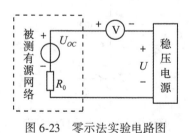

图 6-23　零示法实验电路图

6.7.5　实验内容

1. 基本参数 U_{OC}、I_{SC}、R_0 的测量

按图 6-24（a）所示电路接入电源，分别将端口开路及短路，即可测得 U_{OC}、I_{SC} 并计

算出 R_0。

2. 外特性（负载）测试

按图 6-24（a）所示电路连接并调试 R_L（旋转电阻箱），测量值填入表 6-17 中。

3. 戴维南等效

戴维南等效如图 6-24（b）所示。根据题 1 得出的 U_{OC}、I_{SC}、R_0 值，其中 R_0 值用 200 Ω 固定电阻和 470Ω 电位器串联接入电路，调整 470Ω 电位器，使输出短路电流等于 I_{SC} 时的 R 值即为 R_0，保持 R_0 不变（图 6-25 中 a、b 两点间的阻值）。然后接入并调整负载 R_L（旋转电阻箱），将测量值填入表 6-17 中。

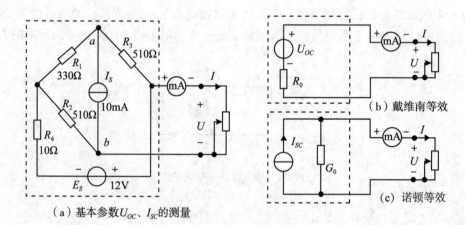

图 6-24 实验电路图

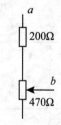

图 6-25 a、b 两点间的阻值

表 6-17 实 验 数 据

	R_L（Ω）	0	50	100	200	500	1k	2k	5k	∞（开路）
原始电路	U（V）									
	I（mA）									

续表

	R_L (Ω)	0	50	100	200	500	1k	2k	5k	∞（开路）
戴维南等效	U (V)									
	I (mA)									
诺顿等效	U (V)									
	I (mA)									

4. 诺顿等效

诺顿等效如图 6-24（c）所示。保持 R_0 不变，根据题 1 中 I_{SC} 的值调整电流源的输出，把已调好的图 6-25 的电阻 R_0 与电流源输出端并联。接上负载 R_L 测试，结果填入表 6-17 中。

6.7.6　实验注意事项

（1）若用万用表电阻挡直接测量网络内阻 R_0，必须首先把网络电源置零，再进行测量。

（2）戴维南等效、诺顿等效过程中，利用电阻、电位器调出 R_0 值后，必须保持其值不变。

6.7.7　思考题

（1）比较有源一端口网络获取开路电压 U_0 及等效内阻 R_0 的几种方法。

（2）如何按照图 6-24（a）接入电流源，为什么要这样接入？

6.7.8　实验报告要求

（1）根据实验结果，用坐标纸作出原网络及等效网络外特性曲线。

（2）归纳、总结实验结果。

6.7.9　实验仪器设备

（1）YKZDY-02 直流稳压电源，恒流源；

（2）YKDGD-02 电路基础实验箱（二）；

（3）YKDGD-01 电路基础实验箱（一），YKDGQ-01 可调电阻元件箱；

（4）YKDGB-01 直流数字电压表，YKDGB-04 直流毫安表。

第7章　正弦交流电路实验

本章共有 10 个实验，主要学习正弦交流稳态电路实验的基本技能及测量方法，涉及交流电路常用测量仪器设备的操作使用方法、交流电路参数的测量、功率因数的提高以及三相电路的测量方法等。

7.1　正弦交流电路参数的测量

7.1.1　实验目的

（1）熟悉正弦交流电的三要素，熟悉交流电路中的矢量关系。

（2）熟悉调压器、交流电压表、交流电流表、功率及功率因数表的正确连接及使用。

（3）掌握 R、L、C 元件不同组合时的交流电路参数的基本测量方法。

7.1.2　实验预习要求

（1）了解熟悉实验仪表的使用方法。

（2）了解 R、L、C 元件的基本特性。

（3）熟悉实验所采用的连接电路及测试方法。

7.1.3　基本原理

1. 正弦交流电的三要素

幅值、角频率、初相角构成正弦量的三要素，如图 7-1 所示，公式如下：

$$i = I_m \sin(\omega t + \varphi)$$

幅值 I_m：决定正弦量的大小；

角频率 ω：决定正弦量变化快慢；

初相角 φ：决定正弦量起始位置。

2. 电路参数

在正弦交流电路的负载中，可以是一个独立的电阻器、电感器或电容器，也可由它们相互组合（这里仅采用串联组合方式，如图 7-2 所示）。

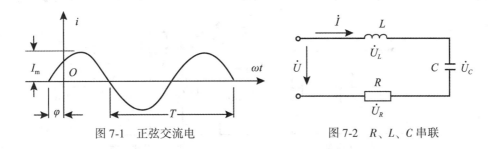

图 7-1　正弦交流电　　　　　图 7-2　R、L、C 串联

电路里元件的阻抗特性为

$$Z = R + \mathrm{j}(X_L - X_C) = R + \mathrm{j}\left(\omega L - \frac{1}{\omega C}\right)$$

当采用交流电压表、电流表和有功功率表对电路测量时（简称三表法），可用下列计算公式来表述 Z 与 P、U、I 相互之间的关系：

负载阻抗的模 $|Z| = \dfrac{U}{I}$；负载回路的等效电阻 $R = \dfrac{P}{I^2} = |Z|\cos\varphi$；

负载回路的等效电抗 $X = \sqrt{|Z|^2 - R^2} = |Z|\sin\varphi$；

功率因数 $\cos\varphi = \dfrac{P}{UI}$；电压与电流的相位差 $\varphi = \arctan\dfrac{\omega L - 1/\omega C}{R} = \arctan\dfrac{X}{R}$；

当 $\varphi > 0$ 时，电压超前电流；当 $\varphi < 0$ 时，电压滞后电流。

3. 矢量关系

电路中的电压和电流是两个矢量。在直流电路中它们之间的相差只存在 0° 和 180° 两种状态，描述或计算时就采用加上符号（同相为正"+"、反相为"–"）的形式。在交流电路中它们之间的相差处于 0° 至 180° 之间的任一状态，描述或计算时就采用复数（模及相角）的形式。

基尔霍夫定律不仅在直流电路里成立（$\sum U = 0$ 和 $\sum I = 0$），在交流电路里也成立。

在交流电路里有 $\sum \dot{U} = 0$ 和 $\sum \dot{I} = 0$。

对于图 7-2 可列出回路方程：

$$\dot{U} = \dot{U}_R + \dot{U}_L + \dot{U}_C$$

对于图 7-3 可列出节点方程：

$$\dot{I} = \dot{I}_1 + \dot{I}_2$$

4. 测试仪表与电路的构成

图 7-4 所示电路是由调压器（自耦变压器）、电压表 V′ 与 V、电流表 A、有功功率表 W、被测负载以及连接导线所组成。

（1）调压器具有输入端和输出端（两端口共零线连接，无电气隔离），输入端口接

220V交流电源;输出端口接负载提供电压输出,调节手柄使输出端口的火线触点改变位

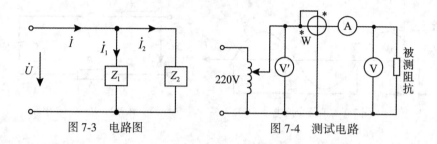

图 7-3 电路图   图 7-4   测试电路

移，输出电压在 0~220V 改变。接线及拆线时必须关断电源，逆时针旋转手柄使电压输出至 0V 的位置。接好电路经检查无误时再开启电源，顺时针调节手柄使电源输出至指定的电压，即可进行测试。

（2）电压表并联在被测回路中（负载两端），其中 V′ 用来监视输出电压的高低；V 用来测试整个回路负载或其中单独元件两端的电压。从安全的角度出发，在测试负载电压时我们要求使用万用表的表笔测试。电压表具有不同的量程挡，测量时必须满足电压表的测量挡位大于被测电压值。

（3）电流表串联在被测负载回路里，不允许负载短路或负载电流 ≥ 电流表的测量挡位。

（4）功率表（瓦特表）及功率因数表的使用。

①模拟式功率表（电动式仪表）：功率表是由电流线圈（固定）和电压线圈（可动）组合而成（图 7-5），电流线圈与负载回路串联，产生 I_1；电压线圈并联在负载两端，产生 I_2（其中满足 $R \geq \omega L$ 时，$I_2 = U/R$）。I_1 产生的磁场作用到线圈 I_2 上时，使电压线圈发生偏转，即 $\alpha = \kappa UI\cos\varphi = \kappa P$。

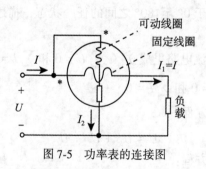

图 7-5 功率表的连接图

可见电动式功率表中指针的偏转角 α 与电路的平均功率 P 成正比。

②数字式功率表、功率因数表：数字式仪表是根据模拟表的测试原理（结构方法不同），分别对电流回路、电压回路进行电压取样，然后进行数字化处理，最终得到 U、I、$\cos\varphi$ 值。

③功率表连接方法：电路图 7-5 中功率表上标有 " ＊ " 符号称为同名端，接线时必

须正确连接。

同名端连线：电压线圈和电流线圈上标有"＊"号的一端称为同名端，两线圈的同名端连在一起，接到火线上；

异名端连线：电流线圈的异名端串联在负载一端，电压线圈的异名端连接在零线上。

④相位符号读取：当 $\cos\varphi$ 前的符号为正时，负载线路呈感性，电压超前电流 φ；为负时，负载线路呈容性，电流超前电压 φ。

（5）负载的组成。

负载由电阻器、电感器、电容器独立或组合构成。

①电阻器分线性电阻器（滑线电阻器）和非线性电阻器（白炽灯泡）。滑线电阻器属于线性电阻器一类，在电路实验中一般所采用的是通流容量较大、额定功率较高的一种。

白炽灯泡的灯丝是由钨丝构成的，通电以后灯丝中的电子激烈碰撞产生高温形成了光亮。其中只有一小部分电能转化为光能，其余都转化为热能。由于钨丝的温度系数很大，当外加不同的电压后灯丝的电阻值就会呈现较大范围的变化。例如一个 15W 的白炽灯泡，在不通电的常温时灯丝的电阻值约为 300Ω，而在接通 220V 电源后的高温状态下灯丝的电阻值 $\geqslant 3k\Omega$。

②电感器由绕在绝缘骨架上的空心线圈或绕在铁磁性材料上的铁芯线圈构成。它的阻抗为 $Z_L = R_L + j\omega L$。

空心线圈在工频的工作条件下，其阻抗 Z_L 基本只取决于线圈的结构（含导线匝数、粗细），L、Z 可以看作一个定值。

铁芯线圈在工频的工作条件下，其阻抗 Z_L 不仅取决于线圈的结构，还与所加的电压有关。等效电阻 R_L 不仅包含直流电阻分量，还包含铁损等效电阻分量，当外加电压不同时铁损的大小也会改变。等效电抗 $X_L = \omega L$ 中的电感量 L 在不同的外加电压下，由于磁化曲线的非线性关系就会给 L 带来一定程度的改变。因此，铁芯线圈是一种非线性电感元件。

在实验电路里，为了获得较大电感量的电感元件，我们一般选用铁芯线圈。例如一个 40W 日光灯电路里的镇流器（铁芯线圈），它的直流电阻 r_L 约为 40Ω，电感量 L 约为 1.2H。

③电容器：其阻抗 Z_C 包含电抗（容抗）分量 $X_C = \dfrac{1}{\omega C}$ 和等效电阻分量 R_C（发热量效应）；当电容器工作在频率为 50Hz，电压为 220V（低于电容器的额定工作电压）时，由于等效电阻分量可以忽略不计，所以容抗可认为恒定不变。

7.1.4　实验内容

首先按图 7-4 接好电路的电源及测试仪表部分，其中电压表 V 作为待测仪表不用接入。所接负载根据下列任务及要求分别接入。

（1）分别按图 7-6（a）、图 7-6（b）灯泡负载电路连线，并接入到图 7-4 测试电路输出端进行测量。测量值填入表 7-1（a）、表 7-1（b）中。分别计算电路参数。

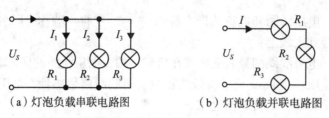

（a）灯泡负载串联电路图　　　（b）灯泡负载并联电路图

图 7-6　灯泡负载电路连线

表 7-1（a）　　　　实 验 数 据

U_S = 220V	R_1	R_2	R_3
I_n（mA）			
$R_n = \dfrac{U_n}{I_n}(\Omega)$			
$I=$　mA	$\sum I_n =$　mA		

表 7-1（b）　　　　实 验 数 据

U_S = 220V	R_1	R_2	R_3
U_n（V）			
$R_n = \dfrac{U_n}{I_n}(\Omega)$			
$U=$　mA	$\sum U_n =$　mA		

（2）按图 7-7 电容器、灯泡负载电路连线，并接入到图 7-4 测试电路输出端进行测量，测量值填入表 7-2 中，并根据测试结果计算电路参数。

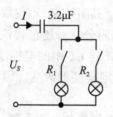

图 7-7　电容器、灯泡负载电路连线图

表 7-2　　　　　　　　实 验 数 据

	测量 $U_S=$ 220V				计　算				
	I	U_C	U_R	P	$U = \sqrt{U_R{}^2 + U_C{}^2}$	$Z = \dfrac{U}{I}$	$R = \dfrac{U_R}{I}$	$X_C = \dfrac{U_C}{I}$	$\cos\varphi = \dfrac{P}{UI}$
R_1									
$R_1//R_2$									

（3）按图 7-8 电路电感器（镇流器）、三个等值灯泡并联负载连线，接入图 7-4 所示测试电路输出端进行测量。测量值填入表 7-3 中，计算电路参数。

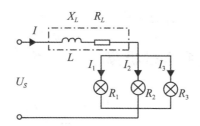

图 7-8 电感器、灯泡负载电路连线图

表 7-3　　　　　　　　　　　　　　　　实 验 数 据

测量 $U_S = 220V$				计　算				
I	U_R	U_L	P	$Z = \dfrac{U}{I}$	$R = \dfrac{U_R}{I}$	$\cos\varphi = \dfrac{P}{UI}$	$R' = Z\cos\varphi$	$R_L = R' - R$

7.1.5　注意事项

（1）电源电压较高，必须注意人身和设备安全。不要触摸带电的裸露部分。

（2）接线和拆线之前，必须断电，调压器调至零输出的位置。

（3）电压表并联在被测电路两端，电流表串联在负载回路中，功率表的电压线圈、电流线圈与电压表、电流表接法相似，注意同名端的连接位置。

（4）注意仪表的挡位量程。

7.1.6　思考题

（1）为什么电压表并联在被测电路两端？电流表串联在负载回路里？

（2）模拟电压表、模拟电流表在正弦交流电路中测量的是什么值（最大值、有效值、平均值）？显示的是什么值？

（3）计算交流电路的电压与电流之间的关系要按复数形式来完成，用电压表、电流表测量电路参数是否也要考虑复数形式？为什么？

7.1.7　实验报告要求

（1）完成实验任务中的各项测试及计算。

（2）比较测试结果，分析元件的参数特性。

（3）总结仪器设备的使用效果，找出产生误差的主要原因。

7.1.8　实验仪器设备

（1）YKDGJ-01 交流电路实验箱（一），YKDGJ-03 交流电路实验箱（三）；

（2）YKDGB-02 智能交流数字电压表，智能交流数字电流表；

（3）YKDGB-03 智能功率表，功率因数表。

7.2 日光灯电路与功率因数提高

7.2.1 实验目的

（1）掌握日光灯电路的工作原理和电路连接方法。
（2）掌握功率因数补偿原理和电路测试方法。

7.2.2 预习要求

（1）预习日光灯电路的工作原理、功率因数补偿原理。
（2）熟悉电路的连接及测试方法。

7.2.3 日光灯电路的构成及其工作原理

1. 日光灯电路的组成

日光灯电路由日光灯管、启辉器（开关）、镇流器（电感器）及部分导线连接组成，如图 7-9 所示为日光灯电路在启动和正常点亮时电流的路径。

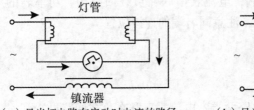

（a）日光灯电路在启动时电流的路径　　（b）日光灯电路在正常点亮时电流的路径

图 7-9　日光灯电路在启动和正常点亮时电流的路径

日光灯管是一根内壁均匀涂有荧光物质的细长玻璃管，管内充有稀薄的惰性气体（氩气）和水银蒸气，在管的两端各有一段灯丝电极。

启辉器的构造如图 7-10 所示，在充满氖气的小玻璃泡里有两个电极，焊上了一对倒 U 字形的金属片。玻璃泡外并联一个纸质电容器，其作用是消除日光灯启辉时对周围通信信号的干扰。

镇流器是一个带有铁芯的电感线圈。

2. 日光灯电路的工作过程

日光灯电路的工作过程大体可分为启辉前、启辉过程、启辉后三个阶段。

启辉前：当日光灯电路加上 220V 交流电压后，由图 7-9（a）可以看出电压全部加在灯管两端，同时也加在启辉器的两端电极上，此时日光灯管亦不发亮。

启辉过程：启辉器的电极加上电压以后，玻璃泡内氖气在电场作用下发生电离形成气体导电的离子流，随着电压的升高，离子流也不断增大，电流的增大伴随着玻璃泡内温度上升。U 字形的双金属片温度系数不同，当温度上升到一定程度（此时电压约 170V），双金属片会弯曲接触短接，形成"灯丝→启辉器→灯丝→镇流器"一条电流回路。

灯丝短接后接触电阻很小，触点的热功率较快地下降使得双金属片断开，也使得回路电流几乎为零。根据电感器（镇流器）的特点 $e = L\dfrac{\mathrm{d}i}{\mathrm{d}t}$，电流的突变使电感器两端产生的瞬时脉冲高压与 220V 电源叠加，共同加在灯管两端使灯管导通。

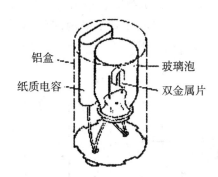

图 7-10　启辉器的构造图

启辉后：两端灯管灯丝在启辉过程中所产生的热电子在强电场的作用下带动管内氩气运动并使其电离，形成了弧光放电过程。弧光放电过程使电流增大，温度上升，两端电压下降。温度上升使水银蒸气游离并与氩气分子碰撞产生紫外线（人眼看不见），紫外线打在灯管内壁的荧光物质上使其激发产生可见光。

由于镇流器是一个电感器件，它的阻抗限制了电流的继续增长，使日光灯电路的电流和灯管两端的电压稳定到一定的范围内（约 90V）。这时并联在灯管两端的启辉器上的电压值远远低于它的启辉电压值，因此完成其工作使命。

日光灯工作时气体导电的阻抗特性是纯阻性状态，此时日光工作电路（图 7-9（b））就相当于一个纯电阻器和电感器串联的形式。

3. 功率因数

直流电路的功率 $P = UI$；交流电路的功率 $P = UI\cos\varphi$，式中 $\cos\varphi$ 称为功率因数，其值介于 0 与 ±1 之间，日光灯电路的功率因数为 0.5 左右。

4. 功率因数降低的危害

（1）发电设备的容量不能充分利用 $P = U_N I_N \cos\varphi$。

发电机发出的功率、发电机输出的电压和电流不允许超过额定值，当 $\cos\varphi < 1$ 时，就使发电机发出的有功功率减小了。

（2）增加线路和发电机绕组的功率损耗 $\Delta P = rI^2$。

负载上消耗的有功功率 $P = UI\cos\varphi$，当 P、U 一定时，流过负载回路的电流

$$I = \frac{P}{U\cos\varphi}, \quad \Delta P = rI^2 = \left(r\frac{P^2}{U^2}\right)\frac{1}{\cos^2\varphi}$$

如当 $\cos\varphi_1 = 0.5$ 与 $\cos\varphi_2 = 1$ 时相比较，$\Delta P_1 = 4\Delta P_2$。

7.2.4 功率因数的提高

提高功率因数，通常是根据负载性质在电路中接入适当的电抗元件，由于实际负载（电动机、变压器、日光灯）大多为感性，常用的方法就是在电感负载两端并联电容器（如图 7-11 所示）。并联电容器之后，负载的状态未发生改变；总电路的电压与电流之间的相位差减小了，即 $\cos\varphi$ 增大了，也就提高了电网的功率因数。由于并联电容器以后，总线路电流减小了，因而也就减小了线路的损耗。分析过程参见图 7-12。

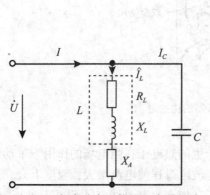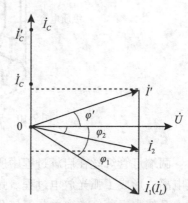

图 7-11　提高功率因数的电路原理图　　图 7-12　分析功率因数提高的向量图

7.2.5 实验任务

（1）按图 7-13 接线，掌握日光灯电路的连接和工作过程。要求接线完成后，注意检查合格才允许通电。

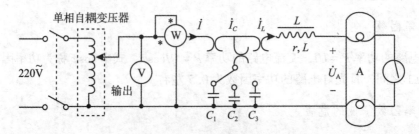

图 7-13　提高功率因数实验接线图

（2）按表 7-4 给定的并联电容器要求完成实验，并把所测量的值填入表中。

表 7-4　　　　　　　　　　　　　　　　　实 验 数 据

C（μF）	U（V）	U_L（V）	U_A（V）	I（A）	I_L（A）	I_C（A）	$\cos\varphi$	P（W）
0	220					——		
1.0	220							
2.2	220							
4.7	220							

7.2.6　注意事项

（1）关断电源输出及调压器调零后再接线或拆线。

（2）电压表、电流表的正确连接及挡位切换。

（3）接线完成后，要先经老师检查方可通电。

7.2.7　思考题

（1）镇流器在电路工作中有哪几种作用？

（2）启辉器的工作原理是什么？

（3）为了提高电路的功率因数，常在感性负载上并联电容器，此时增加了一条电流支路，试问电路的总的电流是增大还是减小，此时感性元件上的电流和功率是否改变？

（4）提高线路功率因数为什么只用并联电容而不用串联法？所并联电容值是否越大越好？

7.2.8　实验报告要求

（1）根据所测的 U、I、P 值，完成当 $C=0$ 及 $C=7.7$μF 时总负载 Z_L、X_L、R_L 值的计算。

（2）根据所测参数，画出 $C=0$μF 及 $C=7.7$μF 时的 I、I_C、I_L 矢量图。

（3）说明改善电路功率因数的意义和方法。

（4）谈谈连接日光灯电路的体会。

7.2.9　实验仪器设备

（1）YKDGJ-01 交流电路实验箱（一），YKDGJ-02 交流电路实验箱（二）；

（2）YKDGB-02 智能交流数字电压表，智能交流数字电流表；

（3）YKDGB-03 智能功率表，功率因数表。

7.3　最大功率传输定理的研究

7.3.1　实验目的

（1）加深对最大功率传输定理的理解。

(2) 验证负载获得最大功率的条件。

(3) 学会连接比较复杂的电路，并能较准确地测试电路参数。

7.3.2　预习要求

(1) 复习最大功率传输定理的内容。

(2) 熟悉并掌握电路的连接及仪表测试方法。

7.3.3　基本原理

1. 最大功率传输的条件

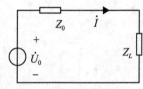

图 7-14　含源一端口网络图

在交流或直流电路中，用电设备（负载）在什么条件下能获得最大功率，是电工技术要研究的问题。由含源一端口网络图（图 7-14）可以看出，$\dot{U}_0$ 是含源网络的开路电压，$Z_0 = R_0 + \mathrm{j}X_0$ 为其内阻抗。当外接上 $Z_L = R_L + \mathrm{j}X_L$ 的负载时，负载的电流相量

$$\dot{I}_0 = \frac{\dot{U}_0}{Z_0 + Z_L} = \frac{\dot{U}_0}{(R_0 + R_L) + \mathrm{j}(X_0 + X_L)}$$

电流有效值为

$$I = \frac{U_0}{\sqrt{(R_0 + R_L)^2 + (X_0 + X_L)^2}}$$

负载吸收的功率

$$P_L = I^2 R_L = \frac{U_0^2 R_L}{(R_0 + R_L)^2 + (X_0 + X_L)^2}$$

由上式可知，P_L 为最大值时的条件与 U_0、R_0、R_L、X_0、X_L 5 个参数有关。一般情况下，电源参数 U_0、R_0、X_0 认为是不变的，而负载参数 R_L 和 X_L 是变化的。下面我们就从直流及交流两部分对负载的功率状态进行研究。

1) 直流电路

负载功率 $P_L = I^2 R_L = \dfrac{U_0^2 R_L}{(R_0 + R_L)^2}$,

满足最大功率的条件是 $\dfrac{\mathrm{d}P}{\mathrm{d}R_L} = \dfrac{U_0^2}{(R_0 + R_L)^2} - \dfrac{2U_0^2 R_L}{(R_0 + R_L)^3} = \dfrac{(R_0 - R_L)U_0^2}{(R_0 + R_L)^3} = 0$,

即 $R_L = R_0$。

2) 交流电路

负载功率 $P_L = \dfrac{U_0^2 R_L}{(R_0 + R_L)^2 + (X_0 + X_L)^2}$,

满足最大功率的条件有两个：

(1) $\dfrac{\partial P_L(R_L, X_L)}{\partial X_L} = 0$，即 $X_L = -X$。

（2）$\dfrac{\partial P_L(R_L,\ X_L)}{\partial R_L} = 0$，即 $R_L = R_0$。

综合上述两个条件得出，$R_L + jX_L = R_0 - jX_0$ 即 $Z_L = \overset{*}{Z}_0$。负载复阻抗与电源复阻抗成为共

轭复数时，负载获得的最大功率 $P_{L_{\max}} = \dfrac{U_0^2}{4R_0}$。

2. 传输效率

电源给负载供电是一个能量转换的过程，转换过程中电源的内阻要消耗一部分能量，电源所产生的功率就不能全部提供给负载了。通常用电路的效率 η 来表示它们之间的能量转换关系，即

$$\eta = \frac{\text{负载消耗的功率}}{\text{电源产生的功率}} \times 100\% = \frac{R_L I^2}{(R_0 + R_L) I^2} \times 100\% = \frac{1}{1 + R_0/R_L} \times 100\%$$

上式说明，R_0/R_L 的值趋近零时，即 $R_L \gg R_0$ 时，电路中的能量损失越小。在共轭匹配

时，能量的传输效率 $\eta = \dfrac{R_L I^2}{(R_0 + R_L) I^2} = 50\%$。

在无线电工程中，由于传输电压低、电流小，往往是以牺牲电源的能量来满足负载获得最大功率。

但在电力工程中，由于共轭匹配状态下电路传输效率低，且电源内部复阻抗很小，输电电压高时，匹配状态下的电流会很大；而且负载阻抗的变化，也会引起输入端电压的较大波动，结果就容易造成电源和负载的损坏，故不允许这种状态存在。

为了提高输电效率，往往采用提高功率因数的方式来减少电源内阻和线路电阻产生的损耗。

7.3.4　实验内容

1. 直流参数测试

按图 7-15 电路接线，保持 $U_S = 8\text{V}$，$R_0 = 1\text{k}\Omega$ 改变负载 R_L（旋转电阻箱）的值，按表 7-5 的参数测试并计算。

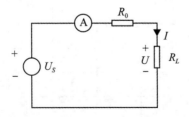

图 7-15　直流参数测试电路接线图

表 7-5　　　　　　　　　　　　　　**实 验 数 据**

	R_L（Ω）	0	200	500	1k	2k	5k	∞
测试	U_L（V）							
	I（mA）							
计算	P_S（mW）							
	P_L（mW）							
	η %							

2. 交流参数测试

按图 7-16 电路接线，保持调压器输出电压为 180V。其中 R_1 为 120Ω，R_2 分别为 60Ω、120Ω、180Ω 的灯泡，L 为镇流器（电感量约为 1.2H，直流电阻约为 40Ω），C 为不同容量电容器的组合，当 K_1 闭合时 $C=0$。根据表 7-6 中的参数完成测试及计算，并分析其结果。

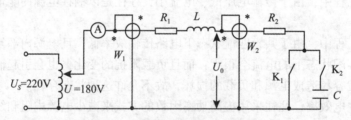

图 7-16　交流参数测试电路接线图

表 7-6(a)　　　　　　　　　　　　　**实 验 数 据**

$R_2(\Omega)$	$C(\mu F)$	I(mA)	U_{R_1}(V)	U_{R_2}(V)	U_L(V)	U_0(V)	U_C(V)	P_1(W)	$\cos\varphi_1$	P_2(W)	$\cos\varphi_2$
60	0										
	6.9										
	13.8										
120	0										
	6.9										
	13.8										
180	0										
	6.9										
	13.8										

表 7-6(b)　　　　　　　　　　　　**实 验 数 据**

$R_2(\Omega)$	$C(\mu F)$	$R_1(\Omega)$	$R_2(\Omega)$	$Z_0(\Omega)$	$\varphi_1(0)$	$\varphi_2(0)$	$\eta\%$
60	0						
	6.9						
	13.8						
120	0						
	6.9						
	13.8						
180	0						
	6.9						
	13.8						

7.3.5　注意事项

(1) 注意交流和直流的区别，不要把不同实验所用的测试仪表混淆了。

(2) 注意仪表的正确连接（串联、并联、同名端）及合适挡位。

(3) 实验元件电阻（灯泡）、电感、电容的实际值与理论值相比存在一定的误差。

(4) 考虑安全性，交流实验所加电压不要超过 180V。

(5) 交流参数测试实验的连线步骤完成后必须严格检查，确定无误后才能进行通电。

7.3.6　思考题

(1) 在直流及交流电路里，当阻抗匹配时，总电路的功率因数及负载电路的功率因数各为多少（或范围）？

(2) 如何理解最大传输功率和效率之间的关系？

7.3.7　实验报告要求

用表 7-6 所给出的 $R_1=120W$、$R_2=120W$、$L=1.2H$、$r_L=40\Omega$、$C=6.9\mu F$ 值作为理论数据进行计算，计算结果与表 7-6 所测试的相应结果做比较。

7.3.8　实验仪器设备

(1) YKZDY-02 直流稳压电源，恒流源；

(2) YKDGB-01 直流数字电压表，电流表；

(3) YKDGJ-01 交流电路实验箱（一）；

(4) YKDGJ-03 交流电路实验箱（三）；

(5) YKDGB-02 智能交流数字电压表，智能交流数字电流表；

(6) YKDGB-03 智能功率表，功率因数表。

7.4 双踪示波器（模拟）构成、工作原理及操作

7.4.1 实验目的

（1）熟悉示波器的电路结构及基本工作原理。
（2）熟悉示波器各主要开关、按键、旋钮的作用。
（3）学习用示波器测量波形（幅值、周期、频率和相位）。

7.4.2 实验预习要求

（1）预习实验教材中本次实验的原理，示波器面板上的开关、旋钮的作用。
（2）预习关于函数信号发生器的有关章节。

7.4.3 简述

电子示波器是一种以阴极射线管显示信号波形的测量仪器。它对电信号的分析是按时域法进行的，即研究信号的瞬时幅度与时间的函数关系，让电信号波形直观地显示在荧光屏上。利用示波器可以测试电信号的电压、电流、频率、周期、相位差和脉冲信号的宽度、上升时间、下降时间等参量。

示波器的种类较多，按用途和特点可分为通用示波器、低频示波器、高频示波器、数字存储示波器、专用示波器等。通用示波器应用最为广泛，它采用单束示波管，包括单踪型和双踪型。其中双踪型可以显示、比较和分析任意两个电量之间的函数关系。

7.4.4 示波管

示波管（或称阴极射线管 CRT）是一种将被测电信号转换成光信号的显示器件，它可分为静电偏转式和电磁偏转式两大类。示波管由电子枪、偏转系统和荧光屏三部分组成，如图 7-17 所示。

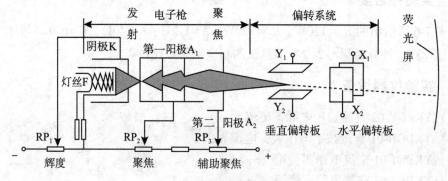

图 7-17 示波管构成图

（1）电子枪产生并形成一束高速、窄细的电子流，去轰击荧光屏使之发光。它主要由灯丝 F、阴极 K、控制栅极 G、第一阳极 A_1 和第二阳极 A_2 组成。分别调整栅极 G 的电压，阳极 A_1、A_2 的电压，可以改变荧光屏上光点的亮度及聚焦程度。偏转系统分水平偏转板和垂直偏转板，它们分别控制电子束在水平方向和垂直方向的扫描。

（2）荧光屏是示波管的显示部分，其内层玻璃壳面涂有荧光粉。荧光物质在高速电子的轰击下，该原子得到电子的动能使其从稳定态变为激发状态，当激发状态转为稳定状态时就会发光。屏上荧光物质发光作用要经过一段时间才停止，这段时间叫余辉时间。它是根据光点亮度下降到其 10% 所延续的时间来确定的，其中 $10\mu s \sim 1ms$ 为短余辉，$1ms \sim 100ms$ 为中余辉，大于 $100ms$ 为长余辉。通用示波器一般采用中余辉示波管。

（3）示波原理。

示波原理图如图 7-18 所示。

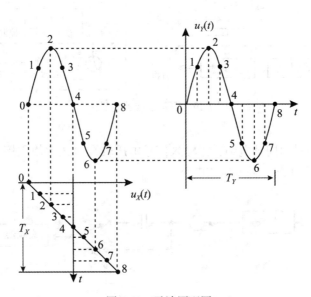

图 7-18　示波原理图

7.4.5　双踪示波器的工作原理

双踪示波器主要由垂直通道、水平通道、示波管电路三部分组成。此外还有低压电源电路和标准信号电路，如图 7-19 所示。

1. 垂直系统（Y 通道）

主要由输入电路、放大电路、电子开关组成，还包括输入耦合开关、阻抗变换器、延迟线等。其作用是把被测信号适当放大，然后加到示波管的 Y 轴偏转板上以控制电子束的偏转。要求所显示的波形能够精确地反映出输入信号的状态，失真较小。

1）输入电路

（1）输入电路是由探极（探头）、输入耦合开关和阻容元件构成的衰减器组成（如图

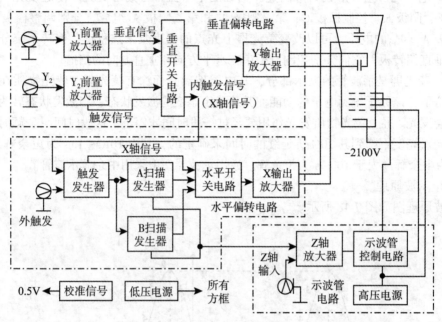

图 7-19 双踪示波器组成图

7-20 所示）。探头线采用同轴电缆，当输入信号电压较高时，常使用探头上的 10∶1 分压
开关，它是一种电容补偿电阻分压式电路。

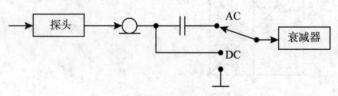

图 7-20 输入电路组成

（2）输入耦合开关提供输入耦合方式 AC、⊥、DC 三种方式。当选择接地（⊥）时，
前置放大器与输入端断开接地，可用于检查及调整水平扫描基线的位置。

（3）衰减器用来衰减输入信号，得到适当的垂直扫描因数，以保证在荧光屏上有适
当的显示信号。原理如图 7-21 所示。

$$Z_1 = \frac{\dfrac{R_1}{j\omega C_1}}{R_1 + \dfrac{1}{j\omega C_1}} = \frac{R_1}{1 + j\omega C_1 R_1} \qquad Z_2 = \frac{\dfrac{R_2}{j\omega C_2}}{R_2 + \dfrac{1}{j\omega C_2}} = \frac{R_2}{1 + j\omega C_2 R_2}$$

当满足 $R_1 C_1 = R_2 C_2$ 时，衰减器的分压比 $\dfrac{U_o}{U_i} = \dfrac{Z_2}{Z_1 + Z_2} = \dfrac{R_2}{R_1 + R_2}$，且与频率无关。

2）放大电路

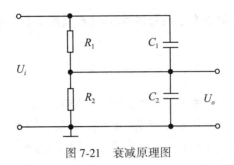

图 7-21　衰减原理图

放大电路分前置放大器和后置放大器，其特点如下：

（1）要求足够高的输入阻抗，常采用场效应管或射极跟随器作前置极。

（2）要求频率较宽。广泛采用共射-共基、共射-共集等组合电路、负反馈电路及高频补偿电路。

（3）为了保证低频或直流通过，各级放大器之间一般采用直接耦合。

（4）为了防止温度变化对其影响以及内部干扰，常采用差分放大和负反馈电路。

3）电子开关

电子开关的作用是实现示波器的二踪显示。

（1）"交替"方式。每隔一个扫描周期，Y_A 及 Y_B 信号轮流输入至 Y 通道，如此重复。因为交替速度极快，并由于视觉暂留和余辉的效果，荧光屏上所看到的是两个波形同时出现。交替方式适用于观测高频信号。为了让不同频率的输入信号得到稳定，也需要采用交替方式来测试输入信号。

（2）"断续"方式。在同一个扫描周期内，电子开关以很高的转换频率，分别不断地开启 Y_A 及 Y_B 信号，荧光屏上就有由不连续的微小线段构成的两个波形。由于这些线段非常密集，以及光亮点的散射，人眼看上去就好像是连续波形。断续方式适用于观测低频信号。

2. 水平系统（X 通道）

水平系统主要包括触发电路、扫描电路、水平放大器等部分。

（1）触发电路的作用在于把触发信号变换成具有陡峭前沿且与被测信号某一同相点严格同步的触发脉冲，其主要功能有触发源选择、耦合方式选择、触发极性选择、触发方式选择、触发电平选择等。

（2）扫描电路主要包括扫描电压发生器（锯齿波发生器）、扫描闸门电路、释抑电路等。

①示波器的水平扫描是由锯齿波电压来实现的。扫描周期 $T = T_s + T_b + T_w$，其中 T_s 为扫描正程时间，T_b 为逆程时间，T_w 为等待时间。

②闸门与释抑电路的作用是每当扫描发生器开始扫描时，释抑电路就"抑制"触发脉冲继续触发，直到一个扫描周期结束时，才"释放"触发脉冲，以保证波形的稳定性，

即同步。

（3）水平放大器的作用是为示波管的水平偏转板提供相应的推动电压，以保证电子束能在水平方向满偏转。

3．其他

（1）高压发生器：提供示波管工作的±2000V直流高压电源。

（2）示波管控制电路：控制示波管光点亮度、聚集、辅助聚集的直流信号。

（3）Z轴放大器：提供扫描正程的增辉信号，即增大亮度。（扫描逆程要减小回扫线的亮度，即消隐）

（4）低压电源电路：提供6.3V交流电压供灯波管灯丝用，提供+5V、+12V、+18V、+160V、-12V直流电压供示波器各部分电路使用。

（5）标准信号：提供$0.5V_{p\text{-}p}$、占空比50%、$f=1\text{kHz}$方波信号供示波器校准使用。

7.4.6　示波器面板功能指示说明

示波器面板图如图7-22所示。

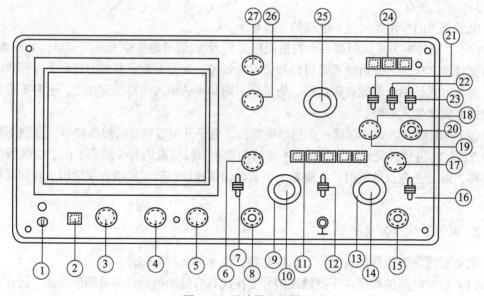

图7-22　示波器面板图

①——校正信号（CAL），提供0.5V频率为1kHz的方波；

②——电源开关（POWER）；

③——辉度（INTEN），控制光点和扫描线的亮度；

④——聚焦（FOCUS），将扫描线聚成最清晰；

⑤——标尺亮度（ILLUM），调节刻度照明亮度；

⑥、⑰——↕位移（POSITION），调节扫描线垂直位置；

⑦、⑯——AC-⊥-DC，输入信号与垂直放大器连接方式的选择；

⑧、⑮——y_1（x）、y_2（x），y_1 及 y_2 的垂直输入端；

⑨、⑬——V/cm 衰减开关，选择垂直偏转因数用；

⑩、⑭——偏转因数微调（VARIABLE）/拉×5 倍；

⑪——Y 方式（VERT MODE）。y_1 单独工作；交替（ATL），y_1 和 y_2 交替工作适用较高频率扫描；断续（CHOP），适用低频率扫描；相加（ADD），y_1+y_2 的代数和（若 y_2 旋钮拉出则 y_1-y_2）；y_2 单独工作；

⑫——内触发；

⑱——释抑（HOLDOFE），释抑时间调节；

⑲——电平（LEVEL），触发电平调节；

⑳——外触发（EXT TRIG），外触发信号输入端口；

㉑——±极性（SLOPE），触发极性；

㉒——耦合（COUPLING），选择触发信号和触发电路之间的耦合方式；

㉓——触发源（SOURCE），选择触发信号；

㉔——扫描方式（SWEEP MODE），自动（AUTO）、常态（NORM）、单次（SINGLE）；

㉕——扫描时间因数（TIME/DIV），选择水平偏转因数用；

㉖——微调（VARIABLE）/拉×10 倍，扫描时间因数微调/扩展状态；

㉗——位移（POSITION），调节扫描线光点的水平位置。

7.4.7　示波器的操作

1. 基本操作

（1）通电前按表 7-7 把按键、旋钮调至合适的位置。

表 7-7　　　　　　　　　　示波器面板功能说明

项目	代号	位置设置	项目	代号	位置设置
电源	②	断开位置	触发源	㉓	内
辉度	③	相当于时钟"3点"位置	耦合	㉒	AC
聚焦	④	中间位置	极性	㉑	+
标尺亮度	⑤	逆时针旋到底	电平	⑲	锁定（逆时针旋到底）
Y 方式	⑪	Y_1	释抑	⑱	常态（逆时针旋到底）
↕位移	⑥⑰	中间位置，推进去	扫描方式	㉔	自动
V/cm	⑨⑬	10mV/cm	t/cm	㉕	0.5ms/cm
微调	⑩⑭	校准(顺时针旋到底)，推进去	微调	㉖	校准(顺时针旋到底)，推进去

续表

项目	代号	位置设置	项目	代号	位置设置
AC−⊥−DC	⑦⑯	⊥	↔ 位移	㉘	中间位置
内触发	⑫	Y_1			

（2）打开电源，数秒钟后出现扫描线。调节聚焦使光迹最清晰，为使聚焦最好，光迹不可调得过亮。

（3）调节输入耦合方式于 AC，将示波器的标准信号输至通道 CH1，适当调节电平旋钮使波形稳定，屏幕显示方波信号。若信号幅度、宽度与标准信号相符，说明示波器工作正常。

2. 电压测量

（1）直流电压测量。输入耦合方式开关置于 GND，调节 y 位移旋钮，使光迹对准任一条水平刻线，该线即为扫描基准线。将耦合方式换到 DC，输入直流电压，得到直流电压 $U=D_y h$，其中 D_y 为电压灵敏度，h 为格数。

（2）交流电压测量。将 y 输入耦合方式置于 AC 位置。输入信号，调节电平（LEVEL）旋钮使波形稳定。调节电压灵敏度（VOLT/DIV）开关，使显示波形幅度适中便于读数。电压的峰-峰值 $U_{p-p}=D_y h$。交流电压测量显示波形如图 7-23 所示。

（3）时间的测量。周期和频率的测量：扫描速度（TIME/DIV）开关置于合适的位置，调节电平旋钮使波形稳定。将波形的零点调至竖线位置方便读数。信号的周期 T 和频率 f 为 $T=D_x d$ 或 $f=1/T$，如图 7-24 所示。

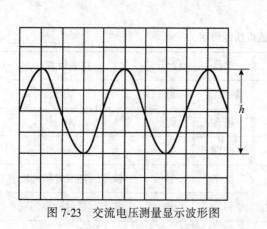

图 7-23 交流电压测量显示波形图

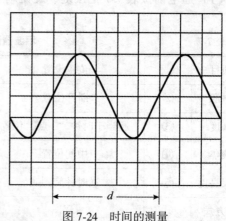

图 7-24 时间的测量

（4）同频率信号相位差的测量。把两个示波器探头线的黑夹子与移相电路的公共地连接，CH1 红夹子接 V_i，CH2 红夹子接 V_o，如图 7-25 所示。调节两扫描线的基准线与显示中轴重合，再选择合适的触发源耦合方式、触发方式等调节钮。屏上就显示出两个相应的正弦波，如图 7-26 所示。

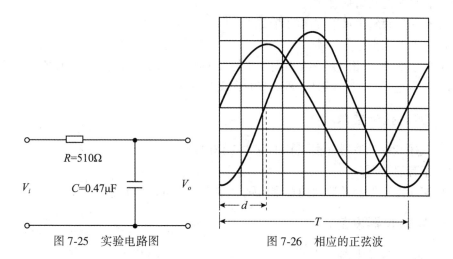

图 7-25　实验电路图　　　　图 7-26　相应的正弦波

调节水平位移扫描微调旋钮，使信号的一个周期为 9 格，每格相角 40°，就可以测出两波形的相位差 $\Delta\varphi = K_q d = 40°d$。

7.4.8　实验内容

（1）首先根据示波器的基本工作原理，熟悉面板上各功能键、旋钮的功能及操作方法，熟悉函数信号发生器各功能键、旋钮的功能及操作方法。

（2）按照示波器的操作步骤，每人都能够独立完成函数信号发生器的几种输出波形（频率、幅度、相位差）的调节及测试。

7.4.9　注意事项

（1）在了解函数信号发生器及示波器的按钮、旋钮功能及使用方法后再动手操作，操作时不要用力过猛。

（2）信号源输出端不要短路。

（3）注意共地点问题。

7.4.10　思考题

（1）示波器面板上的按钮及旋钮大致可分为哪几类？

（2）示波器输入耦合方式 AC、DC、⊥各表示什么含义？

（3）当未输入信号时，荧光屏上为什么会出现下列问题，该如何调节？

①无光点。

②有光点但无扫描线。

③光点从左向右缓慢移动。

④有较大的不稳定波形。

（4）当 y 通道输入正弦波信号时，荧光屏上为什么会出现下列问题，该如何调节？

① 只有扫描线而无波形；

② 只有暗淡的几条垂直线；

③ 只有一条倾斜于水平方向的直线；

④ 波形沿着水平方向移动。

（5）在实际测量相同频率或不同频率的波形时，如何选用交替按键或断续按键？

（6）触发电平调节、释抑时间调节的含义是什么？

7.4.11　实验报告要求

（1）叙述双踪示波器（模拟）的基本工作原理。

（2）回答思考题。

（3）谈谈操作体会及遇到的疑难问题（本实验内容范围）。

7.4.12　实验仪器设备

（1）函数信号发生器。

（2）双踪示波器（数字）。

（3）YKDGD-01 电路基础实验箱（一），YKDGJ-01 交流电路实验箱（一）。

7.5　RC 无源滤波电路频率特性的测量

7.5.1　实验目的

（1）加深理解 RC 无源滤波电路的频率特性。

（2）学会用示波器测量 RC 无源滤波电路的频率特性。

7.5.2　实验预习要求

（1）复习无源滤波电路的基本原理。

（2）复习示波器的测量方法。

7.5.3　基本原理

滤波电路就是当幅值相同、频率不同的信号通过电抗性元件后，由于容抗或感抗随频率而改变的特性，输出信号会产生不同的响应。

电路输出电压与输入电压的比值称为电路的传递函数或转移函数，用 $T(j\omega)$ 表示，它是一个复数。表示 $|T(j\omega)|$ 随 ω 变化的特性称为幅频特性，表示 $\varphi(\omega)$ 随 ω 变化的特性称为相频特性，两者统称频率特性。

1. 低通滤波电路

低通滤波电路如图 7-27 所示，$R=1\mathrm{k}\Omega$，$C=1\mu\mathrm{F}$。

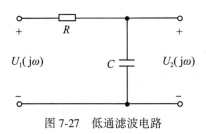

图 7-27　低通滤波电路

$$T(j\omega) = \frac{U_2(j\omega)}{U_1(j\omega)} = \frac{\dfrac{1}{j\omega C}}{R + \dfrac{1}{j\omega C}} = \frac{1}{1 + j\omega RC}$$

$$= \frac{1}{\sqrt{1 + (\omega RC)^2}} \angle - \arctan(\omega RC) = |T(j\omega)| \angle \varphi(\omega)$$

其中：
$$|T(j\omega)| = \frac{U_2(\omega)}{U_1(\omega)} = \frac{1}{\sqrt{1 + (\omega RC)^2}}$$

$$\varphi(\omega) = - \arctan(\omega RC)$$

设 $\omega_0 = \dfrac{1}{RC}$，则

$$T(j\omega) = \frac{1}{1 + j\dfrac{\omega}{\omega_0}} = \frac{1}{\sqrt{1^2 + \left(\dfrac{\omega}{\omega_0}\right)^2}} \angle - \arctan\frac{\omega}{\omega_0}$$

通常规定：当输出电压下降到输入电压的 70.7%，即 $|T(j\omega)|$ 下降到 0.707 时为输出下限，此时 $\omega = \omega_0$，而将频率范围 $0 < \omega \leqslant \omega_0$ 称为通频带。ω_0 称为截止频率，又称半功率频率或称 $-3\mathrm{dB}$ 频率。

注：（1）半功率频率：如果电路输出端接一电阻负载，当 $|T(j\omega)|$ 下降到 0.707 时，因为功率正比于电压的平方，这时输出功率是输入功率的一半。

（2）$-3\mathrm{dB}$ 频率：$|T(j\omega)|$ 可用对数形式表示，其单位为分贝（dB）。当 $|T(j\omega)| = 0.707$ 时，$|T(j\omega)| = 20\lg 0.707 = 20 \times (-0.515) = -3$（dB）。

低通滤波电路的频率特性如图 7-28 所示。

2. 高通滤波电路

高通滤波电路如图 7-29 所示，$R = 1\mathrm{k}\Omega$，$C = 0.1\mu\mathrm{F}$。

$$T(j\omega) = \frac{U_2(\omega)}{U_1(\omega)} = \frac{1}{R + \dfrac{1}{j\omega C}} = \frac{1}{\sqrt{1 + \left(\dfrac{R}{\omega RC}\right)^2}} = \angle \arctan\frac{1}{j\omega RC}$$

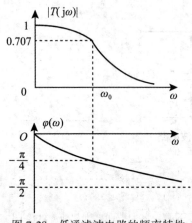

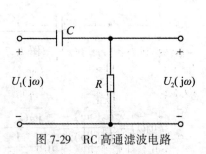

图 7-28 低通滤波电路的频率特性　　　　图 7-29 RC 高通滤波电路

式中，$|T(\mathrm{j}\omega)| = \dfrac{U_2(\omega)}{U_1(\omega)} = \dfrac{1}{\sqrt{1 + \left(\dfrac{1}{\omega RC}\right)^2}}$，$\varphi(\omega) = \arctan \dfrac{1}{\omega RC}$

设 $\omega_0 = \dfrac{1}{RC}$，则 $T(\mathrm{j}\omega) = \dfrac{1}{1 - \mathrm{j}\dfrac{\omega_0}{\omega}} = \dfrac{1}{\sqrt{1^2 + \left(\dfrac{\omega_0}{\omega}\right)^2}} \angle \arctan \dfrac{\omega_0}{\omega}$

高通滤波电路的频率特性如图 7-30 所示。

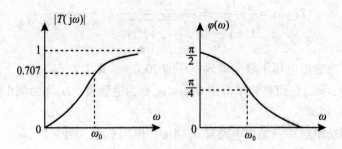

图 7-30 高通滤波电路的频率特性

3. 带通滤波电路

带通滤波电路如图 7-31 所示。

$$T(\mathrm{j}\omega) = \dfrac{1}{3 + \mathrm{j}\left(\omega RC - \dfrac{1}{\omega RC}\right)} = \dfrac{1}{\sqrt{3^2 + \left(\omega RC - \dfrac{1}{\omega RC}\right)^2}} \angle -\arctan \dfrac{\omega RC - \dfrac{1}{\omega RC}}{3}$$

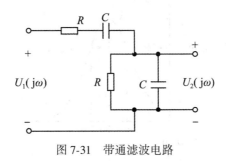

图 7-31　带通滤波电路

式中，$|T(j\omega)| = \dfrac{1}{\sqrt{3^2 + \left(\omega RC - \dfrac{1}{\omega RC}\right)^2}}$，$\varphi(\omega) = -\arctan \dfrac{\omega RC - \dfrac{1}{\omega RC}}{3}$

设 $\omega_0 = \dfrac{1}{RC}$ 则

$$T(j\omega) = \frac{1}{3 + j\left(\dfrac{\omega}{\omega_0} - \dfrac{\omega_0}{\omega}\right)} = \frac{1}{\sqrt{3^2 + \left(\dfrac{\omega}{\omega_0} - \dfrac{\omega_0}{\omega}\right)^2}} \angle -\arctan \frac{\dfrac{\omega}{\omega_0} - \dfrac{\omega_0}{\omega}}{3}$$

当 $\omega = \omega_0 = 1/RC$ 时，输入电压 $\dot{U}_1$ 与输出电压 $\dot{U}_2$ 同相，且 $\dfrac{U_2}{U_1} = \dfrac{1}{3}$。而且当 $|T(j\omega)|$ 等于最大值(即 $1/3$) 的 0.707 处，频率的上下限之间宽度称为通频带，即 $\Delta\omega = \omega_2 - \omega_1$。

带通滤波电路的频率特性如图 7-32 所示。

7.5.4　实验任务

（1）测试低通滤波电路的频率特性（表 7-8），并作图 。（$R = 1\text{k}\Omega$，$C = 0.1\mu\text{F}$，保持输入电压 $6V_{\text{p-p}}$）

表 7-8　　　　　　　　　　　　　　　　**实 验 数 据**

f（Hz）		600	900	1200	1592	2200	3000	4500	9000
U_2（$V_{\text{p-p}}$）	计算								
	测试								
φ（°）	计算								
	测试								

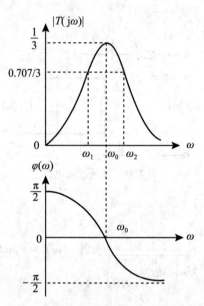

图 7-32 带通滤波电路的频率特性

（2）测试高通滤波电路的频率特性（表 7-9），并作图。（$R = 1\text{k}\Omega$，$C = 0.1\mu\text{F}$，保持输入电压 $6V_{\text{p-p}}$）

表 7-9　　　　　　　　　　　　　　**实 验 数 据**

f（Hz）		270	560	900	1200	1592	2200	3000	4500
U_2（$V_{\text{p-p}}$）	计算								
	测试								
φ（°）	计算								
	测试								

（3）测试带通滤波电路的频率特性（表 7-10），并作图。（$R = 1\text{k}\Omega$，$C = 0.1\mu\text{F}$，保持输入电压 $6V_{\text{p-p}}$）

表 7-10　　　　　　　　　　　　　　**实 验 数 据**

U（$V_{\text{p-p}}$）		0.5	1.0	1.4	2.0	1.4	1.0	0.5
f（Hz）	计算							
	测试							
φ（°）	计算							
	测试							

7.5.5   注意事项

（1）信号源输出端不要短路。

（2）注意示波器共地点问题。

（3）传统测试频率特性是给定频率测出对应幅值及相差。本实验第（3）题是为了得到几个特殊的电压值，就采用了给定幅值调整出对应的频率，再测相差的方法。

（4）注意调节频率时要保持信号源的输出电压不变。

7.5.6   思考题

（1）无源滤波电路的特点是什么？

（2）如何用示波器测量无源滤波电路的相移？

7.5.7   实验报告要求

（1）分别计算和测量滤波电路的频率特性，并作比较。

（2）绘出所测的频率特性曲线。

7.5.8   实验仪器设备

（1）双踪示波器（数字）；

（2）函数信号发生器；

（3）YKDGD-01 电路基础实验箱（三），YKDGD-04 电路基础实验箱（四）。

7.6   RLC 串联谐振电路的测试

7.6.1   实验目的

（1）观察串联电路谐振现象，加深对谐振条件和特点的理解。

（2）学会用实验的方法测定 RLC 串联电路的幅频特性。

（3）加深理解电路品质因数的物理意义。

（4）加深对几种常用电子仪器使用方法的熟悉。

7.6.2   实验预习要求

（1）复习 RLC 串联谐振电路的基本原理。

（2）进一步熟悉函数信号发生器、示波器、交流毫伏表、数字万用表的使用方法。

7.6.3   基本原理

1. 频率特性曲线

RLC 串联电路如图 7-33 所示。当外加正弦交流电压改变时，电路中的感抗、容抗和阻抗都随着电源频率的变化而改变，因而电路中的电流也随着频率的变化而改变。这些物理量随频率而变的特性绘成曲线就称为频率特性曲线，如图 7-34 所示。

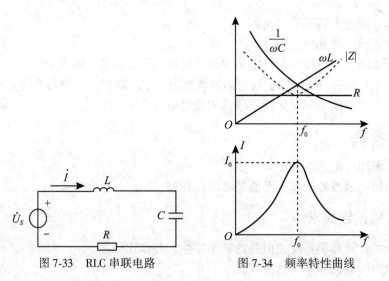

图 7-33 RLC 串联电路   图 7-34 频率特性曲线

电路中的感抗 $X_L = \omega L$

容抗 $X_C = 1/\omega C$

电抗 $X = X_L - X_C = \omega L - \dfrac{1}{\omega C}$

阻抗 $Z = \sqrt{R^2 + \left(\omega L - \dfrac{1}{\omega C}\right)^2}$

电路中的电流有效值

$$I = \dfrac{U_S}{\sqrt{R^2 + \left(\omega L - \dfrac{1}{\omega C}\right)^2}}$$

电流 $\dot{I}$ 与电源电压 $\dot{U}_S$ 的相位差

$$\varphi = \arctan \dfrac{\omega L - \dfrac{1}{\omega C}}{R}$$

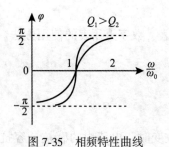

其中电路元件的阻抗、元件上的电压、回路电流的大小随频率改变的特性称为幅频特性（见图 7-34 幅频特性曲线）。电路中电流 $\dot{I}$ 与电源电压 $\dot{U}$ 之间的相位差随频率改变的特性称为相频特性（见图 7-35 相频特性曲线）。幅频特性和相频特性合称频率特性。

图 7-35 相频特性曲线

2. 串联谐振的条件

由串联回路的阻抗

$$Z = R + \mathrm{j}\left(\omega L - \frac{1}{\omega C}\right) = |Z| \angle \varphi$$

可以看出，当 ω 变化时 Z 也随之改变。当 ω 变到某一特定频率时，使得 $\dot{U}$ 和 $\dot{I}$ 同相位，这种状态称为串联谐振，此时 $\varphi = 0$ 或 $\omega L - \frac{1}{\omega C} = 0$，即 $\omega_0 = \frac{1}{\sqrt{LC}}$ 或 $f_0 = \frac{1}{2\pi\sqrt{LC}}$，由此可见，谐振频率 $\omega_0(f_0)$ 只与电路中的元件参数有关。

3. 串联谐振的特点

（1）回路阻抗最小，呈电阻性 $Z = R$；
（2）电源电压与回路电流同相位 $\varphi = 0$；
（3）回路电流最大 $I = I_0 = \dfrac{U_S}{Z} = \dfrac{U_S}{R}$；
（4）元件上的电压降 $U_R = U_S$，$U_L = U_C = QU_S$。

4. 品质因数 Q 值的意义

$$Q = \frac{U_L}{U_S} = \frac{U_C}{U_S} \text{ 或 } Q = \frac{\omega_0 L}{R} = \frac{1}{\omega_0 RC}$$

（1）谐振时电容及电感上的电压是电源电压的 Q 倍，因此串联谐振也称为电压谐振。
（2）Q 值越高曲线越尖锐，通频带越窄，选择性越好。
$$\Delta f = f_2 - f_1 \text{ 或 } \Delta\omega = \omega_2 - \omega_1$$
（3）Q 值越高，元件的相对损耗越小。

$Q_C = \dfrac{P_C(无功)}{P_C(有功)}$，其中 $P_C(有功)$——介质损耗；

$Q_L = \dfrac{P_L(无功)}{P_L(有功)}$，其中 $P_L(有功)$——欧姆电阻，磁介质焦耳损耗。

5. 通频带、相对通频带

1）通频带
如图 7-36 所示，从幅频特性曲线中可以看出，当幅值下降到其最大值的 $1/\sqrt{2}$ 对应的 f_0（或 ω_0）左右时，两个频率点间的范围称为通频带，即 $\Delta f = f_2 - f_1$ 或 $\Delta\omega = \omega_2 - \omega_1$。

2）相对通频带
如图 7-37 所示，在幅频特性曲线中，当幅值下降到其最大值的 $1/\sqrt{2}$ 时，对应的 f_0（或 ω_0）左右两个频率点间的差值与 f_0（或 ω_0）的比称为相对通频带，即

$$B = \frac{\omega_2}{\omega_0} - \frac{\omega_1}{\omega_0} = \frac{1}{\omega_0}(\omega_2 - \omega_1)$$

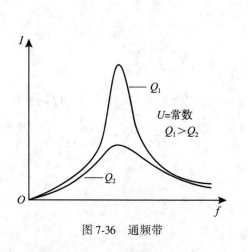

图 7-36 通频带

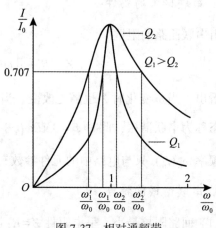

图 7-37 相对通频带

7.6.4 实验内容

1. 测量幅频特性

按图 7-38 所示电路接线。电路中元件参数 $R = 500\Omega$，$C = 0.1\mu F$，$L = 0.1H$，调节频率并保持 $U_s = 3V$（有效值）不变，用数字万用表（或交流毫伏表）测量 R、L、C 元件在不同频率下的电压有效值，同时用示波器监测谐振状态。测值填入表 7-11 中，并计算 $I = \dfrac{U_R}{R}$，$X_C = \dfrac{U_C}{I}$，$X_L = \dfrac{U_L}{I}$ 值，根据测值作出三条电压幅频特性曲线。

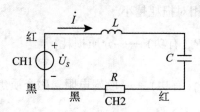

图 7-38 串联谐振电路

表 7-11 实 验 数 据

f（Hz）	测量值			计算值		
	U_R（V）	U_C（V）	U_L（V）	I（mA）	X_C（kΩ）	X_L（kΩ）
100						
500						
1k						

续表

f（Hz）	测量值			计算值		
	U_R（V）	U_C（V）	U_L（V）	I（mA）	X_C（kΩ）	X_L（kΩ）
1.2k						
1.3k						
1.4k						
$f=$ k						
$f_0=$ k						
$f_L=$ k						
1.5k						
1.6k						
1.8k						
2k						
4k						

2. Q 值及通频带的测量

将测量值和计算值填入表7-12中。

表7-12　　　　　　　　　　**实 验 数 据**

	R	f_0（Hz）	U_R（V）	$\frac{U_R}{\sqrt{2}}$（V）	U_C（V）	f_1（Hz）	f_2（Hz）	Δf（Hz）	B	$Q=\frac{U_C}{U_R}$
测量值	$R_1=500\Omega$									
	$R_2=1k\Omega$									
	$R_3=2k\Omega$									
计算值	$R_1=500\Omega$	1592								
	$R_2=1k\Omega$	1592								
	$R_3=2k\Omega$	1592								

保持图7-38电路中的 $C=0.1\mu F$，$L=0.1H$ 不变，调节频率时并保持 $U_S=3V$（有效值）不变，改变 R 值分别为 $R_1=500\Omega$，$R_2=1k\Omega$，$R_3=2k\Omega$。按表7-12中给定的参数测量，并分别计算出 Δf、B、Q 值。

测试过程中为了较为准确地得到 f_1 及 f_2 的频率点，可先测出 f_0 所对应的 U_R 值，经计算得到对应的 f_1 及 f_2 的 U_R 值，然后调节频率在 f_0 点左右各找出一个对应 U_R 值的频率点，

即为 f_1 及 f_2。

7.6.5　注意事项

（1）信号源输出不要短路；

（2）交流毫伏表、示波器，使用时要注意共地点问题；

（3）调节频率时要保持信号源输出电压有效值 3V 不变；

（4）所测电路元件与给定值之间存在一定误差。

7.6.6　思考题

（1）实测电路发生谐振时，是否存在 $U_R = U_S$，$U_C = U_L$？若关系不成立，试分析原因。

（2）为什么在注意事项中要谈到共地点的问题？

（3）为什么信号源的幅度不要调得太大？

7.6.7　实验报告要求

（1）按表中要求进行相应的测试、计算和绘图。

（2）根据实验的过程及结果，说明谐振的条件和特征。

（3）通过实验，比较实际测量与理论计算结果的差异，并分析原因。

7.6.8　实验仪器设备

（1）函数信号发生器；

（2）双踪示波器（数字）；

（3）交流毫伏表；

（4）YKDGQ-01 元件箱。

7.7　耦合电路参数的测量

7.7.1　实验目的

（1）加深对互感现象的认识，熟悉互感元件的基本特性；

（2）根据互感电路同名端的定义，学会判定同名端；

（3）学习自感系数、互感系数、耦合系数的测定方法。

7.7.2　预习要求

（1）复习耦合电路的基本原理；

（2）熟悉实验的接线、测试方法。

7.7.3　实验原理和内容

1. 耦合电感元件

如图 7-39 所示，存在彼此靠近的两个线圈 1 和 2，当线圈 1 通以电流 i_1 时，其产生的磁通链会与线圈 2 相交链，这种磁通链称为互感磁通链。当 i_1 随时间变化时，交变的互感磁通链使得线圈 2 的两端出现感应电压。当线圈 2 通以电流 i_2 时，在线圈 1 中亦会产生类似的情况。

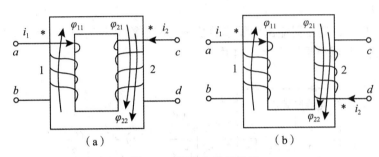

（a）　　　　　　　　　　　　　（b）

图 7-39　耦合电感元件图

2. 同名端的定义

同名端亦称对应端、同极性。如图 7-39（a）所示，当电流 i_1、i_2 同时从 a、c 流进（或流出）线圈时，两线圈的自感磁通链和互感磁通链方向一致（加强），则 a、c 以及 b、d 定为同名端（而 a、d 以及 b、c 为异名端）。而如图 7-39（b）所示，a、d 以及 b、c 定为同名端（a、c 以及 b、d 为异名端）。同名端以"$*$""$\cdot$""$\triangle$"等符号表示。

3. 同名端的判定

1）直流通断法（瞬时接通法）

按图 7-40 接线，当粗线圈的开关 S 闭合时，若细线圈两端所接的电流表或电压表出现正偏，则表明 1、3 两端为同名端。如果出现反偏，即表明 1、3 两端为异名端。判断原理根据楞次定律：闭合回路中感应电流的方向，总是使它所激发的磁场来阻止引起感应电流（图 7-39），测试结果填入表 7-13。

表 7-13　　　　　　　　　　　　　　直流法判定同名端

电源端	电表端	偏转显示（±）	同名端判定
1+、2-（N_1粗）	3+、4-（N_2细）		1—（　　） 2—（　　）

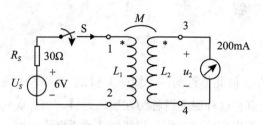

图 7-40 直流通断法接线图

2）交流法

按图 7-41 接线，调压器输出为零起始状态。调整输出电流 $I = 0.5\text{A}$，监视电压 $U_{12} <$ 6V，进行测试，测试结果填入表 7-14 中。

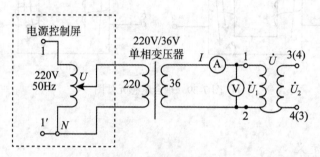

图 7-41 交流法接线图

原理：（1）顺接（异名端相连）$\dot{U} = \dot{I}(R_1 + \text{j}\omega L_1) + \dot{I}\text{j}\omega M_{21} = \dot{I}[R_1 + \text{j}\omega(L_1 + M_{21})]$
判断 $\dot{U} = \dot{U}_1 + \dot{U}_2$；$U \approx U_1 + U_2$。
（2）反接（同名端相连）$\dot{U} = \dot{I}(R_1 + \text{j}\omega L_1) - \dot{I}\text{j}\omega M_{21} = \dot{I}[R_1 + \text{j}\omega(L_1 - M_{21})]$
判断 $\dot{U} = \dot{U}_1 - \dot{U}_2$；$U \approx U_1 - U_2$。

表 7-14　　　　　　　　　　　　　　交流法判定同名端

连接端	I（A）	分段电压		U（V）	同名端判定
		U_{12}	U_{34}		
2—4	0.5				1—（　）　2—（　）
2—3	0.5				1—（　）　2—（　）

4. 自感系数的测定

按图 7-42 接线，测粗线圈（L_1）时，所加电流 $I = 0.5\text{A}$，测得 $U < 5\text{V}$；测细线圈

(L_2) 时，所加电流 $I = 0.5\text{A}$，测得 $U < 26\text{V}$，测试结果填入表7-15 中。

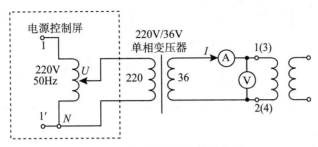

图 7-42　自感系数的测定接线图

表 7-15

线圈	I（A）	U（V）	R'（Ω）	r（Ω）	R（Ω）	Z（Ω）	X（Ω）	L（mH）
N_1	0.5							
N_2	0.5							

原理：$Z_1 = U_1/I_1$，$R_1 = R'_1 - r_1$，$X_1 = \sqrt{Z_1^2 - R_1^2}$，$L_1 = X_1/\omega$；

$Z_2 = U_2/I_2$，$R_2 = R'_2 - r_2$，$X_2 = \sqrt{Z_2^2 - R_2^2}$，$L_2 = X_2/\omega$。

本电路可以同时测量题5中的互感系数。

5. 互感系数及耦合系数测定（所加电流 $I = 0.5\text{A}$，监视电压 $U < 6\text{V}$）

1）互感电势法

接线图如图 7-43 所示，测试结果填入表7-16 中。

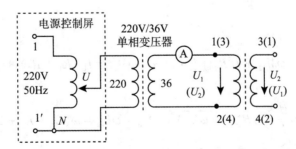

图 7-43　互感电势法接线图

原理：$u_2 = M_{21}\dfrac{\mathrm{d}i_1}{\mathrm{d}t} = M_{21}\dfrac{\mathrm{d}I_1\sin\omega t}{\mathrm{d}t} = M_{21}I_1\omega\cos\omega t$；$U_2 = M_{21}I_1\omega$；$M_{21} = \dfrac{U_2}{I_1\omega}$；

同理得到：$u_1 = M_{12}\dfrac{\mathrm{d}i_2}{\mathrm{d}t}$，$M_{12} = \dfrac{U_1}{I_2\omega}$；互感系数：$M = \sqrt{M_{12}M_{21}}$；

耦合系数：$k = \dfrac{M}{\sqrt{L_1 L_2}} = \sqrt{\dfrac{M_{21}}{L_1} \times \dfrac{M_{12}}{L_2}}$。

表 7-16　　　　　　　　　　　互感系数及耦合系数的测定

I_1（A）	U_2（V）	M_{21}（mH）	I_2（A）	U_1（V）	M_{12}（mH）	M（mH）	k
0.5			0.5				

2）等值电感法

将线圈分别按图 7-44 连接，替换掉图 7-43 中的负载变压器。测量时所加电流 $I = 0.5\text{A}$，顺接时 $U < 32\text{V}$，反接时 $U < 16\text{V}$，将测试结果填入表 7-17 中。

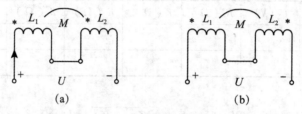

图 7-44　等值电感法接线图

表 7-17　　　　　　　　　　　实　验　数　据

连接方式	I（A）	U（V）	R'（Ω）	r（Ω）	R_{eq}（Ω）	Z_{eq}（Ω）	X_{eq}（Ω）	L_{eq}（mH）	M（mH）
顺接	0.5								
反接	0.5								

原理：

（1）顺接。

$$\dot{U} = \dot{I}(R_1 + j\omega L_1) + \dot{I}j\omega M_{12} + \dot{I}(R_2 + j\omega L_2) + \dot{I}j\omega M_{21} = \dot{I}[(R_1 + R_2) + j\omega(L_1 + L_2 + 2M)]$$
$$= \dot{I}(R_{eq} + j\omega L_{eq})$$

$$Z_{eq} = \frac{U}{I} = \sqrt{R_{eq}^2 + (\omega L_{eq})^2}; \quad X_{eq} = \omega L_{eq} = \omega(L_1 + L_2 + 2M)$$

（2）反接。

$$\dot{U} = \dot{I}'(R_1 + j\omega L_1) - \dot{I}'j\omega M_{12} + \dot{I}'(R_2 + j\omega L_2) - \dot{I}'j\omega M_{21}$$

$$= \dot{I}'[(R_1 + R_2) + j\omega(L_1 + L_2 - 2M)] = \dot{I}'(R_{eq} + j\omega L_{eq}')$$

$$Z_{eq}' = \frac{U'}{I'} = \sqrt{R_{eq}^2 + (\omega L_{eq}')^2}; \quad X_{eq}' = \omega L_{eq}' = \omega(L_1 + L_2 - 2M)$$

（3）$X_{eq} - X'_{eq} = 4\omega M$；$M = \dfrac{X_{eq} - X'_{eq}}{4\omega} = \dfrac{L_{eq} - L'_{eq}}{4}$。

7.7.4　注意事项

（1）要求在实验电路断电及调压器调零后再进行接线或拆线。

（2）增大电流时，调压器按顺时针方向缓慢调节，并监视电流表读数。

（3）铁圈中的铁芯不要抽出，否则 L_1、X_L、Z 值太小，线圈会出现过流现象。

（4）隔离变压器采用降压方式使用，不要接反了。

（5）遇到线圈振动厉害或发热时，要及时关断电源。

（6）用数字万用表测量低阻电阻值时，要考虑减去表笔短路时的接触电阻值；不要用数字万用表电阻挡测量电压。

7.7.5　思考题

（1）为什么需要对线圈的同名端进行判定？

（2）用"直流通断法"判定两耦合线圈的同名端时是使用直流表还是交流表，为什么？

（3）两耦合线圈分别加上某一定值的电流，测得电感 L_1、L_2，并计算得到 $L = L_1 + L_2$；然后把两耦合线圈串联起来加上相同定值的电流测得电感 L'。L 与 L' 值相同吗，为什么？

7.7.6　实验报告要求

（1）总结本课中各种实验测试方法；

（2）比较用不同方法测量互感系数结果的差异；

（3）分析测试中容易产生误差的主要原因。

7.7.7　实验仪器设备

（1）YKDGJ-02 交流电路实验箱（二）；

（2）YKDGB-02 智能交流数字电压表，智能交流数字电流表；

（3）磁耦合线圈。

7.8　单相变压器特性测试

7.8.1　实验目的

（1）加深对磁场与磁性材料的理解。

（2）了解变压器空载运行和负载运行的特性。

（3）验证变压器的电压、电流及阻抗变换作用。

7.8.2　预习要求

（1）复习单相变压器的基本原理。

（2）预习测试单相变压器特性的方法及电路构成。

7.8.3 磁场与磁性材料

1. 磁场的基本物理量

1）磁感应强度 B

表示磁场内某点磁场强弱和方向的物理量，是一个矢量。磁感应强度 B 的方向与电流的方向之间符合右手螺旋法则。磁感应强度的大小 $B = F/LI$；磁感应强度 B 的单位为特斯拉（T），$1T = 1Wb/m^2$。均匀磁场是指各点磁感应强度大小相等、方向相同的磁场，也称匀强磁场。

2）磁通 Φ

磁感应强度 B 与垂直于磁场方向的面积 S 的乘积。在均匀磁场中 $\Phi = BS$ 或 $B = \Phi/S$，说明如果不是均匀磁场，则取 B 的平均值。磁感应强度 B 在数值上可以看成是与磁场方向垂直的单位面积所通过的磁通，故又称磁通密度。磁通 Φ 的单位为韦［伯］（Wb），$1Wb = 1V \cdot s$。

3）磁场强度 H

计算磁场时引用的一个物理量，是矢量，通过它来确定磁场与电流之间的关系。磁场强度 H 的单位：安培/米（A/m）。

4）磁导率 μ

$\mu = B/H$ 表示磁场媒质磁性的物理量，衡量物质的导磁能力。μ 的单位为亨/米（H/m）。真空的磁导率为常数，$\mu_0 = 4\pi \times 10^{-7} H/m$。

相对磁导率 μ_r：任一种物质的磁导率 μ 和真空的磁导率 μ_0 的比值，即 $\mu_r = \mu/\mu_0$。自然界中的所有物质按磁导率的大小，或者说按磁化的特性，大体上可分为磁性材料和非磁性材料两大类。

对于非磁性材料而言，非磁性物质分子电流的磁场方向杂乱无章，几乎不受外磁场的影响而互相抵消，不具有磁化特性。其磁导率都是常数，有 $\mu \approx \mu_0$，$\mu_r \approx 1$。当磁场媒质是非磁性材料时 $B = \mu_0 H$，即 B 与 H 成正比，呈线性关系。由于 $B = \Phi/S$，$H = NI/L$，所以磁通 Φ 与产生此磁通的电流 I 成正比，即呈线性关系。

2. 磁性材料的磁性能

磁性物质内部形成许多小区域，其分子间存在的一种特殊的作用力使每一区域内的分子磁场排列整齐，显示磁性，称这些小区域为磁畴。在没有外磁场作用的普通磁性物质中，各个磁畴排列杂乱无章，磁场互相抵消，整体对外不显磁性。在外磁场作用下，磁畴方向发生变化，使之与外磁场方向趋于一致，物质整体显示出磁性来，称为磁化。即磁性物质能被磁化。磁性材料主要指铁、镍、钴及其合金等。

1）高导磁性

磁性材料的磁导率通常都很高，即 $\mu_r \gg 1$（如坡莫合金，其 μ_r 可达 $2 \times 10^{-5} H/m$），能被强烈磁化，具有很高的导磁性能，所以被广泛地应用于电工设备中，如电机、变压器及各种铁磁元件的线圈中都放有铁芯。在这种具有铁芯的线圈中通入不太大的励磁电流，便可以产生较大的磁通和磁感应强度。

2）磁饱和性

磁性物质由于磁化所产生的磁化磁场不会随着外磁场的增强而无限的增强。当外磁场增大到一定程度时，磁性物质的全部磁畴的磁场方向都转向与外部磁场方向一致，磁化磁场的磁感应强度将趋向某一定值。图 7-45 是 B-H 磁化曲线的特征。

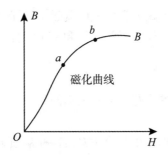

图 7-45　B-H 磁化曲线的特征

Oa 段：B 与 H 几乎成正比地增加；

ab 段：B 的增加变得缓慢；

b 点以后：B 增加很少，达到饱和。

有磁性物质存在时，B 与 H 不成正比，磁性物质的磁导率 μ 不是常数，是随着 H 而变化的，是非线性曲线。这种非线性曲线是通过实验得到的，在磁路计算中极为重要。

3）磁滞性

磁滞性是磁性材料中磁感应强度 B 的变化总是滞后于外磁场变化的性质。磁性材料在交变磁场中反复磁化，图 7-46 所示 B-H 关系曲线是一条回形闭合曲线，称为磁滞回线。

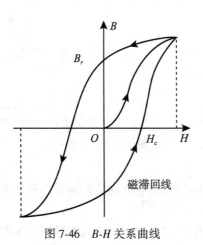

图 7-46　B-H 关系曲线

剩磁感应强度 B_r（剩磁）是当线圈中电流减小到零（$H=0$）时，铁芯中的磁感应强度。矫顽磁力 H_c 是使 $B=0$ 所需的 H 值。

4）磁性材料的分类

软磁材料：具有较小的矫顽磁力，磁滞回线较窄。一般用来制造电机、电器及变压器等的铁芯。常用的有铸铁、硅钢、坡莫合金即铁氧体等。

永磁材料：具有较大的矫顽磁力，磁滞回线较宽。一般用来制造永久磁铁。常用的有碳钢及铁镍铝钴合金等。

矩磁材料：具有较小的矫顽磁力和较大的剩磁，磁滞回线接近矩形，稳定性良好。在计算机和控制系统中用作记忆元件、开关元件和逻辑元件。常用的有镁锰铁氧体等。

3. 交流铁芯线圈的功率损耗

交流铁芯线圈的功率损耗主要有铜损和铁损两种。

1）铜损（ΔP_{Cu}）

在交流铁芯线圈中，线圈电阻 R 上的功率损耗称铜损。

在铜损 $\Delta P_{Cu}=RI^2$ 式中，R 是线圈的电阻，I 是线圈中电流的有效值。

2）铁损（ΔP_{Fe}）

在交流铁芯线圈中，处于交变磁通下的铁芯内的功率损耗称铁损，用 ΔP_{Fe} 表示。铁损由磁滞损耗和涡流损耗产生。

（1）磁滞损耗（ΔP_h）：由磁滞所产生的能量损耗称为磁滞损耗（ΔP_h）。

磁滞损耗的大小：单位体积内的磁滞损耗正比于磁滞回线的面积和磁场交变的频率 f，磁滞损耗转化为热能，引起铁芯发热。

减少磁滞损耗的措施：设计时应选用磁滞回线狭小的磁性材料制作铁芯，以减小铁芯饱和程度。变压器和电机中使用的硅钢等材料的磁滞损耗较低。

（2）涡流损耗（ΔP_e）（图7-47）。

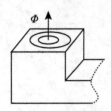 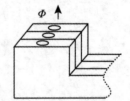

（a）铁芯的涡流损耗　　　（b）铁芯用彼此绝缘的钢片叠成时的涡流损耗

图7-47　涡流损耗

涡流：交变磁通在铁芯内产生感应电动势和电流，称为涡流。涡流在垂直于磁通的平面内环流。

涡流损耗：由涡流所产生的功率损耗。涡流损耗转化为热能，引起铁芯发热。

减少涡流损耗措施：提高铁芯的电阻率。铁芯用彼此绝缘的钢片叠成，把涡流限制在较小的截面内。

7.8.4　变压器工作原理

变压器是利用互感原理来实现从一个电路向另一个电路传输能量及信号的一种器件。从最基本的单相变压器来看，它是由两个绕在磁性材料制成的芯子上且具有互感的线圈组成。在电路理论中变压器与电阻、电感、电容一样是基本电路元件，由于变压器与电感器都具有共同的基本物理特征，往往就把它作为电感器来看待。

1. 电压变换

图 7-48（a）是理想变压器的电路模型，AX 是变压器的一次侧绕组，ax 是二次侧绕组。当变压器二次侧开路，在一次侧施以交流电压时的方程为

$$\dot{U}_1 = \dot{I}_0 Z_1 - \dot{E}_1, \quad \dot{U}_2 = -\dot{E}_2$$

式中，$Z_1 = r_1 + jX_1$ 为一次绕组漏阻抗；$E_1 = 4.44fN_1\varphi_m$ 为一次感应电动势；$E_2 = 4.44fN_2\varphi_m$ 为二次感应电动势；I_0 称空载电流，约为额定电流的 $2\% \sim 10\%$；φ_m 为主磁通。由于一次漏阻抗 Z_1 一般很小，I_0 也很小，可忽略 $I_0 Z_1$ 项，有

$$\frac{U_1}{U_2} \approx \frac{E_1}{E_2} \approx \frac{N_1}{N_2} = n$$

式中，N_1、N_2 为变压器一、二次绕组的匝数，$n = N_1/N_2$ 称为变压器的匝数比，简称为变比。即变压器一、二次电压有效值之比，近似等于它的变比。当变压器一次侧输入电压一定时，改变其变比就能使二次侧输出不同的电压，这就是变压器的电压变换作用。

2. 电流变换

变压器负载运行时（图 7-48（c）），由磁势平衡原理可导出磁势平衡方程式为

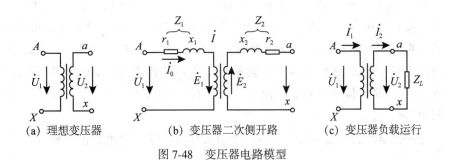

(a) 理想变压器　　　(b) 变压器二次侧开路　　　(c) 变压器负载运行

图 7-48　变压器电路模型

$$\dot{I}_1 N_1 + \dot{I}_2 N_2 = \dot{I}_m N_1$$

式中，$\dot{I}_m$ 为励磁电流，可近似等于空载电流 I_0，与额定工作时的 I_1、I_2 相比一般可略去不计，则 $\dfrac{I_1}{I_2} \approx \dfrac{N_2}{N_1} = \dfrac{1}{n}$，即一、二次侧的电流有效值之比近似与它们的变比成反比。在不同的变比条件下，可将一次电流 I_1 变换成数值不同的二次电流 I_2，这就是变压器的电流变

换作用。一般我们考虑变压器的电流变换作用时，为方便起见，首先是根据二次侧电压 U_2 及负载阻抗得到 $I_2 = \dfrac{U_2}{Z_L}$，然后根据变比得到 I_1。但必须明确，变压器工作时如果没有一次电流就不可能存在二次电流。

3. 阻抗变换

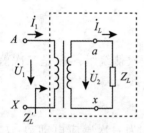

图 7-49 一端口网络及等效
阻抗原理图

根据一端口网络及等效阻抗原理（图 7-49），从一次侧看进去，可得到含变压器和负载阻抗在内的等效阻抗 Z'_L，若设变压器是理想的，可略去一、二次侧漏阻抗 Z_1、Z_2 和励磁电流（$\approx I_0$），则

$$Z'_L = \frac{U_1}{I_1} = \frac{nU_2}{\dfrac{I_2}{n}} = n^2 \frac{U_2}{I_2} = n^2 Z_L$$

$$P_1 = U_1 I_1 = \frac{N_1}{N_2} U_2 \cdot \frac{N_2}{N_1} I_2 = U_2 I_2 = P_2$$

当一变比为 n 的变压器一次侧接到电源、二次侧接有阻抗为 Z_L 的负载时，就相当于一个等效阻抗 $Z'_L = n^2 Z_L$ 的负载直接连至电源的输出端，这就是变压器的阻抗变换作用。

4. 能量传递、电压变换率与效率 η

通过电磁转换原理，可以把变压器输入端从电源获取的能量转换到输出端供给负载使用，实际变压器是由线圈和铁芯组成的，线圈直流电阻产生铜损，铁芯具有磁滞、涡流产生铁损以及漏磁，铜损、铁损、无功功率等因素的作用就使得变压器在能量的转换过程中要产生损耗。当变压器损耗的功率远小于它传输的功率时，可近似作为理想变压器。在纯阻负载情况下，变压器的输入功率 $P_1 = U_1 I_1$，输出功率 $P_2 = U_2 I_2$。根据变压器的电压、电流变换作用，也就是当变压器工作在接近理想电压状态下，输入转换到输出的功率基本保持不变。但当变压器传递的功率较小时，它本身的损耗相对较大，则 $P_1 \neq P_2$。

为了衡量变压器的传输特性，还有两个重要指标：电压变化率和效率。

电压变化率：
$$\Delta U = \frac{U_{20} - U_2}{U_{20}} \times 100\%$$

效率：
$$\eta = \frac{P_2}{P_1} \times 100\%$$

式中，U_{20}——变压器一次侧额定电压、额定频率时的二次侧开路电压；

U_2——二次侧额定电流时的端电压。

一般 ΔU 约为 5%；当负载为额定负载的 50%~75% 时，效率达到最大值，$\eta \geq 95\%$。

7.8.5　实验原理及内容

1. 判别变压器绕组及同名端

1）判别变压器高压绕组及低压绕组

已知变压器的额定电压为 220V/36V，用万用表电阻挡测量变压器高、低绕组的直流电阻 r_1（高压绕组）、r_2（低压绕组）的阻值，即可确认对应的绕组。

原理：已知电压比 220V/36V，可知 $U_1 > U_2$。根据变比关系可得 $N_1 > N_2$ 及 $I_1 < I_2$。由于 N_1 匝数多，通过的额定电流小则线径细，所以 $r_1 > r_2$。

测值：$r_1 = \underline{\quad\quad} \Omega$，$r_2 = \underline{\quad\quad} \Omega$；

判定：$\underline{\quad\quad\quad\quad\quad\quad\quad\quad}$。

2）判别变压器绕组的同名端

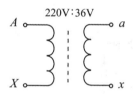

220V:36V

图 7-50　实验电路图

根据 7.7.3 内容中用交流法对互感线圈同名端的判定方法，自拟表格，并对图 7-50 电路进行连接、测试、判定。要求高压端（AX）所加电压低于 30V。

2. 变压器空载运行原理

变压器的感应电动势为 $E_1 = 4.44fN_1\varphi_m$、$E_2 = 4.44fN_2\varphi_m$。

在 f、N_1、N_2 已确定的情况下，电动势 E_1、E_2 的大小就取决于流过铁芯的主磁通 φ_m。主磁通是由磁化电流建立的，磁化电流由外加电压所提供。在变压器二次侧开路时，输入电压与磁化电流的关系，称为变压器的空载特性，可用磁化曲线来表示。

当变压器二次侧空载，一次侧加上额定电压，空载电流 I_0 流入变压器一次侧绕组，这时由功率表测得的空载损耗 P_0 可以认为是铁芯损耗。

1）测量变比 n

变压器二次侧空载，一次侧加上 220V 电压，测量一、二次侧电压，结果记入表7-18。

表 7-18　　　　　　　　　　　　　　**实 验 数 据**

测量值				计算值			
U_{10}（V）	U_{20}（V）	I_0（A）	P_0（W）	$n = U_1/U_2$	$\lvert Z_0 \rvert$（Ω）	r_0（Ω）	X_0（Ω）

2）测量空载电流 I_0、空载损耗 P_0、输入电阻 r_0、励磁阻抗 X_0

变压器二次侧空载，一次侧施以 220V 交流电压。测量 U_1、U_2、I_0、P_0，测值记入表 7-18 中，并计算出 Z_0、r_0、X_0。

其中 $|Z_0| = U_1/I_0(\Omega)$，$r_0 = P_0/I_0{}^2(\Omega)$，$X_0 = \sqrt{|Z_0|^2 - r_0{}^2}(\Omega)$

3）测量变压器的空载特性

变压器二次侧开路，通过调压器输出变化的电压给一次侧，测出对应的空载电流，记入表 7-19 中。并作出变压器的空载特性曲线。

表 7-19 　　　　　　　　　　　　　　变压器空载特性

一次侧电压 U_1（V）	40	80	120	160	200	220
磁化电流 I_0（mA）						

3. 变压器负载运行

按图 7-51 接线，在变压器二次侧接入负载电阻（采用 60W×9 灯泡负载）。

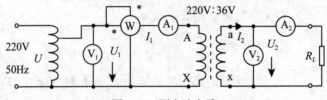

图 7-51　测变比电路

1）不同变比的测量

在一次侧施以 220V 交流电压，调节 R_L 使二次侧得到额定负载，测量 U_1、I_1、U_2、I_2，测值填入表 7-20 中，并计算出额定负载下（取 $I_2 \leqslant$ 额定电流）的各变比参数，并与理论值相比较。其中，一次侧阻抗 $Z_1 = U_1/I_1$，二次侧阻抗 $Z_2 = Z_L = U_2/I_2$，反射阻抗 $Z'_L = n_u n_i Z_L$，电压比 $n_u = U_1/U_2$，电流比 $n_i = I_2/I_1$，阻抗比 $n_z = Z_1/Z_2$。

表 7-20 　　　　　　　　　　　　　　实 验 数 据

参数	U_1（V）	I_1（A）	U_2（V）	I_2（A）	Z_1（Ω）	Z_2（Ω）	Z'_L（Ω）	n_u	n_i	n_z
测试										

2）变压器的效率 η、电压变化率 Δu、功率损耗 P_0、直流电阻 r_1、r_2 的测量

在额定电阻负载下，一次侧施以额定电压 220V，测量功率 P_1，二次侧电压 U_2 及负载电流 $I_L = I_2$。计算出负载功率 $P_2 = U_2 I_2$、损耗功率 $P_0 = P_1 - P_2$、效率 $\eta = \dfrac{P_2}{P_1} \times 100\%$、

功率因数 $\cos\varphi = \dfrac{P_1}{U_1 I_1}$、一次线圈铜损 $P_{01} = I_1{}^2 r_1$、二次线圈铜损 $P_{02} = I_2{}^2 r_2$、总铁损 $P_{03} =$

$P_0 - (P_{01} + P_{02})$。测量值和计算值填入表 7-21 中。

表 7-21　　　　　　　　　　　　　　η、Δu、P_0 的测量

测量值	I_1（A）		U_2（V）		I_2（A）		P_1（W）	
计算值	P_2（W）	$\cos\varphi$	η（%）	Δu（%）	P_0（W）	P_{01}（W）	P_{02}（W）	P_{03}（W）

3）变压器外特性测量

保持负载电阻值（R_L 从大到小），测量不同负载下的 I_1、U_2、I_2、P_1 及 $\cos\varphi$ 值，算出对应的 P_2、η、ΔU 值。测试时负载电阻不允许太小，应满足在（0~1.0）I_2 范围内变化，将测量值和计算值填入表 7-22 中。

表 7-22　　　　　　　　　　　　变压器外特性测量

	R_L	∞	60W×3	60W×6	60W×9
测量值	I_1（A）				
	I_L（A）				
测量值	U_2（V）				
	P_1（W）				
	$\cos\varphi$				
计算值	P_2（W）				
	η（%）				
	ΔU（%）				

7.8.6　注意事项

（1）注意人身安全，实验中千万不要触摸裸导线及导线连接点部位。

（2）实验中变压器输出端严禁短路，并注意考虑负载电阻及变压器的额定功率，测试时根据估算的参数逐步施加电压、电流。

（3）不要把变压器的高压端与低压端混淆。

7.8.7　思考题

（1）变压器的基本功能有哪些？其基本原理是什么？

（2）在使用变压器时要注意哪些问题。

7.8.8　实验报告要求

（1）根据实验内容及测试要求，认真连接电路进行测试。因测试观察、仪表误差等原因出现的错误数据要认真对待，不允许随意拼凑数据处理。

（2）根据测试结果，分别绘出变压器空载特性曲线 $I_0 = f(U_1)$，变压器阻性负载外特性曲线 $U_2 = f(I_2)$ 及效率曲线 $\eta = f(P_2)$。

（3）分析所测试的变压器功率损耗关系、变比关系。

7.8.9　实验仪器设备

（1）D32，数/模交流电流表挂件；

（2）D33，交流电压表挂件；

（3）D34-3，智能型功率、功率因数表挂件；

（4）数字万用表。

7.9　三相交流电路电压、电流和相序的测量

7.9.1　实验目的

（1）识别三相负载星形连接、三角形连接的方法以及线电压、相电压、线电流、相电流、中线电压、中线电流的表示关系。

（2）验证上述两种连接方式线电压与相电压、线电流与相电流之间的关系。

（3）用实验的方法研究三相四线制电路中的中线作用。

（4）掌握三相交流电路相序判定的测量方法。

7.9.2　预习要求

（1）预习三相交流电路的基本原理。

（2）熟悉实验步骤。

（3）掌握相序测量的计算方法。

7.9.3　实验原理

1. 三相交流电的输出

如图 7-52 所示，三相交流发电机发出按正幅值（或相应零值）$A \rightarrow B \rightarrow C$ 顺序输出电压，其幅值相等、频率相同、彼此相位差也相等。电动势及端电压表示如下：

$$e_A = E_m \sin\omega t$$
$$e_B = E_m \sin(\omega t - 120°)$$
$$e_C = E_m \sin(\omega t - 240°)$$
$$= E_m \sin(\omega t + 120°)$$

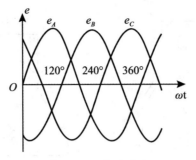

图 7-52　三相交流电

$$U_A = \sqrt{2}\,U\sin\omega t$$
$$U_B = \sqrt{2}\,U\sin(\omega t - 120°)$$
$$U_C = \sqrt{2}\,U\sin(\omega t - 240°)$$
$$= \sqrt{2}\,U\sin(\omega t + 120°)$$

2. 电压相量图

线电压与相电压之间的关系如图 7-53 所示。

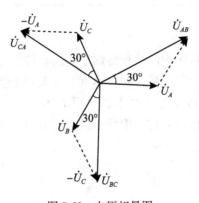

图 7-53　电压相量图

$$\dot{U}_{AB} = \dot{U}_A - \dot{U}_B = \sqrt{3}\,\dot{U}_A \angle 30°$$
$$\dot{U}_{BC} = \dot{U}_B - \dot{U}_C = \sqrt{3}\,\dot{U}_B \angle 30°$$
$$\dot{U}_{CA} = \dot{U}_C - \dot{U}_A = \sqrt{3}\,\dot{U}_C \angle 30°$$

3. 负载连接方式

（1）星形连接（Y 连接—三相三线制及 Y_0—三相四线制）（如图 7-54 所示）；

（2）三角形接法（△接法—三相三线制）（如图 7-55 所示）；

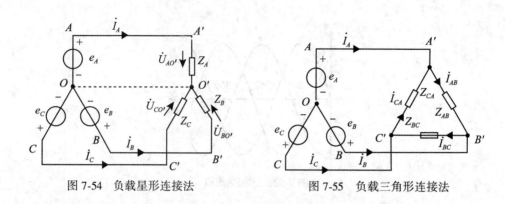

图 7-54 负载星形连接法　　　　　图 7-55 负载三角形连接法

（3）线电压、相电压、线电流、相电流等表示法（如表 7-23 所示）。

表 7-23　　　　　　　线电压、相电压、线电流、相电流等表示法

接法	线电压 U_L	相电压 U_p	线电流 I_L	相电流 I_P	中线电压	中线电流
Y_0	U_{AB}、U_{BC}、U_{CA}	U_A、U_B、U_C	I_A、I_B、I_C	I_A、I_B、I_C	U_{N_0}	I_0
Y	U_{AB}、U_{BC}、U_{CA}	U_{AO}、U_{BO}、U_{CO}	I_A、I_B、I_C	I_A、I_B、I_C	U_{N_0}	
$\triangle$	U_{AB}、U_{BC}、U_{CA}	U_{AO}、U_{BO}、U_{CO}	I_A、I_B、I_C	I_{AB}、I_{BC}、I_{CA}		

4. 星形接法时的中线作用

（1）位形图：是电压相量图中的一种特殊形式。其特点是位形图上的点与电路图上的点一一对应，即直观地表示出各相量（模及角度）之间的相互关系。在三相负载对称时，位形图中负载中性点 O' 与电源中性点 O 重合（图 7-56）；

负载不对称时虽然线电压仍对称，但负载的相电压不再对称，负载中性点 O' 发生位移（图 7-57 所示）。

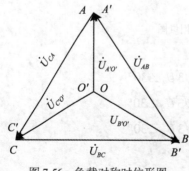

图 7-56 负载对称时位形图

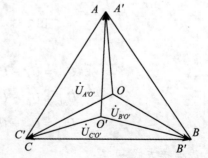

图 7-57 负载不对称时位形图

（2）中性线的作用：在三相三线制中，星形三相负载在一般情况下很难达到对称，这

就导致负载中性点的位移，使得三相负载电压的不对称有时十分严重。这会引起负载不能正常工作，甚至烧毁。当接上中线以后，使得不对称的三相负载在对称的三相电压下工作，从而解决了上述问题。为防止中线开路，中线上不允许接保险丝或开关。

5. 负载电压及电流的关系

当三相电源输出平衡、忽略线路的损耗情况下，负载电压及电流的关系如表 7-24 所示。

表 7-24   负载电压及电流的关系

	Y_0		Y		$\triangle$	
	Z 平衡	Z 不平衡	Z 平衡	Z 不平衡	Z 平衡	Z 不平衡
U_L 与 U_P	$U_L = \sqrt{3}U_P$	$U_L = \sqrt{3}U_P$	$U_L = \sqrt{3}U_P$	$U_L \neq \sqrt{3}U_P$	$U_L = U_P$	$U_L = U_P$
U_{N_0}	0	0	0	$\neq 0$		
I_L 与 I_P	$I_L = I_P$	$I_L = I_P$	$I_L = I_P$	$I_L = I_P$	$I_L = \sqrt{3}I_P$	$I_L \neq \sqrt{3}I_P$
I_0	0	$\neq 0$				

6. 相序的判定

三相交流发电机发出三相交流电，通过线路传输，以 A 相线（黄色）、B 相线（绿色）、C 相线（红色）连接到用户的负载上。电能在线路传输的过程中，A、B、C 三相必须唯一确定。但对于用户的一般三相负载来说，任意一条火线都可定为 A 相，另外两条火线则根据它们相角滞后的对应关系确定为 B 相和 C 相。

判定方法：按图 7-58 接线，其中 $C = 1\mu F$（$X_C = 3.185 k\Omega$）、$P_B = P_C = 15W$（$R = 3.227 k\Omega$）、线电压220V。如果电容器所接的定为 A 相，则灯光较亮的是 B 相，较暗的是 C 相。

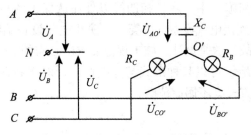

图 7-58   相序判定实验电路接线图

1）纯阻负载不对称

在 Y 连接负载是纯电阻但不对称时，由节点电压法得到负载中心点电压：

$$\dot{U}_{oo'} = \frac{\sum \dfrac{\dot{U}}{Z}}{\sum \dfrac{1}{Z}} = \frac{\dfrac{\dot{U}_A}{Z_A} + \dfrac{\dot{U}_B}{Z_B} + \dfrac{\dot{U}_C}{Z_C}}{\dfrac{1}{Z_A} + \dfrac{1}{Z_B} + \dfrac{1}{Z_C}} \neq 0$$

当负载中心点电位不等于零时，各负载上的电压就不等于额定电压，由于负载电压的不对称就不能正常工作。当接上中线以后，使得不对称的三相负载在对称的三相电压下工作，从而解决了上述问题。

2）负载阻抗绝对值相等而并非纯电阻

在 Y 连接负载阻抗绝对值相等而并非纯电阻时（设 $X_C = R_B = R_C$，$\dot{U}_A = U_P \angle 0°$ 即 $U_A = U_P$），由节点电压法得到负载中心点电压：

$$\dot{U}_{N'} = \frac{\dot{U}_p \dfrac{1}{-\mathrm{j}R} + \dot{U}_p\left(-\dfrac{1}{2} - \mathrm{j}\dfrac{\sqrt{3}}{2}\right)\left(\dfrac{1}{R}\right) + \dot{U}_p\left(-\dfrac{1}{2} + \mathrm{j}\dfrac{\sqrt{3}}{2}\right)\left(\dfrac{1}{R}\right)}{\dfrac{1}{-\mathrm{j}R} + \dfrac{1}{R} + \dfrac{1}{R}} = U_p(-0.2 + \mathrm{j}0.6)$$

$$\dot{U}_{B'} = \dot{U}_B - \dot{U}_{N'} = U_p\left(-\dfrac{1}{2} - \mathrm{j}\dfrac{\sqrt{3}}{2}\right) - U_p(-0.2 + \mathrm{j}0.6) = U_p(-0.3 - \mathrm{j}1.466)$$

即 $$U_{B'} = 1.49U_p$$

$$\dot{U}_{C'} = \dot{U}_C - \dot{U}_{N'} = U_p\left(-\dfrac{1}{2} + \mathrm{j}\dfrac{\sqrt{3}}{2}\right) - U_p(-0.2 + \mathrm{j}0.6) = U_p(-0.3 + \mathrm{j}0.266)$$

即 $$U_{C'} = 0.4U_p$$

由于 $U_{B'} > U_{C'}$，故 B 相灯较 C 相灯亮。

7. 三相四线接地制（三相五线制）

三相四线制是从电路原理分析及计算的角度出发来讨论的，人们有时把零线称为地线，只是为了从参考电位或是公共点的角度来讨论。

在实际线路的设计和施工中，除三相四线以外还从保护的目的出发增加了一条地线（也称保护零线），用来连接电气设备的外壳，以防止电气设备绝缘不好而出现漏电现象，从而产生触电或火灾事故，这是设计、施工规范要求所必需的。所以在实际工作当中，不能把零线与地线混淆（地线可以某种形式与零线归一。对于特殊情况下，地线需要与否以及如何与零线归一的方式则不属此范畴）。

7.9.4 实验内容

1. 三相负载星形连接

按图 7-59 电路接线，即把三相负载插到三相自耦变压器的输出端，让调压器的调压旋转手柄逆时针旋到底，即输出电压为零状态。经老师检查接线合格后，方可接通负载电源。顺时针调手柄升压（同时通过电压表监测），使电源输出线电压上升至 220V，再按照表 7-25 的要求进行相应的测试。

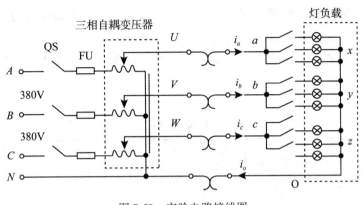

图 7-59 实验电路接线图

表 7-25   **测 量 数 据**

测量数据实验内容（负载情况）		开灯盏数			线电流（A）			线电压（V）			相电压（V）			中线电流	中点电压
		A 相	B 相	C 相	I_A	I_B	I_C	U_{AB}	U_{BC}	U_{CA}	U_{AO}	U_{BO}	U_{CO}	I_0	U_{N0}
Y_0 接法	负载平衡	3	3	3											
	负载不平衡	1	2	3											
	B 相断开	1		3											
Y 接法	负载平衡	3	3	3											
	负载不平衡	1	2	3											
	B 相断开	1		3											
	B 相短路	1		3											

2. 三相负载三角形接法

按图 7-9 电路接线。经老师检查接线合格后，方可接通电源，调整自耦变压器使其输出线电压为 220V。再按表 7-26 的要求进行相应测试，测试结果填入表中。

表 7-26   **测 量 数 据**

测量数据（根据负载情况）	开灯盏数			线电压、相电压（V）			线电流（A）			相电流（A）		
	AB 相	BC 相	CA 相	U_{AB}	U_{BC}	U_{CA}	I_A	I_B	I_C	I_{AB}	I_{BC}	I_{CA}
三相平衡	3	3	3									
三相不平衡	1	2	3									

3. 相序的测量

负载如图 7-58 所示。Z_A 是 1μF 电容，Z_B 是 15W 灯泡，Z_C 是 15W 灯泡。负载输入端与电源输出端连接方式按表 7-27 中给定方式进行，接线完成后，调压使线电压升至 220V，测试结果填入表 7-27 中，并根据负载电压及亮度不同判定电源输出端的相序（U、V、W的先后顺序）。

表 7-27　　　　　　　　　　　测　量　数　据

电源端	U	V	W	U	V	W	U	V	W
负载端	Z_A	Z_B	Z_C	Z_C	Z_A	Z_B	Z_B	Z_A	Z_C
负载电压									
较亮负载									
相序判定									

7.9.5　注意事项

（1）本实验采用三相交流电，最高电压为 380V，必须注意安全，严禁穿拖鞋进入实验室。

（2）接线或拆线期间，应遵循断电、接线、检查、升压、测试、降压、断电、拆线规程。

（3）要求所有实验内容必须限定所加的线电压为 220V。

（4）做负载短路实验时，B 相短路电流要测量。接线方式只能按星形三相三线制连接。

（5）测试电压使用万用表的表笔进行测量。

7.9.6　思考题

（1）三相负载根据什么条件作星形或三角形接法？

（2）为什么在实验中限定所加的线电压为 220V？

（3）中线为什么不允许接保险丝或开关？

（4）相序判定的实验过程的主要原理是什么？

（5）在本实验中不对称负载的三角形连接能否正常工作？为什么？

（6）地线与零线的概念有区别吗？

7.9.7　实验报告要求

（1）根据实验结果说明三相三线制和三相四线制的特点。

（2）通过实验过程说明三相三线制中的中线作用。

7.9.8　实验仪器设备

（1）YKDGJ-03 交流电路实验箱（三），YKDGJ-0 交流电路实验箱；
（2）YKDGB-02 智能交流数字电压表，智能交流数字电流表。

7.10　三相电路功率的测量

7.10.1　实验目的

（1）功率表（一表法、二表法）测量三相电路的有功功率。
（2）学习用功率表（一表法、二表法）测量三相对称星形负载的无功功率。

7.10.2　预习要求

（1）复习用有功表（瓦特表）测量三相电路有功功率的原理。
（2）复习用有功表（瓦特表）测量三相电路无功功率的原理。

7.10.3　实验原理

1. 概述

（1）模拟式（电动式仪表）功率表由电流线圈（定圈）和电压线圈（动圈）组合构成。电流线圈与负载串联；电压线圈串接一个较大电阻后与负载并联，当 $R \geqslant \omega L$ 时，$I_2 = U/R$。定圈电流 I_1 产生的磁场驱动电流 I_2 的动圈转动，使得指针偏转角与负载消耗的有功功率成正比，即

$$\alpha = \kappa I_1 I_2 \cos\varphi = \kappa I_1 \frac{U}{R}\cos\varphi = \kappa_P P$$

（2）智能式功率表是通过采集电压、电流的幅值（或有效值）及它们之间的相角，并通过程序运算求得有功功率。测试原理及方法与模拟表相同。

2. 一表法测量三相负载的有功功率

一表法测量三相负载的有功功率如图 7-60 所示。
星形接法的测量：根据 $P = UI\cos\varphi$，在三相四线制中负载所消耗的总功率 P 可用三只功率表同时测量或用一只功率表轮流测量 A、B、C 各相负载的功率，然后相加得到 $P = P_A + P_B + P_C$。若三相负载各相消耗的功率相等，只用一只表测其中一相负载的功率即可得到 $P = 3P_1 = 3W$。

3. 二表法测量

二表法测量三相负载的功率如图 7-61 所示。
1）测量有功功率

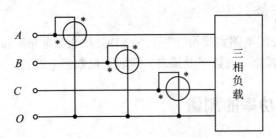

图 7-60 一表法测量三相负载的有功功率

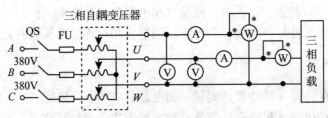

图 7-61 二表法测量三相负载的功率

（1）前提条件是 $i_A + i_B + i_C = 0$ ，因此对于 Y_0 接法二表法不适用；而对于 Y、△ 接法，无论负载是否对称都适用。

（2）共三种接法：$\dot{I}_A$、$\dot{U}_{AB}$ 与 $\dot{I}_C$、$\dot{U}_{CB}$；$\dot{I}_A$、$\dot{U}_{AC}$ 与 $\dot{I}_B$、$\dot{U}_{BC}$；$\dot{I}_C$、$\dot{U}_{CA}$ 与 $\dot{I}_B$、$\dot{U}_{BA}$。

（3）瞬时功率：

$$p_1 = u_{AC}i_A = (u_A - u_C)i_A, \qquad p_2 = u_{BC}i_B = (u_B - u_C)i_B$$

$$p_1 + p_2 = u_A i_A + u_B i_B - u_C(i_A + i_B) = u_A i_A + u_B i_B + u_C i_C$$

$$P = P_1 + P_2 = \frac{1}{T}\left[\int_0^T (u_A - u_C)i_A \mathrm{d}t + \int_0^T (u_B - u_C)i_B \mathrm{d}t\right]$$

$$= \frac{1}{T}\int_0^T u_A i_A \mathrm{d}t + \frac{1}{T}\int_0^T u_B i_B \mathrm{d}t + \frac{1}{T}\int_0^T u_C i_C \mathrm{d}t$$

$$= P_A + P_B + P_C$$

（4）相量图（图 7-62）（注：电路对称）：

$$U_{AB} = U_{BC} = U_{CA} = U_L$$

$$I_A = I_B = I_C = I_L$$

$$\varphi = \varphi_A = \varphi_B = \varphi_C$$

其中 φ 为线电压与相电流的夹角。

$$P_1 = U_{AC}I_A\cos(30° - \varphi) = U_L I_L \cos(30° - \varphi)$$

$$P_2 = U_{BC}I_B\cos(30° + \varphi) = U_L I_L \cos(30° + \varphi)$$

$$P = P_1 + P_2 = U_L I_L[\cos(30° - \varphi) + \cos(30° + \varphi)]$$

$$= U_L I_L[(\cos\varphi\cos30° + \sin\varphi\sin30°) + (\cos\varphi\cos30° - \sin\varphi\sin30°)]$$

$$= 2U_L I_L\cos\varphi\cos30° = \sqrt{3}\,U_L I_L\cos\varphi$$

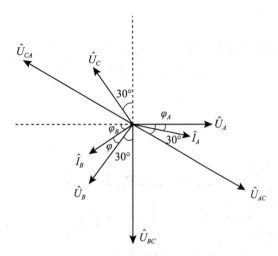

图 7-62　电路对称时的相量图

(5) 讨论。

二表法测量：总功率为两表代数和，单表读数一般无意义。

①$\varphi = 0$ 时，可得 $P_1 = P_2$，$P = 2P_1 = 2P_2$；

②$\varphi = \pm 60°$ 时，$\varphi = + 60°$，$P_2 = 0$，$P = P_1$；$\varphi = - 60°$，$P_1 = 0$，$P = P_2$；

③$| \varphi | > 60°$ 时，$\varphi > 60°$，$P_2 < 0$，$P = P_1 - | P_2 |$；$\varphi < - 60°$，$P_1 < 0$，$P = P_2 - | P_1 |$。

在第③种情况中，某一功率表出现负值（或反偏），则要把该表的两个电流端子的接线互换；电压端子接线保持不变。

2）测量无功功率（按照有功功率的测量方法接线，仅用于对称负载）

先根据两表有功读数的差：

$$P_1 - P_2 = U_L I_L \cos(30° - \varphi) - U_L I_L \cos(30° + \varphi) = U_L I_L [\cos(30° - \varphi) - \cos(30° + \varphi)]$$

再根据无功定义表达式 $Q = \sqrt{3} U_L I_L \sin\varphi$，

所以 $Q = \sqrt{3}(W_1 - W_2) = 2 U_L I_L \sin\varphi \sin 30° = U_L I_L \sin\varphi$。

3）测量功率因数及 φ 角

方法一：$\cos\varphi = \dfrac{P}{\sqrt{P^2 + Q^2}} = \dfrac{P_1 + P_2}{\sqrt{(P_1 + P_2)^2 + 3(P_1 - P_2)^2}} = \dfrac{P_1 + P_2}{2\sqrt{P_1^2 + P_2^2 + P_1 P_2}}$

方法二：$\tan\varphi = \dfrac{\sin\varphi}{\cos\varphi} = \sqrt{3}\left(\dfrac{P_1 - P_2}{P_1 + P_2}\right)$，$\varphi = \tan^{-1}\sqrt{3}\left(\dfrac{P_1 - P_2}{P_1 + P_2}\right)$

$$P_1 - P_2 = U_L I_L \sin\varphi，\quad P_1 + P_2 = \sqrt{3} U_L I_L \cos\varphi$$

4）一表法测量对称三相负载的无功功率

(1) 根据定义：

$$Q = Q_A + Q_B + Q_C = U_A I_A \sin\varphi_A + U_B I_B \sin\varphi_B + U_C I_C \sin\varphi_C$$

三相对称时：$\qquad Q = 3 U_P I_P \sin\varphi = \sqrt{3} U_L I_L \sin\varphi$

（2）接线。

如图 7-63 所示，接线方式共三种：$\dot{I}_A$、$\dot{U}_{BC}$；$\dot{I}_B$、$\dot{U}_{CA}$；$\dot{I}_B$、$\dot{U}_{AB}$。

（3）有功表测试：$W = U_{BC}I_A\cos(90-\varphi) = U_LI_L\sin\varphi$，所以 $Q = \sqrt{3}\,W$，相量图如图7-64所示。

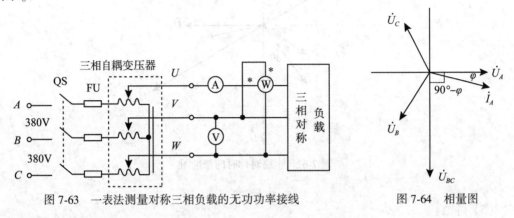

图 7-63 一表法测量对称三相负载的无功功率接线　　　图 7-64 相量图

7.10.4 实验内容

（1）用一表法测量 Y_0 电路的三相对称以及不对称负载的功率，按图 7-60 线路接线，并加以电压表、电流表监测电压和电流。测值填入表 7-28 中。

表 7-28　　　　　　　　　　　测 量 数 据

负载情况	开灯盏数			测量数据			计算结果
	A 相	B 相	C 相	$P_A(\mathrm{W})$	$P_B(\mathrm{W})$	$P_C(\mathrm{W})$	$\sum P(\mathrm{W})$
Y_0 接对称负载	3	3	3				
Y_0 接不对称负载	1	2	3				

（2）用二表法测量负载的有功功率，按图 7-61 线路接线，并加以电压表、电流表监测电压和电流。测值填入表 7-29 中。

表 7-29　　　　　　　　　　　测 量 数 据

负载情况	开灯盏数			测量数据		计算结果
	A 相	B 相	C 相	$P_A(\mathrm{W})$	$P_B(\mathrm{W})$	$P_C(\mathrm{W})$
Y 接对称负载	3	3	3			
Y 接不对称负载	1	2	3			
△接不对称负载	1	2	3			
△接对称负载	3	3	3			

（3）用二表法测量负载的无功功率，按图 7-61 线路接线保持不变，改变负载状况，并加以电压表、电流表监测电压和电流，测值填入表 7-30 中。

表 7-30　　　　　　　　　　　　　　**测 量 数 据**

负载情况	测量值		计算结果
	W_1（W）	W_2（W）	$Q = \sqrt{3}(W_1 - W_2)$ var
①三相对称全部灯泡			
②三相对称 7.7μF 电容			
①与②负载并联			

（4）用一表法测量无功功率，按图 7-63 接线，改变负载状况，并加以电压表、电流表监测电压和电流，测值填入表 7-31 中。

表 7-31　　　　　　　　　　　　　　**测 量 数 据**

负载情况	测量				计算	
	U（V）	I（A）	P（W）	$\sin\varphi$	$Q = \sqrt{3}U_L I_L \sin\varphi$ var	$Q = \sqrt{3}P$ var
①三相对称全部灯泡						
②三相对称 7.7μF 电容						
①与②负载并联						

注：$\sin\varphi = \cos(90° - \varphi)$。

7.10.5　注意事项

（1）断电接线，接线完成后必须检查（注：此项接完线后要经另外一组同学检查才再通电），合格后才能通电（负载线电压不要超过 220V）、升压、测试。

（2）注意功率表同名端、异名端的标志及接线要求。

（3）负载为感性时仪表显示正值或 L，负载为容性时仪表显示负值或 C，注意表明符号。

7.10.6　思考题

（1）测量功率时，为什么要在电路中安装电压表、电流表？

（2）用两表法（有功表）测量三相负载有功、无功时，接线及负载的主要特性是什么？

(3) 为什么在三相四线制中不采用两瓦计法测量？

7.10.7　实验报告要求

(1) 总结分析有功测量、无功测量的接线规则和应用条件。
(2) 实验结果与理想状态存在差异比较。

7.10.8　实验仪器设备

(1) YKDGJ-03 交流电路实验箱（三），YKDGD-06 电路基础实验箱（六）。
(2) YKDGB-02 智能交流数字电压表，智能交流数字电流表。
(3) YKDGB-03 智能功率表，功率因数表。

7.11　一阶电路的响应研究

7.11.1　实验目的

(1) 用示波器测试一阶电路的零输入响应、零状态响应及完全响应。
(2) RC 电路时间常数的测定。
(3) 微分电路和积分电路的测试。

7.11.2　实验预习要求

(1) 复习一阶电路响应的有关概念。
(2) 熟悉实验电路的连接及测试。
(3) 复习双踪示波器、信号源的使用。

7.11.3　原理

1. 一阶电路及其过渡过程

含有储能元件的电路称为动态电路。当动态电路的特性可以用一阶微分方程描述时，该电路称为一阶电路。一般情况下，它是由一个电容（或一个电感）和若干个电阻所构成的电路。若含有两个以上动态电件，在一般情况下不是一阶电路。

当电路从一种稳定状态转为另一种稳定状态时（当电路结构或参数发生变化时）往往不能跃变，需要一定的过程（时间）来稳定，这个过程称为过渡过程（或称暂态过程）。电路的过渡过程分为零输入响应、零状态响应和全响应三种。

暂态过程的产生是由于物质所具有的能量不能跃变所造成的。当电路接通、切断、短路、电压改变或参数改变时，其能量不能跃变反映到电路中，电感上的电流及电容上的电压也就不能发生跃变。即换路定则：$i_L(0_+) = i_L(0_-)$，$u_C(0_+) = u_C(0_-)$。

2. 零输入响应、零状态响应及全响应（以一阶 RC 电路为例说明）

1）零输入响应（电容放电过程）

其中 $U=4\text{V}$、$R=10\text{k}\Omega$、$C=6800\text{pF}$。

如果输入激励信号为零，仅由储能元件初始储能产生的响应，称为零输入响应。在图 7-65 中，当开关 S（这里用方波向下跃变代替）由位置 2 时的 $u_C(0_-)=U_0$ 转置到位置 1 时的 $u_C(0_+)=U_0$，经过电阻 R 放电。

由方程
$$u_C + RC\frac{\mathrm{d}u_C}{\mathrm{d}t} = 0,\ u_C(0_+)=U_0$$

可以得到元件上电压、电流随时间变化的规律（图 7-66）：

$$u(t)=U_0\mathrm{e}^{-\frac{t}{\tau}},\ t\geq 0;\ i_C(t)=C\frac{\mathrm{d}u_C}{\mathrm{d}t}=-\frac{U_0}{R}\mathrm{e}^{-\frac{t}{\tau}},\ t\geq 0;\ u_R(t)=Ri=-U_0\mathrm{e}^{-\frac{t}{\tau}},\ t\geq 0$$

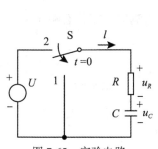

图 7-65　实验电路

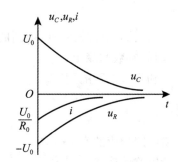

图 7-66　电压、电流随时间变化的规律

式中 $\tau=RC$，称为一阶 RC 电路时间常数，它取决于电路的结构和元件参数。响应波形衰减的快慢就取决于时间常数的大小。

2）零状态响应（电容充电过程）

其中 $U=4\text{V}$，$R=10\text{k}\Omega$，$C=6800\text{pF}$。

如果电路的初始状态为零，即储能元件的初始储能为零，仅由输入信号激励引起的响应为零状态响应。在图 7-65 中，当 $t=0$ 时开关 S 闭合（这里用方波向上跃变代替），电源经 R 向 C 充电。

第8章　动态电路实验

本章学习动态电路实验的操作技能和测试方法，共有两个实验：一阶电路和二阶电路过渡过程分析。

8.1　一阶电路的响应

8.1.1　实验目的

（1）学习用示波器测试并观察一阶电路的零输入响应、零状态响应及完全响应。

（2）RC 电路时间常数的测定。

（3）微分电路和积分电路的测试。

8.1.2　预习要求

（1）复习一阶电路响应的有关概念。

（2）熟悉实验电路的连接及测试。

（3）复习双踪示波器、信号源的使用。

8.1.3　实验原理

1. 一阶电路及其过渡过程

含有储能元件的电路称为动态电路。当动态电路的特性可以用一阶微分方程描述时，该电路称为一阶电路。一般情况下，它是由一个电容（或一个电感）和若干个电阻所构成的电路。若含有两个以上动态电件，在一般情况下不是一阶电路。

当电路从一种稳定状态转为另一种稳定状态时（当电路结构或参数发生变化时）往往不能跃变，需要一定的过程（时间）来稳定，这个过程称为过渡过程（或称暂态过程）。电路的过渡过程分为零输入响应、零状态响应和全响应三种。

暂态过程的产生是由于物质所具有的能量不能跃变所造成的。当电路接通、切断、短路、电压改变或参数改变时，其能量不能跃变，反映到电路中电感上的电流及电容上的电压也就不能发生跃变。即换路定则：$i_L(0_+) = i_L(0_-)$，$u_C(0_+) = u_C(0_-)$。

2. 零输入响应、零状态响应及全响应（以一阶 RC 电路为例说明）

（1）零输入响应（电容放电过程），其中 $U = 4\text{V}$，$R = 10\text{k}\Omega$，$C = 6800\text{pF}$。

212

　　如果输入激励信号为零，仅由储能元件初始储能产生的响应，称为零输入响应。在图 8-1 中，当开关 S（这里用方波向下跃变代替）由位置 2 时的 $u_C(0_-) = U_0$ 转置到位置 1 时的 $u_C(0_+) = U_0$，经过电阻 R 放电。

　　由方程 $u_C + RC \dfrac{\mathrm{d}u_C}{\mathrm{d}t} = 0$，$u_C(0_+) = U_0$ 可以得到元件上电压、电流随时间变化的规律（如图 8-2 所示）：

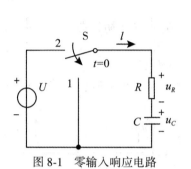

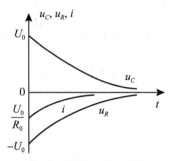

图 8-1　零输入响应电路　　　　　图 8-2　零输入响应曲线

$$u(t) = U_0 \mathrm{e}^{-\frac{t}{\tau}},\ t \geqslant 0;\ i_C(t) = C \frac{\mathrm{d}u_C}{\mathrm{d}t} = -\frac{U_0}{R}\mathrm{e}^{-\frac{t}{\tau}},\ t \geqslant 0$$

$$u_R(t) = Ri = -U_0\mathrm{e}^{-\frac{t}{\tau}},\ t \geqslant 0$$

　　式中 $\tau = RC$，称为一阶 RC 电路时间常数，它取决于电路的结构和元件参数。响应波形衰减的快慢就取决于时间常数的大小。

　　（2）零状态响应（电容充电过程），其中 $U = 4\text{V}$，$R = 10\text{k}\Omega$，$C = 6800\text{pF}$。

　　如果电路的初始状态为零，即储能元件的初始储能为零，仅由输入信号激励引起的响应为零状态响应。在图 8-3 中，当 $t = 0$ 时开关 S 闭合（这里用方波向上跃变代替），电源经 R 向 C 充电。

　　由方程

$$u_C + RC \frac{\mathrm{d}u_C}{\mathrm{d}t} = U,\ u_C(0_+) = 0$$

可以得到元件上电压、电流随时间变化的规律（如图 8-4 所示）：

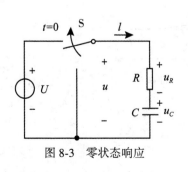

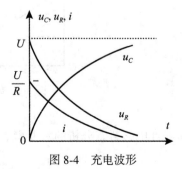

图 8-3　零状态响应　　　　　　图 8-4　充电波形

$$u_C(t) = U - Ue^{-\frac{t}{\tau}} = U(1 - e^{-\frac{t}{\tau}}),\ t \geq 0;\ i(t) = C\frac{du_C}{dt} = \frac{U}{R}e^{-\frac{t}{\tau}},\ t \geq 0$$

$$u_R = Ri = Ue^{-\frac{t}{\tau}},\ t \geq 0$$

（3）全响应 $U_0=1\text{V}$，$U_1=5\text{V}$，$R=10\text{k}\Omega$，$C=6800\text{pF}$。

电路在输入激励和初始状态共同作用下引起的响应称为全响应。为了实现满足电路运行状态的激励源，我们把一个 $f=1\text{kHz}$，$V_{\text{p-p}}=4\text{V}$ 的矩形波和一个 $V_{\text{DC}}=1\text{V}$ 的直流源叠加而成，实现了 $U_0=1\text{V}$，$U_1=5\text{V}$ 的激励源（如图8-5所示）。示波器测试时采用 DC 挡。

①对于图8-6，由方程 $u_C + RC\frac{du_C}{dt} = U$，$u_C(0_+) = U_0$（初始态），$u_C(\infty) = U_1$（稳态），

得到响应为 $u_C(t) = (U_0 - U_1)e^{-\frac{t}{\tau}} + U_1 = U_0 e^{-\frac{t}{\tau}} + U_1(1 - e^{-\frac{t}{\tau}})$。

　　　　　　　暂态响应　稳态响应　零输入响应　零状态响应

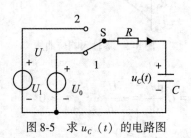 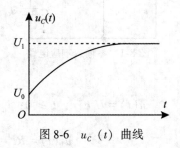

图8-5　求 $u_C(t)$ 的电路图　　　图8-6　$u_C(t)$ 曲线

②对于图8-7，由方程 $u_C + RC\frac{du_C}{dt} = U$，$u_C(0_+) = U_0'$（初始态），$u_C(\infty) = U_1'$（稳态），

得到响应为 $u_C(t) = (U_0' - U_1')e^{-\frac{t}{\tau}} + U_1'$

　　　　　　　暂态响应　　　　稳态响应

$$= U_0'e^{-\frac{t}{\tau}} + U_1'(1 - e^{-\frac{t}{\tau}})$$

　　　　　　零输入响应　　　零状态响应

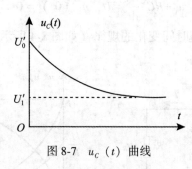

图8-7　$u_C(t)$ 曲线

（4）一阶线性电路暂态分析的三要素。

一般公式:$f(t) = f(\infty) + [f(0_+) - f(\infty)]e^{-\frac{t}{\tau}}$, 只要求得 $f(0_+)$、$f(\infty)$ 和 τ 这三个要素, 就能直接得出电路的 (电流或电压) 响应。

3. τ 值的测量

时间常数 $\tau = RC$ 的大小决定了响应波形的衰减快慢程度。

(1) 衰减状态如表 8-1 所示。

表 8-1   测 量 数 据

t	0	1τ	2τ	3τ	4τ	5τ	6τ	10τ	∞
$e^{-\frac{t}{\tau}}$	1	2.72	7.39	20.1	54.6	148.4	403.4	2.2×10^4	∞
$e^{-\frac{t}{\tau}}$	1	0.37	0.135	0.05	0.018	0.007	0.0024	4.5×10^{-5}	0
$1 - e^{-\frac{t}{\tau}}$	0	0.63	0.865	0.95	0.982	0.993	0.9975	1	1

(2) τ 值的解析式。在电路零输入响应中 (电容放电), 当 $t = \tau$ 时, 有 $u_C(t) = U_0 e^{-1} = 0.37 U_0$, 即 τ 是当零输入响应衰减到初始值的 37% 时所需的时间。

在电路零状态响应中 (电容充电), 当 $t = \tau$ 时, 有 $u_C(t) = U_0(1 - e^{-1}) = 0.63 U_0$, 即 τ 是当零状态响应上升到稳态值 U_0 的 63% 时所需的时间。

(3) τ 值的实验法测量。τ 值的实验法测量曲线如图 8-8 所示。在采用交流信号源的方波信号激励时 ($f = 1\text{kHz}$, $V_{\text{p-p}} = 4\text{V}$, $R = 10\text{k}\Omega$, $C = 6800\text{F}$), 注意方波的周期 T 与 τ 值的关系。若 f 过高, 电路还没有进入稳态; 若 f 过低, 则暂态过程将被压缩, 易产生读数误差。通常认为方波的 $T/2 \geq (3 \sim 5) \tau$ 时, 暂态响应即可结束了。

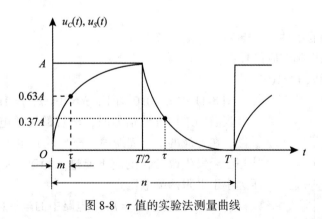

图 8-8 τ 值的实验法测量曲线

调节示波器的水平位移和垂直位移旋钮, 找出波形上升时的 0.63A 点或波形下降时的 0.37A 点, 则 $\tau = K_t m$。式中 K_t 是时间扫描因子, m 是所占格数。

4. 微分电路（如图 8-9、图 8-10 所示）

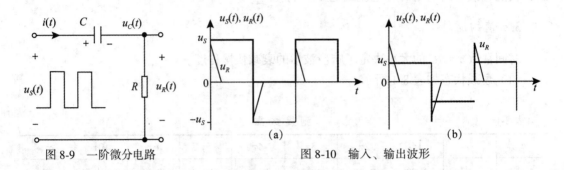

图 8-9 一阶微分电路

图 8-10 输入、输出波形

其中 $f = 1\text{kHz}$，$V_{\text{p-p}} = 4\text{V}$，$C = 6800\text{pF}$，$R = 10\text{k}\Omega$。

微分电路是由 RC 电路构成的。输入矩形波，输出尖脉冲，尖脉冲常作为触发信号使用。其中图 8-10（a）为原理波形，图 8-10（b）为示波器测试波形。满足微分电路的条件有两点：其一是从电阻两端得到响应信号；其二是 $T \gg \tau$，一般取 $T \geq 10\tau$。

当激励采用方波信号输入时，在整个周期里（电路中电容充放电瞬间除外），由于 $\tau \ll T$，电路中的电容的充放电进行得非常快，$u_S = u_C + u_R \approx u_C \gg u_R$，在电容充放电的瞬间 $u_R(t) = iR = RC \dfrac{\mathrm{d}u_C(t)}{\mathrm{d}t} \approx RC \dfrac{\mathrm{d}u_S(t)}{\mathrm{d}t}$，即电路的输出电压近似为输入电压的微分。而在 $t = 0_+$ 后的短暂时间内，电容两端的电压不会突变，激励源的阶跃值全部加在电阻两端，或者说通过电阻上电流的大小正比于电容电压的变化率。τ 值越小，脉冲越尖，但响应的幅度始终等于激励信号的阶跃值。在 CH2 和 CH1 扫描基线重合时，显示出响应信号的绝对值等于激励信号的幅值。

5. 积分电路

满足积分电路的条件有两点：
①从电容两端得到响应信号；
②$\tau \gg T$，一般取 $\tau \geq 10T$。

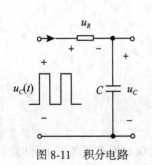

图 8-11 积分电路

图 8-11 中 $C = 0.047\mu\text{F}$，$R = 10\text{k}\Omega$，$f = 1\text{kHz}$，$u_S = 4V_{\text{p-p}}$。

当激励采用方波信号时，电容的充放电过程进行得非常缓慢。在方波的半个周期内，充（放）电远远达不到稳定值，状态已经发生改变，响应不能进入稳态。此时电容两端的电压远小于电阻两端电压。

$u_S = u_R + u_C \approx u_R = Ri$，电路中的电流可近似为：$i(t) \approx \dfrac{u_i(t)}{R}$。

电容两端的电压近似为：

$$u_C(t) = \frac{q_C(t)}{C} = \frac{1}{C}\int_0^t i(t)\,\mathrm{d}t \approx \frac{1}{RC}\int_0^t u_S(t)\,\mathrm{d}t$$

即电路的输出电压近似为输入电压的积分，输出波形近似为一个三角波。当方波 f 一定时，τ 值越大，输出三角波的线性度越好，但其幅度也随之下降，如图 8-12 所示。

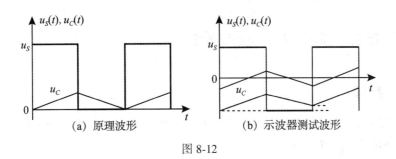

图 8-12

8.1.4 实验内容

根据参数进行电压测试。

（1）零输入响应 $f = 1\text{kHz}$、$V_{\text{p-p}} = 4\text{V}$ 方波、$R = 10\text{k}\Omega$、$C = 6800\text{pF}$；

（2）零状态响应 $f = 1\text{kHz}$、$V_{\text{p-p}} = 4\text{V}$ 方波、$R = 10\text{k}\Omega$、$C = 6800\text{pF}$；

（3）全响应 $f = 1\text{kHz}$、$U_0 = 1\text{V}$、$U_1 = 5\text{V}$、$R = 10\text{k}\Omega$、$C = 6800\text{pF}$；

（4）微分电路 $f = 1\text{kHz}$、$V_{\text{p-p}} = 4\text{V}$ 方波、$R = 5.1\text{k}\Omega$、$C = 0.01\mu\text{F}$。

8.1.5 注意事项

（1）信号源的输出不要短路。

（2）信号源输出的方波幅值以示波器显示值来计量。

（3）示波器输入端 CH1、CH2 的黑夹子连在一起共地（参考点）。

8.1.6 思考题

（1）将方波信号转换成尖脉冲信号，可通过什么电路来完成？对电路参数有什么要求？

（2）将方波信号转换成三角波信号，可通过什么电路来完成？对电路参数有什么要求？

8.1.7 实验报告要求

（1）根据示波器对电压的测试作出各电路相应的波形图（u_S、u_R、u_C、$i = u_R/R$），绘图时要保持激励信号与响应信号的初相位一致。

（2）根据一阶电路暂态分析的三要素，把实验测试值与给定参数计算值相比较，说明比较结果。

8.1.8 实验仪器设备

（1）函数信号发生器；

（2）双踪示波器；

（3）YKDGD-04 电路基础实验箱（四），YKDGQ-01 元件箱。

8.2 二阶电路的响应及其状态轨迹

8.2.1 实验目的

（1）研究 RLC 串联电路对应的二阶微分方程解的类型特点及其与元件参数的关系。

（2）用示波器测量电路过渡过程。

（3）观察电容电压和电路电流共同作用的状态轨迹（演示）。

8.2.2 预习要求

（1）复习二阶电路响应的基本概念。

（2）熟悉二阶电路的连接及测试。

8.2.3 实验原理

当电路中有两个独立的储能元件时，称为二阶电路。描述这种二阶电路的方程是二阶微分方程。

1. 零输入响应

放电过程如图 8-13 所示。

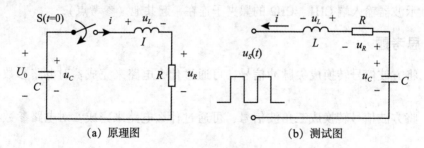

(a) 原理图   (b) 测试图

图 8-13 放电过程

电压方程 $u_R + u_L - u_C = 0$，

其中 $u_R = Ri = -RC\dfrac{\mathrm{d}u_C}{\mathrm{d}t}$，$u_L = L\dfrac{\mathrm{d}i}{\mathrm{d}t} = -LC\dfrac{\mathrm{d}^2 u_C}{\mathrm{d}t^2}$，

得到二阶常系数线性齐次微分方程 $LC\dfrac{\mathrm{d}^2 u_C}{\mathrm{d}t^2} + RC\dfrac{\mathrm{d}u_C}{\mathrm{d}t} + u_C = 0$,

其特征方程为 $LCp^2 + RCp + 1 = 0$,

特征方程根为 p_1, $p_2 = -\dfrac{R}{2L} \pm \sqrt{\left(\dfrac{R}{2L}\right)^2 - \dfrac{1}{LC}} = -\delta \pm \sqrt{\delta^2 - \omega_0^2}$。

基本参数(如图 8-14 所示):

$$\delta = \frac{R}{2L}(\text{衰减系数}),\quad \omega_0 = \frac{1}{\sqrt{LC}}(\text{固有振荡角频率}),\quad \frac{\delta}{\omega_0} = \cos\beta$$

$$\omega = \sqrt{\omega_0^2 - \delta^2}\,(\text{自由振荡角频率}),\quad \beta = \arctan\frac{\omega}{\delta}(\text{相差}),\quad \frac{\omega}{\omega_0} = \sin\beta$$

说明:当 $\delta > \omega_0$ 时,响应是非振荡性的,称为过阻尼过程。

当 $\delta = \omega_0$ 时,响应是介于振荡与非振荡之间的形式,称为临界振荡过程。

当 $\delta < \omega_0$ 时,响应是衰减振荡性的,称为欠阻尼过程。

当 $\delta = 0$ 时,响应是一种等幅振荡,称为无阻尼过程。

当 $\delta < 0$ 时,响应是发散振荡的,称为负阻尼过程。

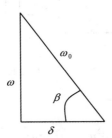

图 8-14 基本参数的关系

由初始条件 $u_C(0_+) = u_C(0_-) = U_0$(即 U_S), $u_C(\infty) = 0$, $i_L(0_+) = i_L(0_-) = 0$ 得到微分方程的三种状态解:

(1) $\delta > \omega_0\left(\text{或 } R > 2\sqrt{\dfrac{L}{C}}\right)$ 非振荡(过阻尼过程):

$$u_C = \frac{U_0}{p_2 - p_1}(p_2 e^{p_1 t} - p_1 e^{p_2 t}),\quad i = -C\frac{\mathrm{d}u_C}{\mathrm{d}t} = -C\frac{U_0 p_1 p_2}{p_2 - p_1}(e^{p_1 t} - e^{p_2 t}) = -\frac{U_0}{L(p_2 - p_1)}(e^{p_1 t} - $$

$$e^{p_2 t}),\quad u_L = L\frac{\mathrm{d}i}{\mathrm{d}t} = -\frac{U_0}{p_2 - p_1}(p_1 e^{p_1 t} - p_2 e^{p_2 t})$$

(2) $\delta = \omega_0\left(\text{或 } R = 2\sqrt{\dfrac{L}{C}}\right)$ 临界振荡(临界阻尼过程):

$$u_C = U_0(1 + \delta t)e^{-\delta t},\quad i = -C\frac{\mathrm{d}u_C}{\mathrm{d}t} = \frac{U_0}{L}t e^{-\delta t},\quad u_L = L\frac{\mathrm{d}i}{\mathrm{d}t} = U_0(1 - \delta t)e^{-\delta t}$$

（3）$\delta < \omega_0 \left(或 R < 2\sqrt{\dfrac{L}{C}} \right)$ 衰减振荡（欠阻尼过程）：

$$u_C = \dfrac{\omega_0}{\omega} U_0 e^{-\delta t} \sin(\omega t + \beta), \quad i = -C\dfrac{\mathrm{d}u_C}{\mathrm{d}t} = \dfrac{U_0}{\omega L} e^{-\delta t} \sin\omega t, \quad u_L = L\dfrac{\mathrm{d}i}{\mathrm{d}t} = -\dfrac{\omega_0}{\omega} U_0 e^{-\delta t} \sin(\omega t - \beta)$$

原理图是由电容上的电压对电阻、电感所构成的回路放电，但是实测电路是按图 8-13（b）的接法，信号源 u_S 方波由高电平变为低电平时，电容上的电压反方向对电阻、电感及电源所构成的回路放电。所以用示波器观察到的 u_R（i_R）及 u_L 波形与按图 8-13（a）接法所测的波形相位相反。

2. 零状态响应

充电过程如图 8-15 所示。

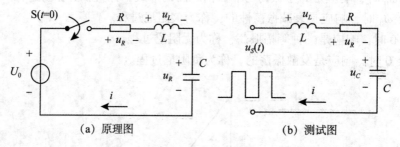

(a) 原理图　　　　　　　(b) 测试图

图 8-15　充电过程

二阶常系数非齐次微分方程：

$$LC = \dfrac{\mathrm{d}^2 u_C}{\mathrm{d}t^2} + RC\dfrac{\mathrm{d}u_C}{\mathrm{d}t} + u_C = u_S$$

初始条件：

$$u_C(0_+) = u_C(0_-) = 0, \quad u_C(\infty) = u_S, \quad i_L(0_+) = i_L(0_-) = 0$$

（1）$\delta > \omega_0 \left(或 R > 2\sqrt{\dfrac{L}{C}} \right)$ 非振荡（过阻尼过程）：

$$u_C = U_S - \dfrac{U_S}{p_2 - p_1}(p_2 e^{p_1 t} - p_1 e^{p_2 t}), \quad i = -\dfrac{U_S}{L(p_2 - p_1)}(e^{p_1 t} - e^{p_2 t}), \quad u_L = L\dfrac{\mathrm{d}i}{\mathrm{d}t} =$$
$$-\dfrac{U_S}{p_2 - p_1}(p_1 e^{p_1 t} - p_2 e^{p_2 t})$$

（2）$\delta = \omega_0 \left(或 R = 2\sqrt{\dfrac{L}{C}} \right)$ 临界振荡（临界阻尼过程）：

$$u_C = U_S - U_S(1 + \delta t)e^{-\delta t}, \quad i = C\dfrac{\mathrm{d}u_C}{\mathrm{d}t} = \dfrac{U_S}{L}te^{-\delta t}, \quad u_L = L\dfrac{\mathrm{d}i}{\mathrm{d}t} = U_S(1 - \delta t)e^{-\delta t}$$

（3）$\delta < \omega_0 \left(或 R < 2\sqrt{\dfrac{L}{C}} \right)$ 衰减振荡（欠阻尼过程）：

$$u_C = U_S - \frac{\omega_0}{\omega} U_S \mathrm{e}^{-\delta t} \sin(\omega t + \beta) \ , \quad i = C\frac{\mathrm{d}u_C}{\mathrm{d}t} = \frac{U_S}{\omega L}\mathrm{e}^{-\delta t}\sin\omega t \ , \quad u_L = L\frac{\mathrm{d}i}{\mathrm{d}t} = -\frac{\omega_0}{\omega}U_S\mathrm{e}^{-\delta t}\sin(\omega t - \beta)$$

8.2.4　测试过程

1. 测试电路的构成

$f_S = 500\mathrm{Hz}$，$U_S = 4V_{\mathrm{p\text{-}p}}$，$L = 0.1\mathrm{H}$，$C = 0.01\mu\mathrm{F}$，$R$ 分别为 $15\mathrm{k}\Omega$、6325Ω、500Ω。分别测试响应波形 $U_R(I_R)$、U_C、U_L 并与 U_S 激励方波相比较，如图 8-16、图 8-17 所示。测试 U_L 时按图 8-17 接线，但要把图中的电容与电感的位置互换。

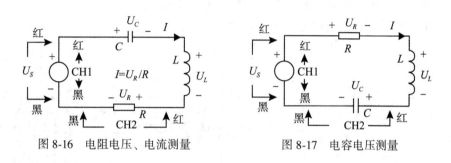

图 8-16　电阻电压、电流测量　　　　图 8-17　电容电压测量

2. 电路测试

（1）过阻尼、临界阻尼、欠阻尼的波形测试。

（2）欠阻尼（衰减振荡）中的参数测量通过图 8-18 可以测量自由振荡周期 $T' = t_2 - t_1$、自由振荡角频率 $\omega' = 2\pi/T'$，衰减系数 δ。

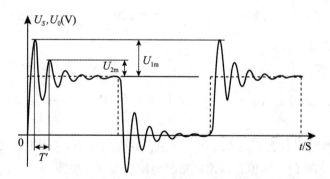

图 8-18　自由振荡周期、自由振荡角频率、衰减系数 δ 的测量曲线图

根据衰减曲线 $u_C(t) = A\mathrm{e}^{-\delta t}\sin(\omega t + \varphi)$，相邻两个最大电容电压值的比值为：

$$\frac{U_{1m}}{U_{2m}} = e^{\delta(t_2 - t_1)} = e^{\delta T'}$$

所以有

$$\delta = \frac{1}{T'}\ln\frac{U_{1m}}{U_{2m}}$$

3. 二阶 RLC 串联电路状态轨迹

（1）电路的连接：按图 8-19 所示电路接线。

（2）触发源调至 1NT 挡；时间因数调至 x—y；Y 输入方式调至 CH2；内触发调至 CH1 触发源；垂直位移 CH2 拉出反相。

（3）调节电阻 R，并调整频率 f 和幅度衰减开关观测。

二阶 RLC 串联电路状态轨迹如图 8-20 所示。

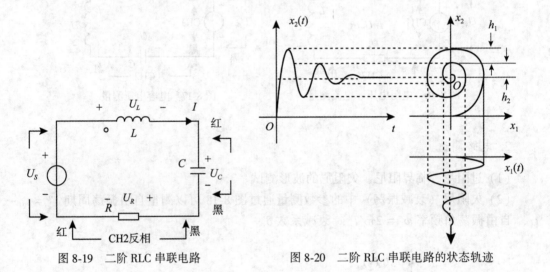

图 8-19　二阶 RLC 串联电路　　　　图 8-20　二阶 RLC 串联电路的状态轨迹

8.2.5　实验内容

给定方波 $f_S = 500\mathrm{Hz}$，$U_S = 4V_{\mathrm{p-p}}$，元件 $L = 0.1\mathrm{H}$，$C = 0.01\mu\mathrm{F}$，R 分别为 15kΩ、6325Ω、500Ω。

（1）测试三种阻尼状态下的 U_C、U_L、I 值，并作出一个 U_S 周期的 U_S、U_C、U_L、I 波形图。（测试注意初相位、幅值，画图以每种电阻状态为一组图。）

（2）在 $R = 500\Omega$ 条件下，分别计算和测试 ω、δ、ω_0、β 值，并比较误差。

8.2.6　注意事项

（1）信号源输出端不要短路。

（2）注意选取共地点（零参考点）。

（3）注意对示波器各个按钮、旋钮、开关的识别和正确操作。

（4）作图时要标明坐标、单位坐标。

8.2.7　思考题

（1）什么情况下 R、L、C 串联电路能实现不衰减的正弦振荡？本实验可以吗？为什么？

（2）通过对二阶电路的理论学习和实验操作，二阶电路的激励和响应（波形）在原理与实测之间有何差异？

8.2.8　实验报告要求

（1）完成实验要求的所有波形测试、记录和部分计算工作。

（2）在坐标纸上分别绘出三种状态的激励与响应相对应的波形图，注意初相位的选择。

（3）根据曲线极值、过零点间的时域划分，试确定各元件之间的能量转换关系（吸收、释放及消耗）。

8.2.9　实验仪器设备

（1）函数信号发生器；

（2）双踪示波器；

（3）YKDGD-04 电路基础实验箱（四），YKDGQ-01 元件箱。

第9章 有源电路实验

本章学习有源电路实验的操作技能和测试方法，共有三个实验：运算放大器和受控源、负阻抗变换器、回转器的实验研究与分析。

9.1 运算放大器和受控源的实验分析

9.1.1 实验目的

(1) 获得运算放大器和有源器件的感性认识。
(2) 学习含有运算放大器电路的分析方法。
(3) 学习受控源电路的构成及原理。

9.1.2 预习要求

(1) 复习运算放大器和受控源的基本原理。
(2) 熟悉由运算放大器构成的受控源电路。
(3) 熟悉测试方法及步骤。

9.1.3 实验原理

1. 运算放大器

运算放大器（简称运放）是具有电压放大功能的器件，配以适当的外部反馈网络元件，就成为运算放大电路，可以实现加、减、乘、除、指数、对数、微分、积分等不同的功能。

1）器件（以 741 型集成运放器为例，如图 9-1 所示）

该集成块是由多个三极管、电阻、电容集成到一个微小芯片上，从中引出 8 只引脚（1、5 为失调电压补偿端，2 为反相输入端，3 为同相输入端，6 为输出端，4 为负电源端，7 为正电源端，8 为空端）。

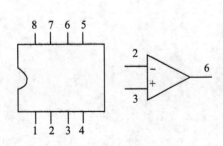

图 9-1 741 型集成运放器

常用封装形式有：管状 T_0 封装，DIP 双列直插式封装及扁平封装。由于在电路原理分析中只需要考虑输入端和输出端，所以运放就称为一种（有源）三端器件，电源一般不画出。双电源器件一般没有接地端，而原理图需要一个参考零电位。

2）运放的模型及特征

（1）运放的输入、输出方式（如表 9-1 所示）。

（2）运放的基本条件（如表 9-2 所示）。

表 9-1　　　运放的输入、输出方式

输入方式		输出方式
单端 输入	u_p	$u_0 = A_0 u_p$
	u_n	$u_0 = A_0 u_n$
双端输入 $u_d = u_p - u_n$		$u_0 = A_0 (u_p - u_n)$

表 9-2　　　运放的基本条件

	开环增益 A_0（倍）	输入电阻 R_{in}（Ω）	输出电阻 R_{out}（Ω）
理想运放	∞	∞	0
μA741	2×10^5	2 M	75

（3）两条主要规则（如图 9-2 所示）。

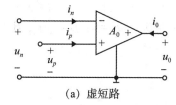 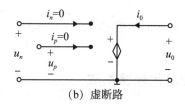

　　　　　（a）虚短路　　　　　　　　　（b）虚断路

图 9-2　两条主要规则

在理想状况下，A_0 和 R_{in} 为无穷大，R_0 为零（u_0 为有限值），可得到：

① 虚短路：因为 $u_0 = A_0(u_p - u_n)$，$u_p - u_n = u_0/A_0 = 0$，所以 $u_p = u_n$；

② 虚断路：$i_p = u_p/R_{in} = 0$，$i_n = u_n/R_{in} = 0$。

2. 受控源

电源可分为独立电源（包括电池、发电机等）与非独立电源（或称受控源）两种。独立电源的电动势或电流是某一固定值或某一时间常数，它不随电路其余部分状态而改变。独立电源作为电路的输入，它代表外界对电路的作用。受控源的电动势或电流随网络另一支路的电压或电流而变化。

从元件的角度来看，无源器件（如电阻、电感、电容等）的电压和它自身的电流有一定的函数关系，反映元件自身的特性。而受控源的电压或电流则和另一支路（或元件）的电压或电流有某种函数关系。受控源是双口元件，一个为控制端口，另一个为受控端口。受控源的控制端与受控端的关系称为转移函数，转移函数量分别用 μ，g_m，r_m，β 表示。

理想受控源的控制端只有一个独立变量（电压或电流），另一个独立变量等于零。根据控制变量与受控变量的不同组合，受控源可分为如下四种（如图9-3所示）。

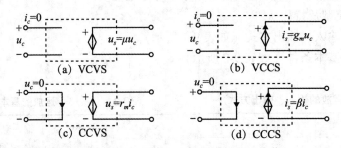

图9-3 受控源的四种形式

（1）电压控制电压源（VCVS）（图9-3(a)），$u_s = \mu u_c$，$i_c = 0$；$\mu = u_s/u_c$，u 为转移电压比（或电压增益）；

（2）电压控制电流源（VCCS）（图9-3(b)），$i_s = g_m u_c$，$i_c = 0$；$g_m = i_s/u_c$，g_m 为转移电导；

（3）电流控制电压源（CCVS）（图9-3(c)），$u_s = r_m i_c$，$u_c = 0$；$r_m = u_s/i_c$，r_m 为转移电阻；

（4）电流控制电流源（CCCS）（图9-3(d)），$i_s = \beta i_c$，$u_c = 0$；$\beta = i_s/i_c$，β 为转移电流比（或电流增益）。

9.1.4 受控源的电路构成

1. 电压控制电压源（VCVS）

由运放输入端"虚短"特性可知：$u_n = u_p = u_1$，$i_2 = u_1/R_2$；由运放"虚断"特性可知：$i_n = 0$，$i_1 = i_2$，$u_2 = i_1 R_1 + i_2 R_2 = i_2 (R_1 + R_2) = u_1 (R_1 + R_2)/R_2 = (1 + R_1/R_2) u_1$，该电路是一个同相比例放大器，其输入与输出有公共接地端，这种方式为共地连接。转移电压比 $\mu = 1 + R_1/R_2$，取决于电路内部结构，输出电压 $u_2 = \mu u_1$ 与负载 R_L 无关，如图9-4所示。

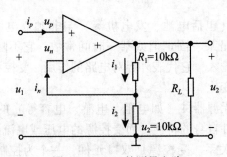

图9-4 VCVS 的测量电路

2. 电压控制电流源（VCCS）

将 VCVS 电路中的 R_L 去掉，把 R_1 作为负载 R_L 就成为 VCCS 电路。根据理想运放"虚短""虚断"特性，输出电流 $i_s = i = u_1/R_1$，该电路输入、输出无公共接地点。这种方式称为浮地连接。转移电导 $g_m = 1/R_1$，取决于内部结构。输出电流 $i_s = g_m u_1$ 与负载 R_L 无关，如图 9-5 所示。

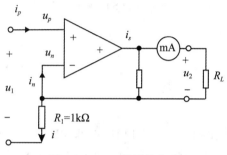

图 9-5　VCCS 的测量电路

3. 电流控制电压源（CCVS）

根据理想运放"虚短""虚断"特性，可推得 $u_2 = -i_R R = -i_1 R$，该电路连接为共地连接。转移电阻 $r_m = -R$，取决于电路内部结构。输出电压 $u_2 = r_m i_1$ 与负载 R_L 无关，如图 9-6 所示。

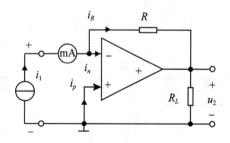

图 9-6　CCVS 的测量电路

4. 电流控制电流源（CCCS）

根据理想运放"虚短""虚断"特性，可知电路中 a 点电位 $u_a = -i_2 R_2 = -i_1 R_2$，$u_a = -i_3 R_3$，并得到 $i_3 = i_1 R_2/R_3$。输出电流 $i_s = i_2 + i_3 = i_1 + i_1 R_2/R_3 = (1 + R_2/R_3)i_1$。该电路连接为浮地连接。转移电流比 $\beta = (1 + R_2/R_3)$ 取决于电路内部结构。输出电流 $i_s = \beta i_1$ 与负载 R_L 无关，如图 9-7 所示。

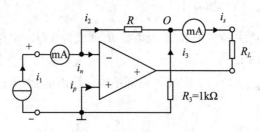

图 9-7　CCCS 的测量电路

9.1.5　实验内容

1. VCVS 的测量

如图 9-4 所示，理论值 $\mu = 1 + R_1/R_2 = 1 + 10k/10k = 2$。

电路接好后，先把输入端短路，若 $u_2 = 0$，说明设备正常。

（1）$R_L = 1k\Omega$，逐步增加 u_1，测量 u_2，测量值填入表 9-3 转移特性 $u_2 = f(u_1)$ 中；

表 9-3　测　量　数　据

给定值 u_1（V）	0	0.5	1	1.5	2	2.5
测量值 u_2（V）						
计算值 $\mu = u_2/u_1$						

（2）保持 $u_1 = 1.5V$，改变 R_L，测量 u_2，测量值填入表 9-4 负载特性 $u_2 = f(R_L)$ 中。

表 9-4　测　量　数　据

给定值 R_L（Ω）	1k	2k	3k	4k	5k	∞
测量值 u_2（V）						
计算值 $\mu = u_2/u_1$						

2. VCCS 的测量

如图 9-5 所示，理论值 $g_m = 1/R_1 = 1/1000 = 10^{-3}$s。

电路接好后，先把输入端及输出端短路，若 $i_s = 0$，说明设备正常。

（1）$R_L = 1k\Omega$，逐步增加 u_1，测量 i_s，测量值填入表 9-5 转移特性 $i_s = f(u_1)$ 中；

（2）保持 $u_1 = 1.5V$，改变 R_L，测量 i_s，测量值填入表 9-6 负载特性 $i_s = f(R_L)$ 中。

表 9-5　　　　　　　　　　测 量 数 据

给定值 u_1（V）	0	0.5	1	1.5	2	2.5
测量值 i_s（mA）						
计算值 $g_m = i_s/u_1$（s）						

表 9-6　　　　　　　　　　测 量 数 据

给定值 R_L（Ω）	1k	2k	3k	4k	5k
测量值 i_s（mA）					
计算值 $g_m = i_s/u_1$（s）					

3. CCVS 的测量

如图 9-6 所示，理论值 $r_m = -R = -1\text{k}\Omega$。

（1）$R_L = 1\text{k}\Omega$，电流源由 $u_s = 1.5\text{V}$ 串联可调的 R_i 提供。分别测量 i_1 和 u_2，测量值填入表 9-7 转移特性 $u_2 = f(i_1)$ 中；

（2）保持 $u_s = 1.5\text{V}$，$R_i = 1\text{k}\Omega$，改变 R_L，分别测量 i_1 和 u_2，测量值填入表 9-8 负载特性 $u_2 = f(R_L)$ 中。

表 9-7　　　　　　　　　　测 量 数 据

给定值 R_i（Ω）		1k	2k	3k	4k	5k	∞
测量值	i_1（mA）						
	U_2（V）						
计算值 $r_m = U_2/i_1$（Ω）							

表 9-8　　　　　　　　　　测 量 数 据

给定值 R_L（Ω）		1k	2k	3k	4k	5k	∞
测量值	i_1（mA）						
	U_2（V）						
计算值 $r_m = U_2/i_1$（Ω）							

4. CCCS 的测量

如图 9-7 所示，理论值 $\beta = (1 + R_2/R_3) = 1 + 1\text{k}/1\text{k} = 2$。

（1）$R_L = 1\text{k}\Omega$，电流源由 $u_s = 1.5\text{V}$ 串联可调的 R_i 提供。逐步增加 i_1 并测量 i_s，测量

值填入表 9-9 转移特性 $i_s = f(i_1)$ 中；

（2）保持 $i_1 = 0.5\text{mA}$，改变 R_L，测量 i_s，测量值填入表 9-10 负载特性 $i_s = f(R_L)$ 中。

表 9-9   测 量 数 据

给定值 i_1（mA）	0.5	0.6	0.75	1.0	1.25	1.5
测量值 i_s（mA）						
计算值 $\beta = i_s / i_1$						

表 9-10   测 量 数 据

给定值 R_L（Ω）	0	500	1k	2k	3k	5k
测量值 I_s（mA）						
计算值 $\beta = i_s / i_1$						

9.1.6   注意事项

（1）受控电源电路工作需要按下受控源挂件的电源开关；受控电路输入端控制信号源是由外部独立电压源、电流源提供。

（2）每种受控源的电路组成已在控件内部完成，实验时仅需提供输入信号及负载电阻。

（3）每种受控源实验接、拆线过程都要事先断开工作电源及信号电源，但不必关闭实验台总电源。实验时应先接通受控源的工作电源，再接通信号电源，关机时则反之。

（4）在实验中独立电源或是受控电源都不要使电压源输出端短路、电流源输出端开路。

（5）在加信号源的过程中，应从小到大进行。

9.1.7   思考题

（1）受控源和独立电源相比有何异同点？比较 4 种受控源的符号、电路模型、控制信号与被控量的关系。

（2）4 种受控源中 r_m，g_m，α，μ 的意义是什么？如何测得？

（3）若受控源的控制量（输入）极性反向时，被控量（输出）的极性是否反向？

（4）受控源控制特性是否适用于交流信号？

（5）什么叫做共地连接？什么叫做浮地连接？

（6）电路实验中的 4 种受控源电路与模电负反馈中的 4 种基本负反馈电路（电压串联负反馈，电流串联负反馈，电压并联负反馈，电流并联负反馈）有何区别？

9.1.8   实验报告要求

（1）画出 4 个基本受控源电路图。

（2）根据测试要求，分别绘出 4 种受控源的转移特性和负载特性曲线。

（3）对测试结果进行分析，试比较独立电源与受控源各自的特点。

9.1.9　实验仪器设备

（1）YKZDY-02 直流稳压电源，恒流源；

（2）YKDGQ-02 受控源挂件；

（3）YKDGQ-01 元件组挂件；

（4）YKDGB-01 直流数字电压表，YKDGB-04 直流毫安表。

9.2　负阻抗变换器及其应用

9.2.1　实验目的

（1）加深对负阻抗概念的认识和对负阻抗电路的分析研究。

（2）熟识负阻抗变换器的组成原理及应用。

（3）掌握对负阻抗变换器的各种测试方法。

9.2.2　预习要求

（1）复习负阻抗变换器及其应用原理。

（2）熟悉电路的测试过程。

9.2.3　实验原理

1. 概念

负阻抗是电路理论中一个重要基本概念，在工程实践中也有广泛的应用。负阻抗的产生除了某些非线性元件（如隧道二极管）在某段电压及电流范围内具有负阻特性外，一般都是由一个有源双端口网络来构成一个等值的线性负阻抗。当网络是由线性集成电路或晶体管等元件组成时，这样的网络就成为一个负阻抗变换器。

按有源网络输入电压、电流与输出电压、电流之间的关系，可分为电流倒置型 INIC 和电压倒置型 UNIC 两种（如图 9-8 所示）。下面以 INIC 为例来说明。

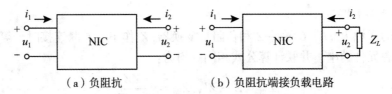

图 9-8　负阻抗及其端接负载电路

其矩阵形式和方程组分别如下：

$$\begin{bmatrix} U_1 \\ I_1 \end{bmatrix} = \begin{bmatrix} 1 & 0 \\ 0 & -k \end{bmatrix} \begin{bmatrix} U_2 \\ -I_2 \end{bmatrix}, \qquad \left.\begin{array}{l} u_1 = u_2 \\ i_1 = ki_2 \end{array}\right\} \qquad Z_{in} = \frac{\dot{U}_1}{\dot{I}_1} = \frac{\dot{U}_2}{k\dot{I}_2} = -\frac{1}{k}Z_L$$

其中，k 为电流增益，是实常数；而 $-Z_L$ 的负号考虑了实际输出电压和电流的方向。

2. 运放构成的 INIC 电路

运放构成的 INIC 电路如图 9-9 所示。根据"虚短"，有 $\dot{U}_P = \dot{U}_n$ 即 $\dot{U}_1 = \dot{U}_2$；根据"虚断"，有 $\dot{I}_1 = \dot{I}_3$，$\dot{I}_2 = \dot{I}_4$，而 $\dot{U}_0 = \dot{U}_1 - \dot{I}_3 Z_1 = \dot{U}_2 - \dot{I}_4 Z_2$，所以 $\dot{I}_3 Z_1 = \dot{I}_4 Z_2$，即输入阻抗：

$$Z_{in} = \frac{\dot{U}_1}{\dot{I}_1} = \frac{\dot{U}_2}{\dfrac{Z_2}{Z_1}\dot{I}_2} = \frac{Z_1}{Z_2} \cdot \frac{\dot{U}_2}{\dot{I}_2} = -kZ_L \circ$$

在本电路中 $k = \dfrac{Z_1}{Z_2} = \dfrac{R_1}{R_2} = \dfrac{1k\Omega}{1k\Omega} = 1$，$Z_{in} = -Z_L \circ$

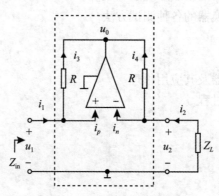

图 9-9 运放构成的 INIC 电路

3. 基本特性和运算规则

（1）当 Z_L 为线性纯阻 R 时，$Z_{in} = -R$，其特性曲线在 u-i 曲线上为一条通过原点且处于 II、IV 象限的直线（图 9-10）。当输入电压 u_1 为正弦信号时，输入电流与输入电压反相，如图 9-11 所示。

（2）串联及并联。

当普通的无源 R、L、C 元件 Z 和负阻抗变换器 $-Z'$ 作串、并联连接时，等值阻抗的计算方法与无源元件的串、并联计算公式相同。均为：

$$Z_{串} = Z - Z', \quad Z_{并} = \frac{-ZZ'}{Z - Z'}$$

从上式可以看出等值阻抗会呈现正阻和负阻两种情况。在电源工作的电路中要尽量避免 $Z - Z'$ 等于零或接近零的状态。

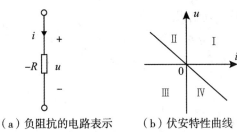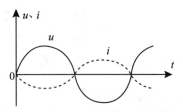

（a）负阻抗的电路表示　（b）伏安特性曲线

图 9-10　负阻抗的电路表示与伏安特性曲线

图 9-11　输入电流与输入电压图示

9.2.4　应用原理

1. 负阻抗变换器的逆变作用 A（与频率有关，如图 9-9 所示）

根据 $Z_{in} = -kZ_L$ 定义：

（1）当 Z_L 为电容时，$Z_L = \dfrac{1}{j\omega C}$，$Z_{in} = \dfrac{-1}{j\omega C} = j\omega L$，等值电感 $L = \dfrac{1}{\omega^2 C}$ 与频率有关。

（2）当 Z_L 为电感时，$Z_L = j\omega L$，$Z_{in} = -j\omega L = \dfrac{1}{j\omega C}$，等值电容 $C = \dfrac{1}{\omega^2 L}$ 与频率有关。

2. 负阻抗变换器的逆变作用 B（与频率无关，如图 9-12 所示）

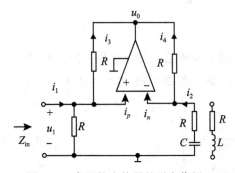

图 9-12　负阻抗变换器的逆变作用 B

当 R 与负阻元件 $-\left(R + \dfrac{1}{j\omega C}\right)$ 相并联时，其结果：

$$Z_{in} = \frac{-\left(R + \dfrac{1}{j\omega C}\right) \cdot R}{-\left(R + \dfrac{1}{j\omega C}\right) + R} = \frac{-R^2 - \dfrac{R}{j\omega C}}{-\dfrac{1}{j\omega C}}$$

$$= R + j\omega R^2 C = R + j\omega L$$

当 R 与负阻元件 $-(R + j\omega L)$ 相并联时，其结果

$$Z_{\text{in}} = \frac{-(R + j\omega L) \cdot R}{-(R + j\omega L) + R} = \frac{-R^2 - j\omega LR}{-j\omega L} = R + \frac{1}{j\omega L/R^2} = R + \frac{1}{j\omega C}$$

等值电容 $C = L/R^2$ 与频率无关。

3. 负内阻电压源

（1）正内阻电压源外特性：$U = U_S - IR_1$，其中 R_1 作为电源内阻，$I = U_S/(R_1 + R_L)$。

（2）负内阻电压源（图 9-13、图 9-14）。

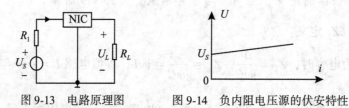

图 9-13 电路原理图　　　　图 9-14 负内阻电压源的伏安特性

当正内阻电压源通过负阻抗变换器接入 R_L 后，其回路的电流：

$$I = U_S/(R_1 - R_L) = -U_S/(R_L - R_1)$$

当 $R_L > R_1$ 时，$I < 0$ 回路的实际电流反相，得到负内阻电压源的外特性 $U = U_S + IR_1$。

4. 演示实验

观察二阶 RLC 串联电路方波响应时等幅振荡及发散振荡。

（1）电路构成和等效电路（如图 9-15 和图 9-16 所示）。

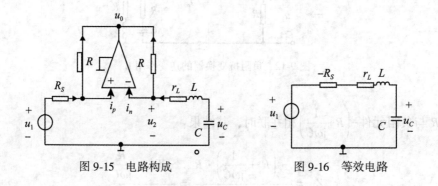

图 9-15 电路构成　　　　　　图 9-16 等效电路

（2）输出振荡波形（如图 9-17 和图 9-18 所示）。

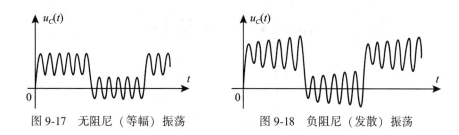

图 9-17   无阻尼（等幅）振荡   图 9-18   负阻尼（发散）振荡

9.2.5 实验内容

1. 测量负电阻的伏安特性

接线如图 9-19 所示，测量值填入表 9-11 中，并作出 $U=f(I)$ 曲线。

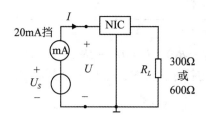

图 9-19   测量负电阻的伏安特性的接线图

理论值 $R_- = -KR_L = -R_L$，其中 $K = Z_1/Z_2 = R_1/R_2 = 1$。

表 9-11   测 量 数 据

U（V）		-1.0	-0.8	-0.6	-0.4	-0.2	0.0	0.2	0.4	0.6	0.8	1.0
$R_L = 300$（Ω）	测量值 I（mA）											
	计算 $R_- = U/I$（Ω）											
$R_L = 600$（Ω）	测量值 I（mA）											
	计算 $R_- = U/I$（Ω）											

2. 测量负内阻电压源的外特性

接线如图 9-20 所示，测量值填入表 9-12 中，并作出 $U = f(I)$ 曲线。其中 $U_S =$ 1.50V，$R_1 = 300Ω$。

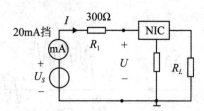

图 9-20　测量负内阻电压源外特性的电路图

表 9-12　　　　　　　　　　　　　　　测 量 数 据

	R_L（Ω）	∞	10k	5k	2k	1k	800	600
测试	I（mA）							
	U（V）							
理论计算	I（mA）							
	U（V）							

理论计算：$I = - U_S/(R_L - R_1)$，$U = U_S + IR_1$。

注意：观察电流表，I 的符号为负时，是指 I 的实际方向与规定的电流方向相反，计算时不要重复代入。

3. 并联电路的测量

接线如图 9-21 所示，保持 $U_s = 1.5$V，测量值填入表 9-13 中。

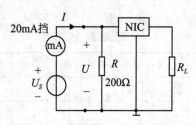

图 9-21　并联电路的测量电路图

表 9-13　　　　　　　　　　　　　　　测 量 数 据

R_L（Ω）	300	400	500	600	800	1k	2k	5k
测量值 I（mA）								
计算 $R_- = U/I$（Ω）								
理论 R_-								

注：理论值 $R = - R_L R/(- R_L + R)$。

9.2.6　注意事项

负阻抗变换器是由运算放大器组成的有源电路,操作过程应按受控源电路方式进行。

9.2.7　思考题

(1)图 9-19 及图 9-21 中的电源 U_s 是发出功率还是吸收功率?负阻器件呢?

(2)如果实验图 9-20 电路中的 $R_L \approx R$ 时,会出现什么情况?为什么?

(3)观察二阶 RLC 串联电路方波响应时,为什么可以确认在等幅振荡及发散振荡时激励电源具有负阻抗特性?

9.2.8　实验报告要求

(1)整理计算实验数据,并绘出外特性曲线。

(2)分析实验结果。

9.2.9　实验仪器设备

(1)YKZDY-02 直流稳压电源,恒流源;

(2)YKDGQ-02 负阻抗变换器挂件;

(3)YKDGQ-01 元件组挂件;

(4)YKDGB-01 直流数字电压表,YKDGB-04 直流毫安表;

(5)函数信号发生器;

(6)双踪示波器。

9.3　回转器的实验分析

9.3.1　实验目的

(1)研究回转器的特性,学习测试回转器的参数。

(2)回转器的应用研究。

(3)研究并联谐振电路特性。

9.3.2　预习要求

(1)研究回转器的特性,学习测量回转器的参数。

(2)了解回转器的某些应用。

(3)利用回转器电路进行并联谐振的研究。

9.3.3　实验原理

(1)理想回转器是一种无源非互易的二端口网络,其特性表现为它的某一端口上的电流(或电压)能够"回转"成为另一端口的电压(或电流)(如图 9-22 和图 9-23

所示）。

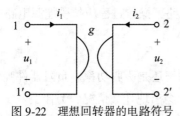 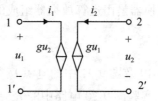

图 9-22　理想回转器的电路符号　　　图 9-23　理想回转器的受控源模型

$$i_1 = gu_2, \quad i_2 = -gu_1$$

在任意瞬间回转器所吸收的功率总和为：$u_1 i_1 + u_2 i_2 = -ri_2 i_1 + ri_1 i_2 = 0$，所以回转器既不吸收功率也不发出功率，是无源器件。

在回转器的 Y 参数和 Z 参数中，$Y_{12} \neq Y_{21}$，$Z_{12} \neq Z_{21}$，所以回转器是一种非互易元件。

（2）在实际回转器中，由于不完全对称，其电流、电压关系为：$i_1 = g_1 u_2$，$i_2 = -g_2 u_1$，回转电导 g_1 和 g_2 比较接近但是不相等，所以实际回转器是一种有源器件。

（3）运算放大器构成的回转器。

如图 9-24 所示，本电路是由两个负阻抗变换器实现的，变换过程分析如下：

$$R_{AB} = R_L // - R = \frac{-R_L R}{R_L - R}, \quad R_{\text{in}} = R // - (R + R_{AB}) = \frac{-R(R + R_{AB})}{R - (R + R_{AB})} = \frac{R^2}{R_L}$$

即

$$R_{\text{in}} = \frac{1}{g^2 R_L}$$

当 $R = 1\text{k}\Omega$ 时，

则

$$g = \frac{1}{R} = \frac{1}{1\text{k}\Omega} = 10^{-3}\text{S}$$

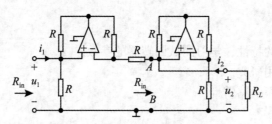

图 9-24　运算放大器构成的回转器

9.3.4　实验内容

1. 回转器的逆变作用

在回转器的输出端接一负载 Z_L 时的电路如图 9-25 所示，其输入阻抗：

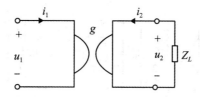

图 9-25　输出端接一负载 Z_L 时的回转器

$$Z_{\mathrm{in}} = \frac{u_1}{i_1} = \frac{-i_2/g}{gu_2} = \frac{1}{g^2} \frac{-i_2}{u_2} = \frac{1}{g^2 Z_L}$$

这种输出阻抗回转成输入阻抗的特性称为逆变作用。

（1）当 $Z_L = R_L$，$Z_{\mathrm{in}} = \dfrac{1}{g^2 Z_L}$ 时，等值电阻 $R = \dfrac{1}{g^2 R_L}$；

（2）当 $Z_L = \dfrac{1}{j\omega C}$ 时，$Z_{\mathrm{in}} = \dfrac{1}{\dfrac{g^2}{j\omega C}} = \dfrac{j\omega C}{g^2} = j\omega L$，等值电感 $L = \dfrac{C}{g^2}$；

（3）当 $Z_L = j\omega L$ 时，$Z_{\mathrm{in}} = \dfrac{1}{g^2 j\omega L} = \dfrac{1}{j\omega C}$，等值电容 $C = g^2 L$。

2. 利用回转器组成的滤波电路

1）利用回转器组成高通滤波器（如图 9-26 所示）

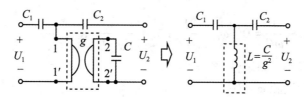

图 9-26　用回转器实现高通

由电路 2-2′端的阻抗为 $\qquad Z_L = \dfrac{1}{j\omega C}$

由电路 1-1′端的等效输入阻抗 $Z_{\mathrm{in}} = \dfrac{1}{\dfrac{g^2}{j\omega C}} = \dfrac{j\omega C}{g^2} = j\omega L$，等值电感 $L = \dfrac{C}{g^2}$。

通过回转器的逆变作用，整个电路构成了一个高通滤波器。

2）利用回转器组成带通滤波器（如图 9-27 所示）

由电路 2-2′端阻抗为 $\qquad Z_L = \dfrac{R_L \times \dfrac{1}{j\omega C}}{R_L + \dfrac{1}{j\omega C}} = \dfrac{R_L}{\omega C R_L + 1}$

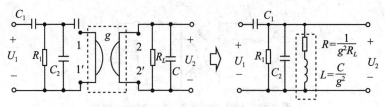

图 9-27 用回转器实现带通滤波器

由 1-1′端的等效输入阻抗为 $\quad Z_{in} = \dfrac{1}{g^2 Z_L} = \dfrac{1}{g^2 R_L} + \dfrac{C}{g^2} = R + L$

故知一个电阻与电容的并联负载,通过回转器可以逆变成一个电阻与一个电感器串联的电路,整个电路就构成了一个带通滤波器。

9.3.5 研究并联谐振电路特性

1. 复习串联谐振电路原理特性(电压谐振)

回路电压 $\dot{U}_S = \dot{U}_R + \dot{U}_L + \dot{U}_C$, 回路电流 $\dot{I} = \dfrac{\dot{U}_S}{Z}$, 线路阻抗 $Z = R + j\left(\omega L - \dfrac{1}{\omega C}\right)$, 其

中, $|Z| = \sqrt{R^2 + \left(\omega L - \dfrac{1}{\omega C}\right)^2}$, $\dot{U}$ 与 $\dot{I}$ 的相位差 $\varphi = \arctan \dfrac{\omega L - \dfrac{1}{\omega C}}{R}$。

谐振时的特点:

(1) 谐振时 $\omega L - \dfrac{1}{\omega C} = 0$, $\omega_0 = \dfrac{1}{\sqrt{LC}}$, $f_0 = \dfrac{1}{2\pi \sqrt{LC}}$;

(2) 回路阻抗最小,呈阻性 $|Z| = R$;

(3) 电压与电流同相 $\varphi = 0$;

(4) 回路电流最大 $I = I_0 = \dfrac{U_S}{|Z|} = \dfrac{U_S}{R}$;

(5) 元件上的压降 $U_R = U_S$, $U_L = U_C = QU_S$;

(6) 品质因数为 $Q = \dfrac{U_C}{U_S} = \dfrac{U_L}{U_S} = \dfrac{1}{\omega_0 RC} = \dfrac{\omega_0 L}{R}$。

2. 复习并联谐振电路原理特性

电流谐振电路图如图 9-28 所示,电流谐振相量图如图 9-29 所示。

并联电路等效阻抗 $\quad Z = \dfrac{\dfrac{1}{j\omega C}(R + j\omega L)}{\dfrac{1}{j\omega C} + (R + j\omega L)} = \dfrac{R + j\omega L}{1 + j\omega RC - \omega^2 LC}$

通常要求 R_L 很小,所以在谐振时 $\omega L \gg R_L$,则上式可写成:

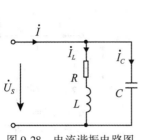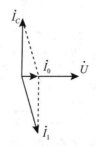

图 9-28　电流谐振电路图　　　　图 9-29　电流谐振相量图

$$Z \approx \frac{j\omega L}{1 + j\omega RC - \omega LC^2} = \frac{1}{\dfrac{RC}{L} + j\left(\omega C - \dfrac{1}{\omega L}\right)}$$

谐振时的特性：

（1）频率 $\omega L - \dfrac{1}{\omega C} \approx 0$，$\omega_0 \approx \dfrac{1}{\sqrt{LC}}$，$f = f_0 \approx \dfrac{1}{2\pi \sqrt{LC}}$；

（2）电路的阻抗模最大，$|Z_0| = \dfrac{L}{RC}$，电路呈阻性；

（3）在电源电压 U 一定的条件下，电路中的电流达到最小值 $I = I_0 = \dfrac{U}{|Z_0|}$；

（4）电路呈阻性，电压与电流同相位（$\varphi = 0$）；

（5）各支路电流：

$$I_1 = \frac{U}{\sqrt{R^2 + (2\pi f_0 L)^2}} \approx \frac{U}{2\pi f_0 L}$$

$$I_C = \frac{U}{1/2\pi f_0 C}$$

$$I_0 = \frac{U}{|Z_0|} = \frac{U}{\dfrac{L}{RC}} = \frac{UR(2\pi f_0 C)}{2\pi f_0 L} \approx \frac{UR}{(2\pi f_0 L)^2}$$

当 $2\pi f_0 L \gg R$ 时，比较各分式得到，$I_1 \approx I_C \gg I_0$。

（6）品质因素 $Q = \dfrac{I_1}{I_0}$，即在谐振时支路电流 I_C 或 I_1 是总电流的 Q 倍。

（7）无功功率 $Q_L = \dfrac{U^2}{\omega_0 L}$，$Q_C = -\omega_0 C U^2$，$Q_L + Q_C = 0$。表明谐振时电感的磁场能量与电容的电场能量彼此相互转换。

3. 利用回转器进行并联谐振电路的测试研究

如图 9-30 和图 9-31 所示，其中 $R_s = 510\Omega$，$C = 1\mu F$，$C_L = 0.1\mu F$，$g = 10^{-3}S$，$U_s = 3V$，总阻抗：

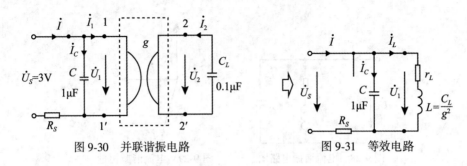

图 9-30 并联谐振电路   图 9-31 等效电路

$$Z = R_S + Z' = R_S + \frac{(r_L + j\omega L)/j\omega C}{(r_L + j\omega L) + \frac{1}{j\omega C}} = R_S + \frac{r_L + j\omega L}{1 + j\omega C r_L - \omega^2 LC}$$

$$\approx R_S + \frac{j\omega L}{j\omega C r_L - (\omega^2 LC - 1)} = R_S + \frac{1}{\frac{r_L C}{L} + j\left(\omega C - \frac{1}{\omega L}\right)}$$

讨论谐振状态：

（1）由 $\omega L - \dfrac{1}{\omega C} = 0$ 得

$$\omega_0 = \frac{1}{\sqrt{LC}} = \frac{1}{\sqrt{C \cdot C_L/g^2}} = \frac{g}{\sqrt{C_L \cdot C}} = 3162\text{rad/s}, \quad f_0 = \frac{\omega_0}{2\pi} = 503\text{Hz}。$$

（2）$|Z| = R_S + \dfrac{L}{r_L C}$，其中 $\dfrac{L}{r_L C} = \dfrac{C_L}{r_L C g^2} = \dfrac{0.1 \times 10^{-6}}{r_L \times 10^{-6} \times (10^{-3})^2} = \dfrac{10^5}{r_L}\Omega$，即 $|Z| =$

$\left(510 + \dfrac{10^5}{r_L}\right)\Omega$。谐振时 Z 最大，I 最小，U_1 最大，U_{RS} 最小，$I(U_{RS})$ 与 U_1 同相位，即 $\Delta\varphi = 0$。

9.3.6 任务与方法

1. 测量回路电导 g

其中保持正弦波有效值 $u_S = 3\text{V}$、$f = 1\text{kHz}$，改变 R_L，用数字万用表测量图 9-32 的参数。测试结果填入表 9-14 中。

$$i_1 = g_1 u_2, \quad i_2 = -g_2 u_1$$

表 9-14   测 试 结 果

R_L（Ω）	测 量 值					计 算 值		
	U_1（V）	U_2（V）	U_{R_S}（V）	I_1（mA）	I_2（mA）	$g_1 = I_1/U_2$（10^{-3}S）	$g_2 = I_2/U_1$（10^{-3}S）	$g = (g_1+g_2)/2$（10^{-3}S）
500								
1k								

R_L（Ω）	测 量 值			计 算 值				
	U_1（V）	U_2（V）	U_{R_S}（V）	I_1（mA）	I_2（mA）	$g_1 = I_1/U_2$ （10^{-3}S）	$g_2 = I_2/U_1$ （10^{-3}S）	$g=(g_1+g_2)/2$ （10^{-3}S）
2k								
4k								

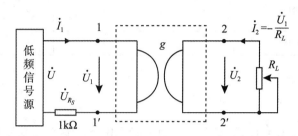

图 9-32　测量回路电导 g 的线路图

2. 测量等效电感 L

其中保持正弦波有效值 $U_S = 3\mathrm{V}$，$C = 0.1\mu\mathrm{F}$，$L = C/g^2$ 中的 g 取上题结果，改变 f，用数字万用表测量图 9-33 的参数。测试结果填入表 9-15 中。（由于信号源很难保持稳定的 $U_S = 3\mathrm{V}$，所以表 9-15 中列出 U_S 的测试实际值。）

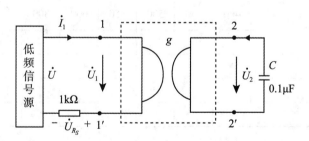

图 9-33　测量等效电感 L 的线路图

表 9-15　　　　　　　　　　　　　　　**测 量 数 据**

f（Hz）参数		200	500	800	1k	1.2k	1.5k	2k
测量值	U_S（V）							
	U_1（V）							
	U_{R_S}（V）							

续表

f（Hz）参数		200	500	800	1k	1.2k	1.5k	2k
计算值	$U = \sqrt{U_1^2 + U_{R_S}^2}$（V）							
	$I_1 = \dfrac{U_{R_S}}{R_S}$（mA）							
	$L' = \dfrac{U_1}{2\pi f I_1}$（mH）							
	$\Delta L = L' - L$（mH）							

3. 综合测量图 9-30 电路中的参数

其中 $R_S = 510\Omega$，$C = 1\mu F$，$C_L = 0.1\mu F$，$g = 10^{-3}S$，保持正弦波有效值 $U_S = 2.5V$，信号源采用功率输出或电压输出。

测量不同频率时的 U_1、U_{R_S}、$\Delta\varphi$ 值以及 U_1 最大值、U_{R_S} 最小值及 $\Delta\varphi = 0$ 时所对应的 f 值。其中 $\Delta\varphi = \Delta\varphi_{u_1} - \Delta\varphi_{uR_S}$，示波器探头 CH1 测 U_1，CH2 测 U_{R_S} 且反相，注意接地点。实验测试结果与理论计算结果会存在一定差异，需要从不同角度分析并联谐振电路的实验结果，将测量结果填入表 9-16 中。

表 9-16　　　　　　　　　　　　测 量 数 据

f（Hz）参数		300	350	400	450	500	550	600	800	f_{U_1}	$f_{\Delta\varphi}$	$f_{U_{R_S}}$
测量	U_S（V）											
	U_1（V）											
	U_{R_S}（V）											
	$\Delta\varphi$											

4. 设计实验

根据所学的知识自己设计实验，即利用回转器组成一个滤波电路。

9.3.7　实验注意事项

（1）回转器是由运算放大器组成的电路，操作过程应按受控源方式进行。

（2）注意示波器使用时共地点的正确选取。

（3）测量时应保持信号源电压的有效值不变。

（4）相位差的测量采用波形过零点测量方式。

（5）由于信号源及回转器都存在一定的非理想程度，在并联谐振测量过程中有时可能出现波形畸变的现象，需进行适当处理。

9.3.8　思考题

（1）采用实际电感器与采用回转器电路的模拟电感器所作用的并联谐振实验有何区别？

（2）如何确定本次实验能够满足并联谐振条件。

9.3.9　实验报告要求

（1）完成实验内容中的测试、计算。

（2）总结回转器的性质、特点和应用。

（3）综合分析利用回转器进行并联谐振的实验。

9.3.10　实验仪器设备

（1）YKDGQ-02 回转器挂件；

（2）函数信号发生器；

（3）双踪示波器；

（4）YKDGQ-01 元件组挂件；

（5）数字万用表。

第 10 章　双口电路实验

本章讨论无源线性双口网络参数的测量。

10.1　实验目的

（1）加深理解双口网络的基本理论。
（2）掌握直流双口网络参数的测量技术。
（3）计算、比较、分析网络参数的测试结果。

10.2　预习要求

（1）复习二端口网络的有关理论知识。
（2）学习测试原理，熟悉实验电路及测量仪表。

10.3　实验原理

（1）对于任何一个复杂的无源线性双口网络（如图 10-1 所示），往往很难用计算分析的方法得到它的端口特性，而采用一般实验的方法就较容易解决。即用两个端口的电压、电流四个变量之间的多种参数方程形式表示。

图 10-1　无源线性二端口网络

参数只取决于二端口网络内部的元件和结构，而与输入（激励）无关。当采用不同方式的激励和响应时，可以得到不同性质的参数及相应的端口方程。不同性质的参数之间有一定的相互转换关系。

（2）四种参数方程。

①Y 参数（短路参数）：

$$\dot{I}_1 = Y_{11}\dot{U}_1 + Y_{12}\dot{U}_2, \quad \dot{I}_2 = Y_{21}\dot{U}_1 + Y_{22}\dot{U}_2$$

其中：$Y_{11} = \dfrac{\dot{I}_1}{\dot{U}_1}\bigg|_{\dot{U}_2 = 0}$ ，$Y_{12} = \dfrac{\dot{I}_1}{\dot{U}_2}\bigg|_{\dot{U}_1 = 0}$ ，$Y_{21} = \dfrac{\dot{I}_2}{\dot{U}_1}\bigg|_{\dot{U}_2 = 0}$ ，$Y_{22} = \dfrac{\dot{I}_2}{\dot{U}_2}\bigg|_{\dot{U}_1 = 0}$

②Z 参数（开路参数）：

$$\dot{U}_1 = Z_{11} \dot{I}_1 + Z_{12} \dot{I}_2 , \quad \dot{U}_2 = Z_{21} \dot{I}_1 + Z_{22} \dot{I}_2$$

其中：$Z_{11} = \dfrac{\dot{U}_1}{\dot{I}_1}\bigg|_{\dot{I}_2 = 0}$ ，$Z_{12} = \dfrac{\dot{U}_1}{\dot{I}_2}\bigg|_{\dot{I}_1 = 0}$ ，$Z_{21} = \dfrac{\dot{U}_2}{\dot{I}_1}\bigg|_{\dot{I}_2 = 0}$ ，$Z_{22} = \dfrac{\dot{U}_2}{\dot{I}_2}\bigg|_{\dot{I}_1 = 0}$

③H 参数（混合参数）：

$$\dot{U}_1 = H_{11} \dot{I}_1 + H_{12} \dot{U}_2 , \quad \dot{I}_2 = H_{21} \dot{I}_1 + H_{22} \dot{U}_2$$

其中：$H_{11} = \dfrac{\dot{U}_1}{\dot{I}_1}\bigg|_{\dot{U}_2 = 0}$ ，$H_{12} = \dfrac{\dot{U}_1}{\dot{U}_2}\bigg|_{\dot{I}_1 = 0}$ ，$H_{21} = \dfrac{\dot{I}_2}{\dot{I}_1}\bigg|_{\dot{U}_2 = 0}$ ，$H_{22} = \dfrac{\dot{I}_2}{\dot{U}_2}\bigg|_{\dot{I}_1 = 0}$

④T 参数（一般参数、传输参数）：

$$\dot{U}_1 = A \dot{U}_2 + B(-\dot{I}_2) \quad \dot{I}_1 = C \dot{U}_2 + D(-\dot{I}_2)$$

其中：$A = \dfrac{\dot{U}_1}{\dot{U}_2}\bigg|_{\dot{I}_2 = 0}$ ，$B = \dfrac{\dot{U}_1}{-\dot{I}_2}\bigg|_{\dot{U}_2 = 0}$ ，$C = \dfrac{\dot{I}_1}{\dot{U}_2}\bigg|_{\dot{I}_2 = 0}$ ，$D = \dfrac{\dot{I}_1}{-\dot{I}_2}\bigg|_{\dot{U}_2 = 0}$

（3）互易条件、对称条件（表 10-1）。

表 10-1　　　　　　　　　　　　互易与对称条件

参数	互易条件	对称条件
Z	$Z_{12} = Z_{21}$	$Z_{11} = Z_{22}$
Y	$Y_{12} = Y_{21}$	$Y_{11} = Y_{22}$
H	$H_{12} = -H_{21}$	$H_{11}H_{22} - H_{12}H_{21} = 1$
T	$AD - BC = 1$	$A = D$

（4）测试原理（直流参数测量）。

①同时测量法。

只要在网络的输入端口加上电压，输出端口分别开路及短路，在网络两对端口同时测量出电压和电流，即可求出参数方程的 4 个参数，方程 $\dot{U}_1 = A \dot{U}_2 + B(-\dot{I}_2)$ 与 $\dot{I}_1 = C \dot{U}_2 + D(-\dot{I}_2)$ 中的 4 个参数：

$$A = \dfrac{U_{10}}{U_{20}}\bigg|_{I_2 = 0} , \quad B = \dfrac{U_{1S}}{-I_{2S}}\bigg|_{U_2 = 0} , \quad C = \dfrac{I_{10}}{U_{20}}\bigg|_{I_2 = 0} , \quad D = \dfrac{U_{1S}}{I_{2S}}\bigg|_{U_2 = 0}$$

式中脚标 O 表示输出端开路，S 表示输出端短路。

②分别测量法。

若要测量一条远距离输电线路构成的二端口网络，采用同时测量法是很不方便的，这时可采用分别测量法。

a. 先在输入端口加电压，而将输出端口开路及短路，测量输入端口电压和电流。根据传输方程有：

$$R_{10} = \frac{U_{10}}{I_{10}} = \frac{A}{C}(\diamondsuit I_2 = 0) \ ; \quad R_{1S} = \frac{U_{1S}}{I_{1S}} = \frac{B}{D}(\diamondsuit U_2 = 0)$$

b. 在输出端口加电压，而将输入端口开路及短路，测量输出端口电压和电流。根据传输方程有：

$$R_{20} = \frac{U_{20}}{I_{20}} = \frac{D}{C}(\diamondsuit I_1 = 0) \ ; \quad R_{2S} = \frac{U_{2S}}{I_{2S}} = \frac{B}{A}(\diamondsuit U_1 = 0)$$

c. 由于 $\dfrac{R_{10}}{R_{20}} = \dfrac{R_{1S}}{R_{2S}} = \dfrac{A}{D}$ 满足互易条件，利用公式 $AD-BC=1$ 得到：

$$A = \sqrt{\frac{r_{10}}{R_{20} - R_{2S}}}, \ B = R_{2S}A, \ C = \frac{A}{R_{10}}, \ D = R_{20}C$$

③级联等效（如图 10-2 所示）。

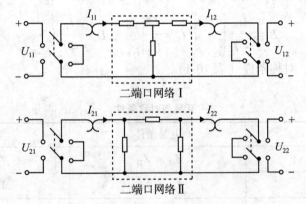

图 10-2 二端口网络实验接线图

设二端口网络 I 的传输方程为：

$$U_{11} = A_1 U_{12} + B_1 I_{12}, \ I_{11} = C_1 U_{12} + D_1 I_{12}$$

二端口网络 II 的传输方程为：

$$U_{21} = A_2 U_{22} + B_2 I_{22}, \ I_{21} = C_2 U_{22} + D_2 I_{22}$$

级联后的等效双口网络传输方程为：

$$U_1 = AU_2 + BI_2, \ I_1 = CU_2 + DI_2$$

由级联方式可知：$U_{21} = U_{12}$；$I_1 = CU_2 + DI_2$，经代入计算并化简后得：

$$A = A_1 A_2 + B_1 C_2; \ B = A_1 B_2 + B_1 D_2; \ C = C_1 A_2 + D_1 C_2; \ D = C_1 B_2 + D_1 D_2$$

10.4 实验内容

（1）同时测量法，分别测量图 10-2 中的参数，并填入表 10-2 和表 10-3 中，计算出 A_1、B_1、C_1、D_1 及 A_2、B_2、C_2、D_2 值。（采用 $U_S = 10V$ 的直流电压）

表 10-2　　　　　　　　　　　　　　　　测 量 数 据

	情况类别	测量值			计算值	
二端口网络 I	输出端开路 $I_{12}=0$	U_{110} (V)	U_{120} (V)	I_{110} (mA)	A_1	B_1 (Ω)
		10.0				
	输出端短路 $U_{12}=0$	U_{11S} (V)	I_{11S} (mA)	I_{12S} (mA)	C_1 (S)	D_1
		10.0				

表 10-3　　　　　　　　　　　　　　　　测 量 数 据

	情况类别	测量值			计算值	
二端口网络 II	输出端开路 $I_{22}=0$	U_{210} (V)	U_{220} (V)	I_{210} (mA)	A_2	B_2 (Ω)
		10.0				
	输出端短路 $U_{22}=0$	U_{21S} (V)	I_{21S} (mA)	I_{22S} (mA)	C_2 (S)	D_2
		10.0				

（2）把图 10-2 中两个网络级联后，按分别测量法测量，测值填入表 10-4 中，并计算出 A、B、C、D 值。

表 10-4　　　　　　　　　　　　　　　　测 量 数 据

输出端开路 $I_2=0$			输出端短路 $U_2=0$			计算传输参数
U_{10} (V)	I_{10} (mA)	R_{10} (Ω)	U_{1S} (V)	I_{1S} (mA)	R_{1S} (Ω)	
10.0			10.0			
输入端开路 $I_1=0$			输入端短路 $U_1=0$			$A=$　$B=$
U_{20} (V)	I_{20} (mA)	R_{20} (Ω)	U_{2S} (V)	I_{2S} (mA)	R_{2S} (Ω)	$C=$　$D=$
10.0			10.0			

（3）把图 10-2 中两个网络级联后测量 H 参数，测值填入表 10-5 中。

表 10-5　　　　　　　　　　　　　　　　测 量 数 据

输出端短路 $U_2=0$ （从输入端加电压）			输入端开路 $I_1=0$ （从输出端加电压）			计算传输参数
U_{1S} (V)	I_{1S} (mA)	$H_{11}=U_1/I_1$ (Ω)	U_{10} (V)	U_{20} (V)	$H_{12}=U_1/U_2$	$\Delta H=H_{11}H_{22}-H_{21}H_{12}=$
10.0				10.0		$A=-\Delta H/H_{21}=$
U_{1S} (V)	I_{2S} (mA)	$H_{21}=I_2/I_1$	I_{20} (mA)	U_{20} (V)	$H_{22}=I_2/U_2$ (S)	$B=-H_{11}/H_{21}=$
10.0				10.0		$C=-H_{22}/H_{21}=$
						$D=-1/H_{21}=$

（4）据题（1）得到的传输参数，先用计算的方法得出级联等效参数 A、B、C、D。然后把题（2）用分别测量法得到的 T 参数结果与其做比较。

10.5 注意事项

（1）采用电流插头插座测量电流时，要选取适当的电流表量程。

（2）在整个实验的测试计算过程中，电流的方向涉及电路连线规定的电流方向、网络公式定义的电流方向、实测值电流的方向共三种规定，因此需要在测试数据填写及公式计算的不同位置都能正确反映电流的正负符号。

（3）在数据处理的计算当中遇到类似 $A = \sqrt{\dfrac{R_{10}}{R_{20} - R_{2S}}}$ 的式子时，存在分母中的 R_{20} 与 R_{2S} 比较接近的情况，这就容易出现 A 参数的计算误差较大的结果。在此，要求在测量和计算过程中尽量提高 R_{20}、R_{2S} 的精度，并保持 R_{20}、R_{2S} 的计算差值有三位有效数字，方可减小误差。在通常实验情况下应尽量避免采用数据处理过程中存在分母接近零的实验方式。

（4）对各测试值按互易条件 $AD - BC = 1$ 计算，来检验测试结果。

10.6 思考题

（1）二端口网络的参数为什么与外加电压或通过网络的电流无关？
（2）双端口网络同时测量法与分别测量法的步骤及特点是什么？

10.7 实验报告要求

（1）完成对数据表格内容的测量和计算。
（2）对不同方法的网络参数测试结果进行误差分析，并进行比较。
（3）总结、归纳双口网络的测试。

10.8 实验仪器设备

（1）YKZDY-02 直流稳压电源，恒流源；
（2）YKDGB-01 直流数字电压表，YKDGB-04 直流毫安表；
（3）YKDGD-02 双口网络挂件。

第11章 PSpice电路仿真实验

电路的计算机仿真实验是对实际操作电路实验的一种有益的完善化补充。PSpice是目前各种电路辅助设计和分析计算软件中使用较普遍的一种。该软件采用菜单操作、全键盘编辑，使用起来简单、方便。本章包含8个仿真实验，通过这些实验，读者可以初步学会利用计算机分析电路问题的基本方法，正确掌握测量技术，熟练使用虚拟仪器仪表，从而更好地培养电路分析、设计和应用开发等各方面的能力。

11.1 直流电路工作点分析和直流扫描分析

11.1.1 实验目的

（1）熟悉上机操作基本过程，掌握PSpice8.0软件分析电路的基本方法。包括新建和保存文件、元器件的选用及旋转、各种电源（包括受控源）的选用及连接方法、连线、节点的使用及整个电路的调整、电路的运行和保存等。

（2）利用计算机分析电路的节点电压、支路电流，掌握如何使用虚拟电压表和电流表测量电压、电流等参数。

11.1.2 预习要求

（1）仔细阅读第5章的有关内容。

（2）按本次实验要求选择电路，设计使用PSpice软件的操作步骤。

（3）对所选择的电路做理论分析计算，用以检验PSpice仿真计算的结果。

11.1.3 实验原理

由电路知识和分析方法，可知对于电阻电路，可以用直观法（支路电流法、节点电压法、回路电流法）列写电路方程，求解电路中各个电压和电流。PSpice软件是采用节点电压法对电路进行分析的。

使用PSpice软件进行电路的计算机辅助分析时，首先在capture环境下编辑电路，用PSpice的元件符号库绘制电路图并进行编辑、存盘。然后调用分析模块，选择分析类型，就可以"自动"进行电路分析了。需要强调的是，PSpice软件是采用节点电压法"自动"列写节点电压方程的，因此，在绘制电路图时，一定要有参考节点（即接地点）。此外，一个元件为一条"支路"（branch），要注意支路（也就是元件）的参考方向。对于二端元件的参考方向定义为正端子指向负端子。

11.1.4　实验内容

（1）根据给出的实验例题和实验步骤，用 PSpice 独立做一遍，从而掌握计算机仿真分析过程。

（2）对图 11-1 所示电路进行工作节点分析，求出各节点的电压和各元件的电流。其中，电压控制电流源的转移电导为 0.5S。

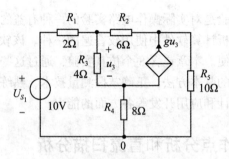

图 11-1　实验内容 2 的电路

（3）电路如图 11-2 所示，其中，电流控制电压源的转移电阻为 1Ω。

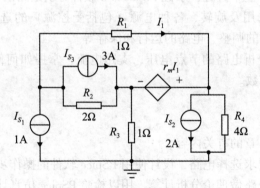

图 11-2　实验内容 3 的电路

①求出各节点的电压和各元件的电流。

②当直流电流源 I_1 在 -5~5A 之间变化时，显示出电阻 R_1 中电流的波形。给出输出的数值结果，分析其变化的规律，并给出合理的解释。

③当直流电流源 $I_1 = 1A$，电阻 R_1 在 0.1~100Ω 之间变化时，显示电阻 R_1 中电流的波形，给出输出的数值结果，分析其变化的规律。确定电阻 R_1 为何值时，它可以获得最大功率。

11.1.5　实验结果分析

（1）验证基尔霍夫定律。

任选一条闭合回路，可以得出该回路的电压之和为零，即：$\sum U_i = 0$ ；另外任一节点电流之和为零，即：$\sum I_i = 0$，可以得出基尔霍夫电压定律和基尔霍夫电流定律的正确性。

（2）I_{R_L} 随 U_{S_1} 变化的函数关系。

（2）节点 N_1 的电压、负载电阻 R_L 的电流随 U_{S_1} 变化的函数关系。

11.2　正弦稳态电路分析和交流扫描分析

11.2.1　实验目的

（1）进一步学习使用 PSpice 软件，熟悉它的工作流程。

（2）学习用 PSpice 软件进行正弦稳态电路的分析。

（3）学习用 PSpice 软件进行正弦稳态电路的交流扫描分析。

11.2.2　实验原理

对于正弦稳态电路，可以用相量法列写电路方程（支路电流法、节点电压法、回路电流法），求解电路中各个电压和电流的振幅（有效值）和初相位（初相角）。PSpice 软件是用相量形式的节点电压法对正弦稳态电路进行分析的。

11.2.3　预习要求

（1）阅读第 5 章的有关内容。

（2）按本次实验要求，设计使用 PSpice 软件的操作步骤。

（3）对本次实验电路做理论分析计算或估算，用以判断 PSpice 仿真计算的结果。

11.2.4　实验内容

（1）以给出的实验例题和实验步骤，用 PSpice 软件独立做一遍，给出仿真结果。

（2）对正弦稳态电路进行计算机辅助分析，求出各元件的电流。电路如图 11-3 所示，其中，电压源 $u_S = 100\sqrt{2}\cos(1000t)$ V，电流控制电压源的转移电阻为 2Ω。

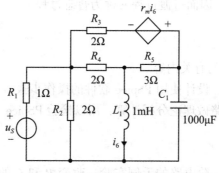

图 11-3　实验内容（2）的电路

（3）电路如图 11-4 所示，$u_S = 220\sqrt{2}\cos(314t)\,\mathrm{V}$，电容是可调的，其作用是为了提高电路的功率因数 λ。试分析电容为多大值时，电路的功率因数 $\lambda = 1$。

（4）RLC 电路如图 11-5 所示，正弦交流电压源是调频的，有效值为 10 V。用"交流扫描分析"确定该电路的谐振频率，并显示电路中的电流和各元件的电压曲线，分析结果。

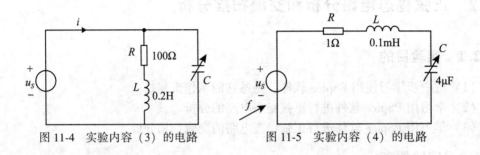

图 11-4　实验内容（3）的电路　　　　图 11-5　实验内容（4）的电路

11.3　一阶动态电路的研究

11.3.1　实验目的

（1）掌握 PSpice 编辑动态电路、设置动态元件的初始条件，掌握周期激励的属性及对动态电路的仿真方法。

（2）理解一阶 RC 电路在方波激励下逐步实现稳态充放电的过程。

（3）理解一阶 RL 电路在正弦激励下全响应与激励接入角的关系。

11.3.2　实验原理

电路在一定条件下有一定的稳定状态，当条件改变，就要过渡到新的稳定状态。从一种稳定状态转到另一种新的稳定状态往往不能跃变，而是需要一定的过渡过程（时间）的，这个物理过程就称为电路的过渡过程。电路的过渡过程往往为时短暂，所以在过渡过程中的工作状态成为暂态，因而过渡过程又称为暂态过程。

11.3.3　预习要求

（1）复习 PSpice 软件的有关内容。

（2）按本次实验要求，设计使用 PSpice 软件的操作步骤。

（3）对实验所用的电路做理论分析计算，用以检验 PSpice 仿真计算的结果。

11.3.4　实验内容

（1）参照第 5 章关于一阶电路的示例实验，改变 R 和 C 的元件参数，观察改变时间常数对电容电压波形的影响。

①观察当取 $R = 0.18\text{k}\Omega$，$C = 4\mu\text{F}$ 时的电容电压波形；

②观察当取 $R = 3.6\text{k}\Omega$，$C = 20\mu\text{F}$ 时的电容电压波形。

（2）在图 11-6 所示的电路中，仿真计算 $R = 1\text{k}\Omega$，$C = 100\mu\text{F}$ 的 RC 串联电路，接入峰值为 3V、周期为 2ms 的方波激励的零状态响应。

（3）对于如图 11-7 所示的电路，仿真计算当 $R = 1\text{k}\Omega$，$C = 100\mu\text{F}$，接入峰值为 5V、周期为 2ms 的方波激励时的全响应。其中电容电压的初始值为 1V。

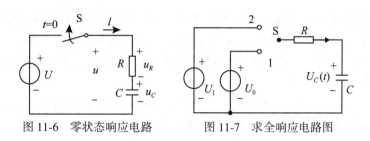

图 11-6　零状态响应电路　　　　图 11-7　求全响应电路图

11.3.5　思考与讨论

（1）在 RC 串联电路中，电容充电上升到稳态值的 0.632 倍时需要的时间为一个时间常数 τ。

（2）在 RL 串联电路中，电容放电到初始值的 0.368 倍的时候需要的时间为一个时间常数 τ。

（3）从理论上讲，电路的动态过程需要经历无限长时间才能结束，也就是说当 $t = \infty$ 时，电感放电才能衰减到零，达到新的稳态。但实际上，当时间 $t = 5\tau$ 时，$U = U_0 e^{-\tau} = 0.007 U_0$。此时电感电压已接近于零，电感的放电过程已基本结束。所以工程上一般认为从暂态到稳定状态的时间为 $4\tau \sim 5\tau$。

11.4　频率特性和谐振的仿真

11.4.1　实验目的

（1）学习使用 PSpice 软件仿真分析电路的频率特性。

（2）掌握用 PSpice 软件进行电路的谐振研究。

（3）了解耦合谐振的特点。

11.4.2　实验原理

（1）在正弦稳态电路中，可以用相量法对电路进行分析。电路元件的作用是用复阻抗 Z 表示的，复阻抗 Z 不仅与元件参数有关，还与电源的频率有关。因此，电路的输出（电压、电流）不仅与电源的大小（有效值或振幅）有关，还与电源的频率有关，输出（电压、电流）傅氏变换与输入（电压源、电流源）傅氏变换之比称为电路的频率特性。

（2）在正弦稳态电路中，对于含有电感 L 和电容 C 的无源一端口网络，若端口电压和端口电流同相位，则称该一端口网络为谐振网络。谐振既可以通过调节电源的频率产生，也可以通过调节电容元件或电感元件的参数产生。电路处于谐振时，局部会得到高于电源电压（或电流）数倍的局部电压（或电流）。

（3）进行频率特性和谐振电路的仿真时，采用"交流扫描分析"，在 Probe 中观测波形，测量所需数值。还可以改变电路或元件参数，通过计算机辅助分析，设计出满足性能要求的电路。

（4）对滤波器输入正弦波，令其频率从零逐渐增大，则输出的幅度也将不断变化。把输出降为其最大值（根号二分之一）所对应的频率称为截止频率，用 ω_c 表示。输出大于最大值（根号二分之一）的频率范围就称作滤波器的通频带（简称通带），也就是滤波器能保留的信号的频率范围。

（5）对滤波电路的分析可以用 PSpice 软件，采用"交流扫描分析"，并在 Probe 中观测波形、测量滤波器的通频带、调节电路参数，以使滤波器满足设计要求。

11.4.3 预习要求

（1）复习 PSpice 的有关内容，回顾实验 11.2 的操作步骤。

（2）按本次实验要求，设计使用 PSpice 软件的操作步骤。

（3）对本次实验电路预先做理论分析计算，做到"心中有数"。

11.4.4 实验内容

1. 实验步骤

1）电路频率特性的仿真分析

（1）在 Schematics 环境下编辑电路，注意电路元件符号及其属性值、属性表。

（2）单击"Analysis"→"Setup"打开分析类型对话框。对于正弦电路分析要选择"AC Sweep…"，单击该按钮后，打开下一级对话框"交流扫描分析参数表"。设置具体的分析参数如下：

① "AC Sweep Type" 选择 "Linear"；

② "Sweep Parameters" 下的 "Total Pts.""Start Freq.""End Freq." 根据情况具体设置，因为频率特性就是要研究输出与输入和电源频率的关系，因此扫描参数的设置也许要多次反复设定和运行比较，才能寻找到最佳输出波形。

（3）单击"Analysis"→"Simulate"，运行 PSpice 的仿真计算程序，可以得到交流扫描分析的结果波形。

（4）为了得到数值结果，可以在 Probe 窗口中，选择"Tools"→"Cursor"→"Display"，以显示"十字交叉点"所在位置的坐标数据。还可以选择"Tools"→"Label"，打开标注工具子菜单，单击其中所需的菜单项，可取出所需的标注工具，例如，标注最大值、最小值等。

2）电路谐振的研究

（1）在 Schematics 环境下编辑电路。

（2）通过调节电源的频率产生电路的谐振。单击"Analysis"→"Setup"，打开分析类型对话框。单击"AC Sweep…"按钮，打开下一级对话框"交流扫描分析参数表"，设置为：

①"AC Sweep Type"选择"Linear"；

②"Sweep Parameters"下的"Total Pts."" Start Freq."" End Freq."根据情况具体设置。

因为要调节电源的频率发生谐振，因此扫描参数的设置也许要多次反复设定和运行，才能获得谐振波形。

（3）单击"Analysis"→"Simulate"，运行 PSpice 的仿真计算程序，可以得到分析结果，获得谐振波形。

（4）为了得到结果，同样可以在 Probe 窗口中，选择"Tools"→"Cursor"→"Display"显示波形。也可以选择"Tools"→"Label"，使用标注工具，显示所需数据。

2. 选做实验

（1）文氏电桥。电路如图 11-8 所示。

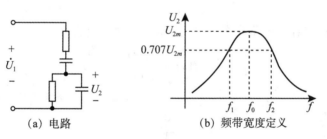

（a）电路　　　　　　（b）频带宽度定义

图 11-8　文氏电桥电路

①选择合理的电阻和电容参数，调节电源频率 f，使输出电压 $\dot{U}_2$ 最大，在输出波形上确定所对应的频率 f。

②确定输出电压的频带宽度 Δf，Δf 为输出电压 $\dot{U}_2 = 0.707 \dot{U}_{2m}$ 时所对应的两个频率之差，即 $\Delta f = f_1 - f_2$。如图 11-8（b）所示。

（2）RLC 串联电路的谐振研究。电路如图 11-9 所示。正弦交流电压源是调频的，有效值为 1V。取 $R = 1\Omega$，$L = 10\text{mH}$，$C = 2.54\mu\text{F}$。

①用"交流扫描分析"，求输出电路中的电流曲线，并在该曲线上确定谐振时的电流 I_0，谐振频率 f_0 和频带宽度 Δf。

②显示电路中各元件的电压曲线，确定谐振时的电感电压 U_{L_0}、电容电压 U_{C_0} 和电阻电压 U_{R_0}，并说明它们和电源电压有效值之间的关系。

③根据输出曲线确定的数据，按下式求 RLC 串联电路的品质因数 Q：

$$Q = \frac{U_{L_0}}{U} = \frac{U_{L_0}}{U_R} = \frac{U_{C_0}}{U}$$

再用谐振频率和频带宽度的品质因数即

$$Q = \frac{f_0}{\Delta f} = \frac{f_0}{f_2 - f_1}$$ 相比较，试说明两者的关系。

（3）耦合谐振研究。含互感的正弦电路如图 11-10 所示。正弦交流电压源是调频的，有效值为 1V。取 $R_1 = R_2 = 1\Omega$，$L_1 = L_2 = 100\text{mH}$，$C_1 = C_2 = 2.54\mu\text{F}$，$M = 90\text{mH}$。用"交流扫描分析"求输出电路中的电流 I_1 曲线，并在该曲线上确定谐振时的电流 I_{10}，谐振频率 f_0 和频带宽度 Δf。

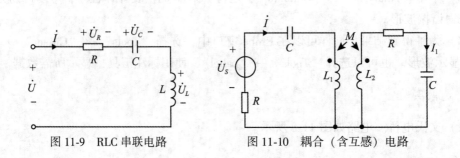

图 11-9　RLC 串联电路　　　　图 11-10　耦合（含互感）电路

（4）幅频特性研究。电路如图 11-11 所示，其网络函数为

$$H(s) = \frac{U_3(s)}{U_1(s)}$$

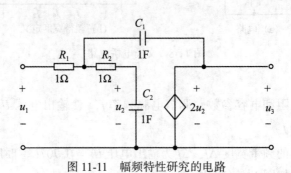

图 11-11　幅频特性研究的电路

试用 PSpice 软件绘制电路的幅频特性。可令 $U_1(\text{j}\omega) = 1$，即在 PSpice 中将 u_1 选为交流电压源 VAC，有效值设置为 1，相位设置为 0。

11.4.5　思考与讨论

（1）在文氏电桥电路中，调节电源频率 f，使输出电压 U_2 最大，能从中得到什么启发？换言之，文氏电桥可以用在什么场合？起什么作用？

（2）RLC 串联电路是否总可以发生谐振？为什么？

（3）图 11-10 的含互感的耦合电路，是否总可以发生谐振？为什么？

11.5　三相电路的研究

11.5.1　实验目的

通过基本的星形三相交流电的供电系统实验，着重研究三相四线制和三相三线制，并对某一相开路、短路或者负载不平衡进行研究，以熟悉星形三相交流电的特性。

11.5.2　实验原理

（1）利用三个频率 50Hz、有效值 220V、相位各相差 120 度的正弦信号源作三相交流电源。

（2）星形三相三线制负载不同时的电压波形变化及相应的理论。

（3）星形三相四线制：三相交流源的公共端 N 与三相负载的公共端相连。

（4）当三相电路出现若干故障时，对应电压和电流会发生什么现象去验证理论。

11.5.3　预习要求

（1）阅读第 5 章的有关内容。

（2）按本次实验要求，设计使用 PSpice 软件的操作步骤。

（3）对本次实验电路做理论分析计算或估算，用以判断 PSpice 仿真计算的结果。

11.5.4　实验内容

（1）星形三相三线制电路如图 11-12 所示，其中电源为三相对称电源。负载分为两种情况：一种情况是三相对称负载，此时 $R_1 = R_2 = R_3 = 100\Omega$，另一种情况是三相不对称负载，此时分三种情况，即 $R_1 = 400\Omega$，$R_2 = 200\Omega$，$R_3 = 80\Omega$，得出三相负载上的电压波形。

（2）星形三相四线制电路如图 11-13 所示，其中电源为三相对称电源。负载同样分为两种情况：一种情况是三相对称负载，此时 $R_1 = R_2 = R_3 = 100\Omega$，另一种情况是三相不对称负载，此时也分三种情况，即 $R_1 = 400\Omega$，$R_2 = 200\Omega$，$R_3 = 80\Omega$，中线电阻选为 $R_N = 10\Omega$，得出三相负载上的电压波形。

（3）一相短路中线正常，得出三相负载上的电压波形。（提示）将短路换作小电阻即可，否则会报错，系统无法分析，故令 $R_N = 1\Omega$。

（4）中线正常，一相开路，得出三相负载上的电压波形。

（5）没有中线，一相短路，得出三相负载上的电压波形。

（6）没有中线，一相开路，得出三相负载上的电压波形。

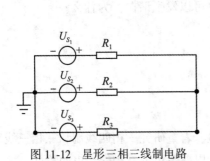

图 11-12　星形三相三线制电路

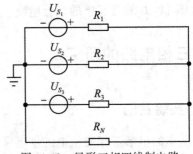

图 11-13　星形三相四线制电路

注意：本次进行的实验较多，在保存的时候要注意不要混淆。注意开路和短路的操作。

11.6　受控电源的电路设计

11.6.1　实验目的

（1）学会利用 PSpice 软件进行电路设计以加深对受控电源的理解。
（2）使用 PSpice 软件"测试"受控电源的控制系数和负载特性。

11.6.2　预习要求

（1）复习 PSpice 软件的有关内容。
（2）根据给定的电路图和电路元件，分析计算各受控电源的控制系数。
（3）根据仿真设计的要求，拟定使用 PSpice 软件进行仿真设计的步骤。
（4）在实验前，先自行设计含受控电源的电路，画出电路图，拟定仿真设计和分析的有关内容。

11.6.3　实验原理

受控电源是一种双口元件，按控制量和被控制量的不同，受控电源可分为四种，即电压控制电压源（VCVS）、电压控制电流源（VCCS）、电流控制电压源（CCVS）和电流控制电流源（CCCS）。控制系数为常数的受控电源为线性时不变受控电源，它们的控制系数分别为 μ，g，γ 和 β。

本实验用运算放大器和固定电阻构成上述四种受控电源。图 11-14 中的电压控制电压源中的源为 $U_2 = \left(1 + \dfrac{R_1}{R_2}\right)U_1$，控制系数为 $\mu = \left(1 + \dfrac{R_1}{R_2}\right)$。图 11-15 中的电压控制电流源中的源为 $I_2 = \left(\dfrac{1}{R}\right)U_1$，控制系数为 $g = \left(\dfrac{1}{R}\right)$。图 11-16 中的电流控制电压源的源为 $U_2 = $

$(-R)I_1$，控制系数为 $r = (-R)$。图 11-17 中的电流控制电流源的源为 $I_2 = \left(1 + \dfrac{R_1}{R_2}\right)I_1$，

控制系数为 $\beta = \left(1 + \dfrac{R_1}{R_2}\right)$。

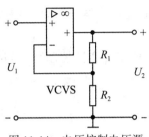

图 11-14　电压控制电压源

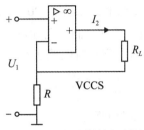

图 11-15　电压控制电流源

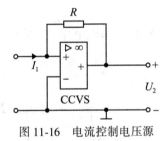

图 11-16　电流控制电压源

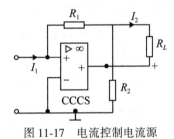

图 11-17　电流控制电流源

11.6.4　实验内容

1. 电压控制电压源和电压控制电流源的仿真设计

电压控制电压源和电压控制电流源电路分别如图 11-18 和图 11-19 所示。

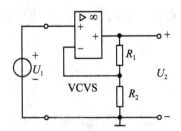

图 11-18　电压控制电压源的设计电路

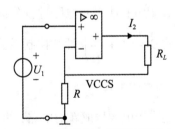

图 11-19　电压控制电流源的设计电路

（1）用 PSpice 软件绘制电路和设置符号参数。

（2）设置分析类型对电路进行分析，得到控制量和被控制量，间接测量控制系数 μ 和 g。并通过公式 $\mu = \left(1 + \dfrac{R_1}{R_2}\right)$，$g = \left(\dfrac{1}{R}\right)$ 分别计算控制系数 μ 和 g。

（3）对结果进行分析。

（4）改变电阻值，再用 PSpice 进行仿真分析，分别确定控制系数 μ 和 g 与电阻的函数关系。

2. 电流控制电压源的仿真设计

电流控制电压源电路如图 11-20 所示，输入电流 I_1 由电压源 U_0 和串接电阻 R_i 提供。

（1）用 PSpice 软件绘制电路和设置符号参数。

（2）设置分析类型，对电路进行分析，得到控制量和被控制量，间接测量控制系数 r。并通过公式 $r = \dfrac{1}{R}$ 计算控制系数 r。

（3）对结果进行分析。

（4）改变电阻值，再用 PSpice 进行仿真分析，确定控制系数 r 和电阻的函数关系。

3. 电流控制电流源的仿真设计

电流控制电流源电路如图 11-21 所示，输入电流 I_1 也是由电压源 U_0 和串接电阻 R_i 提供。

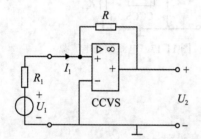 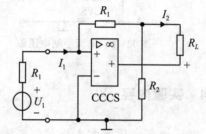

图 11-20　电流控制电压源的设计电路　　　图 11-21　电流控制电流源的设计电路

（1）用 PSpice 软件绘制电路和设置符号参数。

（2）设置分析类型对电路进行分析，得到控制量和被控制量，间接测量控制系数 β。

并通过公式 $\beta = \left(1 + \dfrac{R_1}{R_2}\right)$ 计算控制系数 β。

4. 设计新的电路

用上述受控电源构成新的电路，并对其进行仿真分析，与理论值进行比较。

11.6.5　思考与讨论

（1）受控电源能否作为电路的激励源对电路起作用？如果电路没有独立电源仅仅有受控电源，电路中还会有电流和电压吗？

（2）设置"打印机标识符"，输出仿真分析数据，确定受控电源的控制系数与电阻的函数关系。

11.7　负阻抗变换器电路的设计

11.7.1　实验目的

（1）学习使用 PSpice 软件进行电路的计算机辅助设计，培养用仿真软件设计、调试和工程制作电路的能力。

（2）用 PSpice 软件进行负阻抗变换器的计算机辅助设计。

（3）"测试"负阻抗变换器的输入阻抗和其负载阻抗的关系，用间接测量的方法测量负阻抗变换器的参数。

（4）加深对负阻抗变换器的理解，熟悉和掌握负阻抗变换器的基本应用。

11.7.2　实验原理

负阻抗变换器（NIC）是一个有源二端口元件，实际工程中一般用运算放大器组成。它有两种形式，分别为电压反相型和电流反相型。

当负阻抗变换器的负载阻抗为 Z_L 时，从其输入端看进去的输入阻抗 Z_{in} 为负载阻抗的负值，即 $Z_{in} = -Z_L$。

11.7.3　预习要求

（1）阅读原理与说明，设计实验中所用的相关电路和元件参数。

（2）预先设计好自选实验的电路，并选择用 PSpice 软件进行仿真分析和设计的步骤和方法。

（3）分析理论值和仿真分析结果之间的误差及产生的原因，寻找进一步改进的办法。

11.7.4　实验内容

1. 负阻抗变换器的电路设计（选用图 11-22 所示的电路）

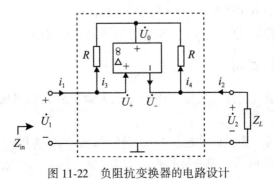

图 11-22　负阻抗变换器的电路设计

（1）选择 $Z_L = R = 1\text{k}\Omega$，用 PSpice 软件仿真分析，求出其输入阻抗 Z_{in}。

（2）选择频率为 100Hz 的正弦电源，其有效值可以自己选定 $R = 10\Omega$，$Z_L = (5 - j5)\,\Omega$，用 PSpice 软件仿真分析，求出其输入阻抗 Z_{in}。

（3）选择正弦电源的频率 $f = 1000\text{Hz}$，$R = 100\Omega$，$Z_L = (3 + j4)\,\Omega$，用 PSpice 软件仿真分析，求出其输入阻抗 Z_{in}。

2. 用负阻抗变换器仿真负电阻

用图 11-22 所示的负阻抗变换器电路设计实现一个等效负电阻，将其与无源元件 R 组成大小和性质可变的线性电阻。

（1）选择元件参数，用"Bias Point Detail"仿真分析该电路，求出该电路的节点电压和元件电流。

（2）从结果分析等效负电阻元件伏安特性，看其是否满足"负电阻"特性。

3. 自选实验

自行设计电路并用 PSpice 软件进行仿真分析和设计（每人至少设计一个电路）。

11.7.5　思考题

（1）负阻抗变换器的"负阻"特性可以有哪些应用？
（2）是否可以采用其他的电路制作负阻抗变换器，请查找资料并分析其原理。
（3）试用负阻抗变换器的特性设计出其他的电路。

11.8　回转器电路的设计

11.8.1　实验目的

（1）进一步学习使用 PSpice 软件进行电路的计算机辅助设计。
（2）用 PSpice 软件进行回转器的计算机辅助设计。
（3）用间接测量的方法测量回转器的回转系数。
（4）加深对回转器的理解，熟悉和掌握回转器的基本应用。

11.8.2　实验原理与说明

回转器是一个二端口元件，实际工程中一般由运算放大器组成，它的电路符号如图 11-23 所示。

回转器具有"回转"阻抗的功能，若在回转器的 2-2′端接上阻抗 Z_L（也称为回转器的负载阻抗），如图 11-24 所示，则回转器的 1-1′端（输入端）的等效阻抗 Z_{in} 由其伏安特性推导可得 $Z_{in} = \dfrac{r^2}{Z_L}$，这里采用的是相量形式。

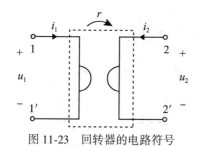

图 11-23　回转器的电路符号

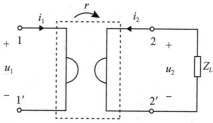

图 11-24　回转器的"回转"阻抗电路

（1）当 $Z_L = R_L$ 时，为纯电阻。回转器的回转电阻 $r = \sqrt{Z_{in} R_L}$。

（2）当 Z_L 为电容元件时，$Z_L = -\mathrm{j}\dfrac{1}{\omega C}$，$Z_{in} = \dfrac{r^2}{-\mathrm{j}\dfrac{1}{\omega C}} = \mathrm{j}\omega(Cr^2) = \mathrm{j}\omega L_{eq}$，为纯电感，等

效电感 $L_{eq} = r^2 C$。回转器可以将电容"回转"为电感的这一特性非常有用，因为可以实现用集成电路制作电感。

（3）当 Z_L 为电感元件时，回转器同样可以将电感"回转"为电容，这留给读者自行推导。

11.8.3　预习要求

（1）阅读 PSpice 软件的相关内容和实验原理与说明，完成回转器电路的计算机辅助设计任务。

（2）画出仿真分析和设计所需的具体电路、元件和参数。

（3）拟定本仿真分析和设计实验的步骤及需要采集的数据。

（4）计算和分析的步骤及结果分析方法。

（5）分析理论值与仿真分析和设计结果之间的误差及产生的原因，寻找改进的方法。

11.8.4　实验内容

1. 回转器的电路设计

如图 11-25 所示的回转器电路是由两个负阻抗变换器电路组成的。用类似的方法可以推导并得到电路的回转电阻 $r = R$。

（1）取 $R_0 = R = Z_L = 1\mathrm{k}\Omega$，用 PSpice 软件仿真分析，求出其回转电阻 r。

（2）取 $R_0 = R = 100\Omega$，任意选择 Z_L 的值，用 PSpice 软件仿真分析，求出其回转电阻 r。

2. 用回转器实现电感

（1）取 $R_0 = R = 100\Omega$，$Z_L = (-\mathrm{j}5)\ \Omega$，采用频率 $f = 100\mathrm{Hz}$ 的正弦波信号为回转器的 1-1′端的输入信号。用 PSpice 软件仿真分析，求出其输入阻抗 Z_{in}。

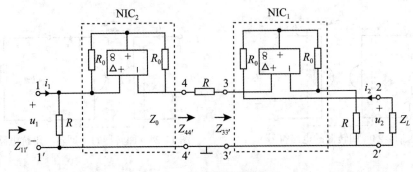

图 11-25　回转器的设计电路

（2）用正弦波电压信号做回转器的输入电源，$f = 100\text{Hz}$，$R_0 = R = 100\Omega$，负载阻抗 Z_L 用 300Ω 电阻和 $1\mu\text{F}$ 电容相串联。用 PSpice 软件仿真分析，在电路的输入端设置"电流打印机标识符"，输出 1-1′端口的电流相量。求出回转器的输入阻抗 Z_{in}，判断其性质。与负载阻抗 Z_L 相对比，可以得到什么结论？

3. 试设计一个 RLC 串联电路（其中的电感是用回转器将电容"回转"为电感）

用 PSpice 软件对所设计的电路进行"AC Sweep…"分析。研究该电路的频率特性，并确定电路的谐振频率。与通常的 RLC 串联电路对比，有何体会？

11. 8. 5　思考题

（1）可否用其他的电路实现回转器？分析电路的工作原理，确定实现回转器功能的合理电路。

（2）若在图 11-25 中将负载换成电感 L，对输入端而言等效阻抗和等效元件各是什么？试推导并说明之。

（3）能否用 PSpice 软件的扫描分析方法，确定图 11-25 的回转器的回转电阻 r 与图中的电阻 R_0，或电阻 R 的关系？试拟定操作步骤并进行仿真。

（4）试用回转器的特性设计出其他电路。

附录　YKXDG-2型电工技术实验装置

本装置是由安装在实验操作台上的电源控制屏和数个基本实验组件挂箱所构成。另配接函数信号发生器、示波器等仪器及器件就能实现本教材所编写的全部实验。

1. YKDY-01 电源控制箱操作使用

电源控制箱为实验提供：三相0~380V可调交流电源及单相0~250V可调交流电源。

1）电源控制箱的启动

（1）控制箱的后侧有一根输入电源线（采用三相四芯电缆线）。插好三相四芯插头，接好机壳的接地线，接通三相空气开关，外部输入的三相电源即可开通。

（2）将三相自耦调压器的旋转手柄，按逆时针方向旋转到底即输出零电位。

（3）将电压表指示切换开关置左侧，即对应输入的三相电网电压。

（4）接通三相空气开关，红色按钮灯亮。开启钥匙、三相电源总开关，绿色按钮灯亮，三只电压表指示出三相电网线电压之值，三相电源有调压电压输出，三只电压表可指示出三相调压线电压之值。同时，在操作台右侧面两处单相三芯220V电源插座有电源输出，电源箱背面还有两处单相三芯220V电源插座和一处三相四线动力电源输出。

2）三相可调交流电源电压的输出

（1）将电压表指示切换开关置右侧，三只电压表指针回到零位。

（2）按顺时针方向缓缓旋动三相自耦变压器的调节旋钮，三只电压表随之偏转，即指示出所调节的三相自耦变压器输出端 U、V、W 两两之间的线电压值。实验完成时，将旋钮逆时针调至零位。

3）照明、实验两用日光灯的使用

本操作台前上方的30W日光灯管是供照明用的，操作台后上方的40W日光灯管是实验用的。电源箱前部右下方有内部电源220V按键开关，可打开操作台照明日光灯。

4）电源的关闭

实验全部完成后，先按下红灯按键切断各挂件的电源输出，然后逆时针旋转钥匙开关彻底关断对实验操作台的电源供给。在实验中途改换连线过程中可以仅采用按下红灯按键切断电源输出的方式。

2. 基本实验组件挂箱

1）无源实验组件挂箱

属于无源挂箱的是 YKDGD-01，YKDGD-02，YKDGD-04，YKDGD-05，YKDGD-06，YKDGQ-01，YKDGJ-01，YKDGJ-02，YKDGJ-03，YKDGJ-04，YKDGJ-05，YKDGQ-01，共 12 个，它们的后部没有外拖电源线，可直接楔入在操作台的两根不锈钢凹槽中，并可沿凹槽左右随意移动。

（1）YKDGD-01 电路基础实验箱（一）。

提供有电阻、二极管、电容、可调电阻等原件，可供叠加原理、戴维南-诺顿定理、双口网络等实验使用。

（2）YKDGD-02 电路基础实验箱（二）。

提供有戴维南-诺顿定理、双口网络、互易定理实验电路。

（3）YKDGD-04 电路基础实验箱（四）。

提供 R、L、C 串联谐振电路和一阶、二阶动态电路用的电阻、电感、电容，以及一个固定搭配的 R、L、C 串联谐振电路。

（4）YKDGD-05 电路基础实验箱（五）。

提供基尔霍夫定律、叠加原理实验电路以及电路状态轨迹的观测实验电路。适当增加少量元件，也可进行替代定理、特勒根定理、互易定理等实验。

（5）YKDGD-06 电路基础实验箱（六）。

提供电阻、电容，可供日光灯电路及功率因数提高、三相电路、一阶电路、二阶电路等实验使用。提供交流单相、三相、功率测量实验电路、三相负载电路电容器。

（6）YKDGQ-01 元件箱。

提供一阶电路、二阶电路，戴维南-诺顿定理实验用的电阻、电容、电感及十进制可变电阻箱（阻值 $0 \sim 99999.9\Omega$）。

（7）YKDGJ-01 交流电路实验（一）。

提供串联谐振电路实验及日光灯实验用的电阻、电容、电感、启辉器、整流器等原件。

（8）YKDGJ-02 交流电路实验（二）。

提供互感线圈、电度表接线插座及耦合电路用铁芯变压器。

提供变压器参数测量实验电路铁芯变压器 1 只，变比为 220V/36V。该变压器亦可作为其他实验中的隔离、降压功能使用。

提供磁耦合实验电路。实验部件包括线圈 L_1、线圈 L_2、固定实验架、两根导磁铁棒（大、小各 1 根）及非导磁铝棒 1 根。

提供电度表验证实验。

（9）YKDGJ-03 交流电路实验（三）。

提供三相电路用三组灯负载。提供交流单相、三相、功率测量实验电路、三相负载电路。各相电路均为独立连接，各相均设有 220V 白炽灯螺口灯座、开关及电流测量插口若干个。

（10）YKDGJ-04 交流电路实验（四）。

提供无源 RC 滤波测量固定搭配电路。

（11）YKDGJ-05 交流电路实验（五）。

提供按键开关、带灯（红、绿）按钮开关及接线插座、全波整流桥等原件，可供实验扩展到少量的电机等控制实验。

（12）YKDGQ-01 电路搭建板。

提供空白插座，可用于自由搭接电路或切换元件组。

以上 12 个无源实验挂箱的所有元件均在箱内，无法直接看到。但在其面板上均已画出各元件的示意符号及主要量值；面板上也明确标出各内部电路的实际连线图，实验时不用再进行连线。

2）有源实验组件挂箱

属于有源挂箱的是 YKZDY-02，YKDGB-01，YKDGB-02，YKDGB-03，YKDGB-04，YKDGB-05，YKDGQ-02，共 7 个，它们的共同点是都需要外接交流电源，并用专用电源线插头连接到控制台挂箱处顶部的插座上。

（1）YKZDY-02 直流稳压电源，恒流源。

提供独立的两路 0～30V 可调直流稳压电源，并设有粗调波段开关（10V、20V、30V 三挡）及细调多圈电位器。左、右各路电源的独立输出，并由三位半数字表显示其值。并设有 0.5A 保险。

提供一路 0.5A 可调直流恒流源，并设有粗调波段开关（20mA、100mA、500mA 三挡）及细调多圈电位器。输出直接由三位半数字表显示其值。

直流电源的供给平常处于低挡位，根据使用要求从小到大进行调节。实验完成时即关闭电源开关。

（2）YKDGB-01 智能直流数字电压表，电流表。

直流数字电压表一只的测量范围为 0～300V，采用先进万用表 MCU 芯片设计，可开关切换，也可不切换连续显示，具有手动切换量程和自动切换量程功能，具有 4～20MA 变送功能，超量程报警功能，继电器输出及 485 通信接口，四位半数显，输入阻抗为 10MΩ，精度为 0.5 级。

直流数字安培表一只的测量范围为 0～3A，采用先进万用表 MCU 芯片设计，可开关切换，也可不切换连续显示，具有手动切换量程和自动切换量程功能，具有 4～20MA 变送功能，超量程报警功能，继电器输出及 485 通信接口，四位半数显，精度为 0.5 级。

两只测量仪表都具有超量程报警功能。通电及测试使用时，测试挡位不要设置在最低挡位上，以避免出现过量程或电源冲击信号产生的报警断电现象。

（3）YKDGB-02 智能交流数字电压表，电流表。

交流数字电流表一只，测量范围 0～5A，采用先进万用表 MCU 芯片设计，可开关切换，也可不切换连续显示，具有手动切换量程和自动切换量程功能，具有 4～20MA 变送功能，超量程报警功能，继电器输出及 485 通信接口，精度 0.5 级，四位半数显。

交流数字电压表一只，测量范围 0～300V，采用先进万用表 MCU 芯片设计，可开关切换，也可不切换连续显示，具有手动切换量程和自动切换量程功能，具有 4～20MA 变送功能，超量程报警功能，继电器输出及 485 通信接口，精度 0.5 级，四位半数显。

两只测量仪表都具有超量程报警功能。但必须注意，电流表在使用过程中一定要与负载串联使用，切不可将负载短路。同时，尽量避免过量程的现象出现。

（4）YKDGB-03 智能功率，功率因数表。

具有两套微电脑芯片和两位半数显。可以进行单相有功功率及三相有功功率的测量，由 P_1、P_2 显示，输入最大量程为电压 500V、电流 5A。功率因数 $\cos\varphi$ 的测量，同时显示负载性质（感性或容性）。频率的测量，测量范围为 40.00～99.00Hz。还可进行无功测量、电压测量、电流测量、有功电能测量、无功电能测量。还可通过不同的线路连接方式，以有功功率表的测量来得到负载的无功功率。

测量接线与模拟式功率表相同，即电流线圈与被测电路串联，电压线圈与被测电路并联。并注意线圈同名端的连接位置。

（5）YKDGB-04 直流数字毫安表，指针式交流安培表。

直流数字毫安表一只，测量范围 0～100mA，三位半数显，精度 0.5 级。具有超量程报警功能。

指针式交流电流表一只，测量范围 0～5A，直键式开关切换，精度 1.0 级。可显示出流过该表的电流值大小。

必须注意，电流表在使用过程中一定要与负载串联使用，切不可将负载短路。同时尽量避免过量程的现象出现。

（6）YKDGB-05 指针式交流电压表。

提供两只指针式交流电压表，测量范围 0～450V，精度 1.5 级。具有超量程报警功能。

（7）YKDGQ-02 受控源、回转器、负阻抗变换器挂件。

提供电压控制电压源 VCVS、电压控制电流源 VCCS、电流控制电压源 CCVS、电流控制电流源 CCCS 4 种受控源及回转器、负阻抗变换器实验电路。各电路的图形符号采用标准网络符号。

参 考 文 献

[1] 胡钋. 电路原理 [M]. 北京: 高等教育出版社, 2012.

[2] 黄力元. 电路实验指导书 [M]. 2 版. 北京: 高等教育出版社, 1993.

[3] 汪建. 电路实验 [M]. 武汉: 华中科技大学出版社, 2003.

[4] 陶时澍. 电气测量技术 [M]. 北京: 中国计量出版社, 1990.

[5] 陈意军. 电路学习指导与实验教程 [M]. 北京: 高等教育出版社, 2006.

[6] 马昆宝, 刘秀芳, 袁慧梅. 电工基础实验 [M]. 北京: 电子工业出版社, 2001.

[7] 陈同占, 等. 电路基础实验 [M]. 北京: 清华大学出版社, 北方交通大学出版社, 2003.

[8] 齐风艳, 等, 电路实验教程 [M]. 北京: 机械工业出版社, 2009.

[9] Robert L. Boylestad, Gabriel Kousourou. Experiments in Circuit Analysis [M]. Pearson Prentice Hall, 2008.

[10] Roy, W, Goody. OrCAD PSpice for Windows [M]. 3rd Revised edition. Prentice Hall, 2012.

[11] W. T. Yeung, R. T. Howe. Introduction to PSpice [M]. UC Berkeley, 2011.